普.通.高.等.学.校
计算机教育"十二五"规划教材

JavaScript 程序设计

(第2版)

JAVASCRIPT PROGRAMMING
(2nd edition)

王小科 ◆ 主编

人 民 邮 电 出 版 社
北 京

图书在版编目（CIP）数据

JavaScript程序设计 / 王小科主编. -- 2版. -- 北京 : 人民邮电出版社, 2014.7（2023.2重印）
普通高等学校计算机教育“十二五”规划教材
ISBN 978-7-115-35175-3

Ⅰ. ①J… Ⅱ. ①王… Ⅲ. ①JAVA语言－程序设计－高等学校－教材 Ⅳ. ①TP312

中国版本图书馆CIP数据核字(2014)第073175号

内容提要

本书作为 JavaScript 相关课程的教材，系统地介绍了有关 JavaScript 开发所涉及的各类知识。全书共分 13 章，内容包括 Web 开发概述、JavaScript 程序设计基础、HTML 文档、JavaScript 语言基础、JavaScript 常用内置对象、事件处理、JavaScript 常用文档对象、JavaScript 常用窗口对象、级联样式表（CSS）技术、JavaScript 中的 XML、Ajax 技术、JQuery 技术及 JavaScript 实用技巧与高级应用。此次改版增加了对 JQuery 技术的介绍，JQuery 是一套简洁、快速、灵活的 JavaScript 脚本库，它帮助我们简化了 JavaScript 代码，简单易用。最后通过 JavaScript 高级应用，介绍了 JavaScript 应用的开发流程和相关技术的综合应用，可以很快地通过 JavaScript 编程进行网页的动态设计。

书中知识都结合具体实例进行讲解，由浅入深，详略得当，可使读者快速掌握应用 JavaScript 脚本编程技术。本书可作为普通高等院校计算机及相关专业等课程的教材，同时也适合 JavaScript 爱好者、初、中、高级的 Web 设计人员及网页开发人员参考使用。

◆ 主　　编　王小科
　责任编辑　张立科
　执行编辑　刘　博
　责任印制　彭志环　杨林杰
◆ 人民邮电出版社出版发行　　北京市丰台区成寿寺路 11 号
　邮编　100164　　电子邮件　315@ptpress.com.cn
　网址　http://www.ptpress.com.cn
　北京天宇星印刷厂印刷
◆ 开本：787×1092　1/16
　印张：18.25　　　　2014 年 7 月第 2 版
　字数：480 千字　　　2023 年 2 月北京第 14 次印刷

定价：39.80 元

读者服务热线：(010)81055256　印装质量热线：(010)81055316
反盗版热线：(010)81055315

前　言

JavaScript 是 Netscape 公司开发的在 HTML 内基于对象的 Script 编程语言。JavaScript 不仅是 Web 页面中的一种脚本编程语言，也是一种通用的、跨平台的、基于对象和事件驱动并具有安全性的解释型脚本语言，在 Web 系统中得到了非常广泛的应用。

本书通过通俗易懂的文字和实用生动的例子，系统地介绍了 Web 开发概述、JavaScript 程序设计基础、HTML 文档、JavaScript 语言基础、JavaScript 常用内置对象、事件处理、JavaScript 常用文档对象、JavaScript 常用窗口对象、级联样式表（CSS）技术、JavaScript 中的 XML、Ajax 技术以、JQuery 技术、JavaScript 实用技巧与高级应用等内容，并且在每一章的后面还提供了习题及上机指导，方便读者及时验证自己的学习效果。

本书适合作为普通高等院校计算机及相关专业教材，同时也适合 JavaScript 爱好者，初、中、高级 Web 设计人员及网页开发人员参考使用。学习本书时，读者最好具备 HTML 和 CSS 样式等方面的基础知识。如果在前期已经开设了 HTML 程序设计及 CSS 样式等相关课程，则在教学过程中可以略讲或不讲第 3 章或第 9 章的内容。对于第 11 章和第 13 章，由于内容较深，老师可以根据实际的教学情况选择是否讲解或掌握讲解的深度和难度。

本书作为教材使用时，课堂教学建议 36 ~ 42 学时，实验教学建议 18 ~ 26 学时。各章主要内容和学时建议分配如下，老师可以根据实际教学情况进行调整。

章	主 要 内 容	课堂学时	实验学时
第 1 章	Web 应用开发概述，包括网络程序体系结构、Web 简介、Web 开发技术	1	
第 2 章	JavaScript 概述，包括什么是 JavaScript、JavaScript 的作用、JavaScript 的基本特点、JavaScript 的环境要求、编写 JavaScript 的工具和编写第一个 JavaScript 程序	2	1
第 3 章	HTML 文档基础和 HTML 文档中的常用标记（选讲）	6	2
第 4 章	JavaScript 语言基础，主要包括数据类型、常量及变量、表达式与运算符、JavaScript 基本语句和函数	3	2
第 5 章	JavaScript 常用内置对象，包括对象的基本概念、数学对象、日期对象、字符串对象和数组对象的基本应用	4	2
第 6 章	事件处理，主要包括事件的基本概念、鼠标事件和键盘事件、页面相关事件、表单相关事件、滚动字幕事件和编辑事件	4	2
第 7 章	JavaScript 常用文档对象，包括文档（document）对象、窗体（form）及其元素对象、锚点（anchor）与链接（link）对象以及图像（image）对象	4	2

续表

章	主要内容	课堂学时	实验学时
第 8 章	JavaScript 常用窗口对象，包括屏幕（screen）对象、浏览器信息（navigator）对象、窗口（window）对象、网址（location）对象和历史记录（history）对象	3	2
第 9 章	级联样式表（CSS）技术（选讲）	4	2
第 10 章	JavaScript 中的 XML，主要包括 XML 简介、创建 XML、载入 XML、读取 XML 以及通过 JavaScript 操作 XML 实现分页的高级应用	4	2
第 11 章	Ajax 技术，主要包括 Ajax 介绍、Ajax 技术的组成以及应用 Ajax 读取 XML 文档的高级应用	4	2
第 12 章	JQuery 技术，主要包括 JQuery 概述、JQuery 下载与配置、JQuery 的插件、JQuery 选择器、JQuery 控制页面、JQuery 的事件处理以及 JQuery 的动画效果	6	3
第 13 章	JavaScript 实用技巧与高级应用，主要包括建立函数库、识别浏览器、弹出窗口的多种方法、在网页中加入菜单和应用 JavaScript 实现动画导航菜单	2	4

本书中所有例题和相关代码都已经调试通过，同时制作了相关的多媒体课件，可在人民邮电出版社教学服务与资源网（www.ptpedu.com.cn）上免费下载。对于本书中的代码，为了避免版面的浪费，我们在编写较大的实例过程中，一般会省略部分 HTML 代码，只给出了核心代码或关键代码，读者以此为基础可以很方便、快速地编写出实际运行代码。

由于编者水平有限，书中难免存在错误、疏漏之处，敬请广大读者批评指正。

编　者

2013 年 12 月

目 录

第 13 章 JavaScript 实用技巧与高级应用 ······266

第1章 Web应用开发概述

本章要点：

- 什么是C/S结构和B/S结构
- C/S结构和B/S结构的比较
- 什么是Web
- Web的工作原理
- Web的发展历程
- Web开发技术

随着网络技术的迅猛发展，国内外的信息化建设已经进入以Web应用为核心的阶段。作为即将进入Web应用开发阵营的准程序员，首先需要对网络程序开发的体系结构、Web基本知识以及Web开发技术有所了解。本章将对网络程序开发体系结构、Web 基本概念、Web 的工作原理、Web的发展历程和Web开发技术进行介绍。

1.1 Web简介

Web是WWW（World Wide Web）的简称，即“万维网”，在不同的领域，有不同的含义。针对普通的用户，Web仅仅是一种环境——互联网的使用环境；而针对网站制作或设计者，它是一系列技术的总称（包括网站的页面布局、后台程序、美工、数据库领域等）。下面将对什么是Web和Web的工作原理进行详细介绍。

1.1.1 什么是Web

Web的本意是网和网状物，现在被广泛译作网络、万维网或互联网等。它是一种基于超文本方式工作的信息系统。作为一个能够处理文字，图像，声音和视频等多媒体信息的综合系统，它提供了丰富的信息资源，这些信息资源通常表现为以下三种形式。

- 超文本（hypertext）

超文本一种全局性的信息结构，它将文档中的不同部分通过关键字建立链接，使信息得以用交互方式搜索。

- 超媒体（hypermedia）

超媒体是超文本（hypertext）和多媒体在信息浏览环境下的结合，有了超媒体，用户不仅能从一个文本跳到另一个文本，而且可以显示图像、播放动画、音频和视频等。

- 超文本传输协议（HTTP）

超文本传输协议是超文本在互联网上的传输协议。

1.1.2 Web 的工作原理

在 Web 中，信息资源将以 Web 页面的形式分别存放在各个 Web 服务器上，用户可以通过浏览器选择并浏览所需的信息。Web 的具体工作流程如图 1-3 所示。

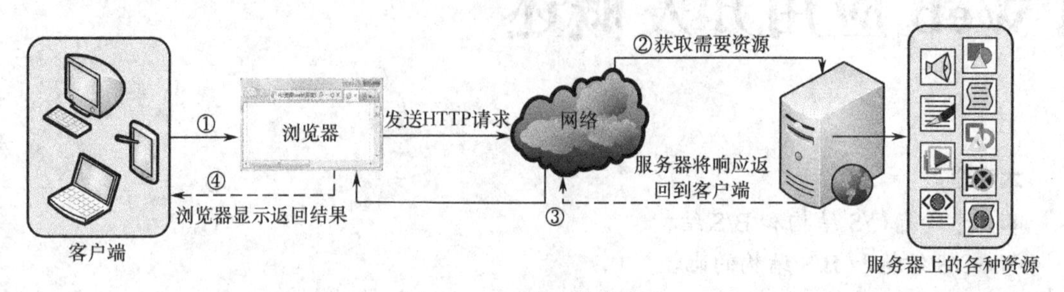

图 1-1 Web 的工作流程图

从图 1-1 中可以看出，Web 的工作流程大致可以分为以下 4 个步骤。

（1）用户在浏览器中输入 URL 地址（即统一资源定位符），或者通过超链接方式链接到一个网页或者网络资源后，浏览器将该信息转换成标准的 HTTP 请求发送给 Web 服务器。

（2）当 Web 服务器接收到 HTTP 请求后，根据请求内容查找所需信息资源。

（3）找到相应资源后，Web 服务器将该部分资源通过标准的 HTTP 响应发送回浏览器。

（4）浏览器将经服务器转换后的 HTML 代码显示给客户端用户。

1.1.3 Web 的发展历程

自从 1989 年由 Tim Berners-Lee（蒂姆·伯纳斯·李）发明了 World Wide Web 以来，Web 主要经历了 3 个阶段，分别是静态文档阶段（Web 1.0）、动态网页阶段（Web 1.5）和 Web 2.0 阶段。

1. 静态文档阶段

静态文档阶段的 Web，主要用于静态 Web 页面的浏览。用户通过客户端的 Web 浏览器，可以访问 Internet 上各个 Web 站点。在每个 Web 站点上，保存着提前编写好的 HTML 格式的 Web 页面，以及各 Web 页面之间可以实现跳转的超文本链接。通常情况下，这些 Web 页面都是通过 HTML 编写的。由于受低版本 HTML 和浏览器的制约，Web 页面只能包括单纯的文本内容，浏览器也只能显示呆板的文字信息，不过这已经基本满足了建立 Web 站点的初衷，实现了信息资源共享。

随着互联网技术的不断发展以及网上信息呈几何级数的增加，人们逐渐发现手工编写包含所有信息和内容的页面对人力和物力都是一种极大的浪费，而且几乎变得难以实现。另外，这样的页面也无法实现各种动态的交互功能。这就促使 Web 技术进入了发展的第二阶段——动态网页阶段。

2. 动态网页阶段

为了克服静态页面的不足，人们将传统单机环境下的编程技术与 Web 技术相结合，从而形成新的网络编程技术。网络编程技术通过在传统的静态页面中加入各种程序和逻辑控制，从而实现动态和个性化的交流与互动。我们将这种使用网络编程技术创建的页面称为动态页面，动态页面的后缀通常是.jsp、.php 和.asp 等，而静态页面的后缀通常是.htm、.html 和.shtml 等。

这里说的动态网页，与网页上的各种动画、滚动字幕等视觉上的“动态效果”没有直接关系，动态网页也可以是纯文字内容的，这些只是网页具体内容的表现形式，无论网页是否具有动态效果，采用动态网络编程技术生成的网页都称为动态网页。

3. Web 2.0 阶段

随着互联网技术的不断发展，又提出了一种新的互联网模式——Web 2.0。这种模式更加以用户为中心，通过网络应用 (Web Applications）促进网络上人与人之间的信息交换和协同合作。

Web2.0 技术主要包括：博客（BLOG）、微博（Twitter）、RSS、Wiki 百科全书（Wiki）、网摘（Delicious）、社会网络（SNS）、P2P、即时信息（IM）和基于位置的服务（LBS）等。

1.2　Web 开发技术

Web 是一种典型的分布式应用架构。Web 应用中的每一次信息交换都要涉及客户端和服务器端两个层面。因此，Web 开发技术大体上也可以被分为客户端技术和服务器端技术两大类。其中，客户端技术主要用于展现信息内容，而服务器端技术，则主要用于进行业务逻辑的处理和与数据库的交互等。下面进行详细介绍。

1.2.1　客户端技术

在进行 Web 应用开发时，离不开客户端技术的支持。目前，比较常用的客户端技术包括 HTML 语言、CSS 样式、Flash 和客户端脚本技术。下面进行详细介绍。

- HTML

HTML 是客户端技术的基础，主要用于显示网页信息，它不需要编译，由浏览器解释执行。HTML 简单易用，它在文件中加入标签，使其可以显示各种各样的字体、图形及闪烁效果，还增加了结构和标记，如头元素、文字、列表、表格、表单、框架、图像和多媒体等，并且提供了与 Internet 中其他文档的超链接。例如，在一个 HTML 页中，应用图像标记插入一个图片，可以使用如图 1-2 所示的代码，该 HTML 页运行后的效果如图 1-3 所示。

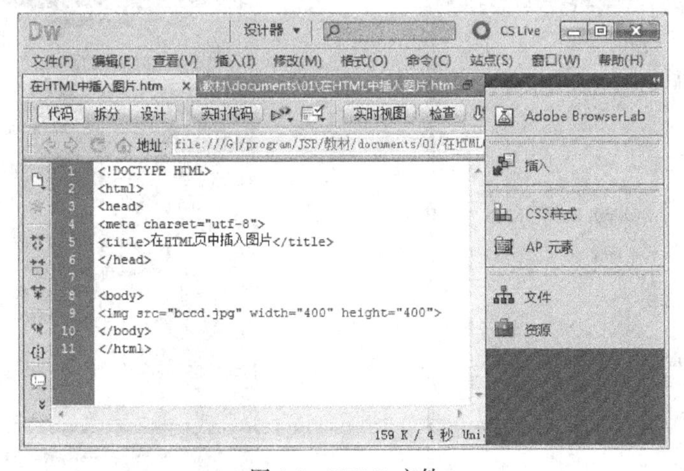

图 1-2　HTML 文件

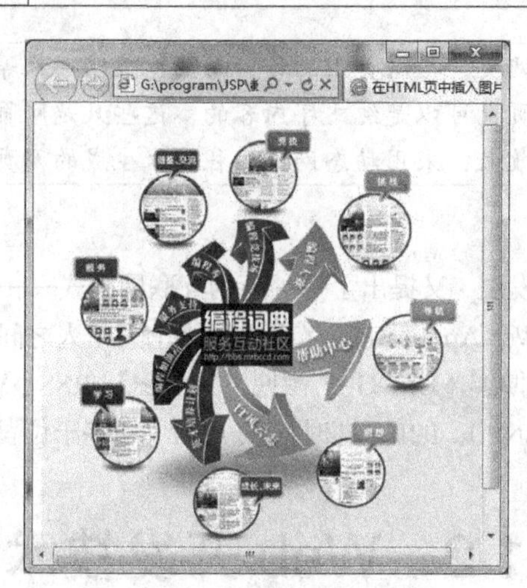

图 1-3　运行结果

HTML 不区分大小写，这一点与 Java 不同。例如图 1-4 中的 HTML 标记<body></body>，也可以写为<BODY></BODY>。

- CSS

CSS 是一种叫做样式表（style sheet）的技术，也有人称为层叠样式表（Cascading Style Sheet）。在制作网页时采用 CSS 样式，可以有效地对页面的布局、字体、颜色、背景和其他效果实现更加精确的控制。只要对相应的代码做一些简单的修改，就可以改变整个页面的风格。CSS 大大提高了开发者对信息展现格式的控制能力，特别是在目前比较流行的 CSS+DIV 布局的网站中，CSS 的作用更是举足轻重。例如，在“心之语许愿墙”网站中，如果将程序中的 CSS 代码删除，将显示如图 1-4 所示的效果，而添加 CSS 代码后，将显示如图 1-5 所示的效果。

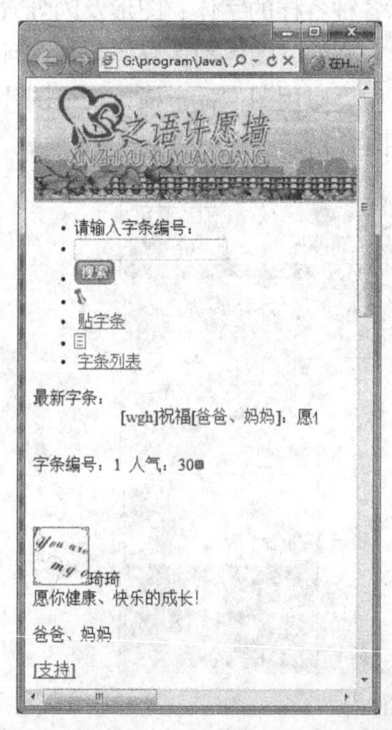

图 1-4　没有添加 CSS 样式的页面效果

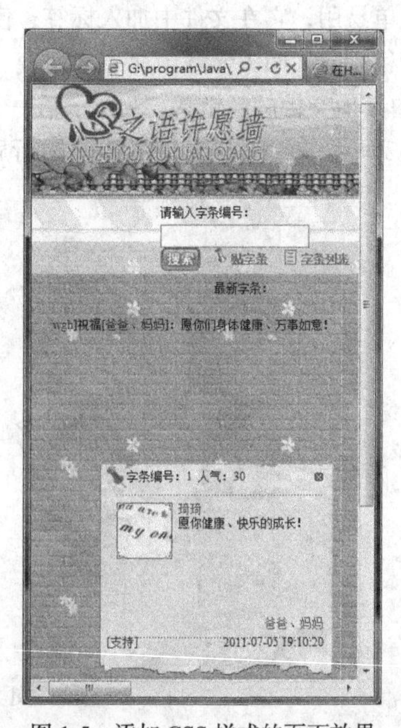

图 1-5　添加 CSS 样式的页面效果

在网页中使用 CSS 样式不仅可以美化页面，而且可以优化网页速度。因为 CSS 样式表文件只是简单的文本格式，不需要安装额外的第 3 方插件。另外，由于 CSS 提供了很多滤镜效果，从而避免使用大量的图片，这样将大大缩小文件的体积，提高下载速度。

- 客户端脚本技术

客户端脚本技术是指嵌入到 Web 页面中的程序代码，这些程序代码是一种解释性的语言，浏览器可以对客户端脚本进行解释。通过脚本语言可以实现以编程的方式对页面元素进行控制，从而增加页面的灵活性。常用的客户端脚本语言有 JavaScript 和 VBScript。

目前，应用最为广泛的客户端脚本语言是 JavaScript，它是 Ajax 的重要组成部分。在本书的第 2 章将对 JavaScript 脚本语言进行详细介绍。

- Flash

Flash 是一种交互式矢量动画制作技术，它可以包含动画、音频、视频以及应用程序，而且 Flash 文件比较小，非常适合在 Web 上应用。目前，很多 Web 开发者都将 Flash 技术引入到网页中，使网页更具有表现力。特别是应用 Flash 技术实现动态播放网站广告或新闻图片，并且加入随机的转场效果，如图 1-6 所示。

图 1-6　在网页中插入的 Flash 动画

1.2.2　服务器端技术

在开发动态网站时，离不开服务器端技术，目前，比较常用的服务器端技术主要有 CGI、ASP、PHP、ASP.NET 和 JSP。下面进行详细介绍。

- CGI

CGI 是最早用来创建动态网页的一种技术，它可以使浏览器与服务器之间产生互动关系。CGI 的全称是 Common Gateway Interface，即通用网关接口。它允许使用不同的语言来编写适合的 CGI 程序，该程序被放在 Web 服务器上运行。当客户端发出请求给服务器时，服务器根据用户请求建立一个新的进程来执行指定的 CGI 程序，并将执行结果以网页的形式传输到客户端的浏览器上显示。CGI 可以说是当前应用程序的基础技术，但这种技术编制方式比较困难而且效率低下，因为每次页面被请求时，都要求服务器重新将 CGI 程序编译成可执行的代码。在 CGI 中使用最为常见的语言为 C/C++、Java 和 Perl（Practical Extraction and Report Language，文件分析报告语言）。

- ASP

ASP（Active Server Page）是一种使用很广泛的开发动态网站的技术。它通过在页面代码中嵌入 VBScript 或 JavaScript 脚本语言，来生成动态的内容，在服务器端必须安装了适当的解释器后，才可以通过调用此解释器来执行脚本程序，然后将执行结果与静态内容部分结合并传送到客户端浏览器上。对于一些复杂的操作，ASP 可以调用存在于后台的 COM 组件来完成，所以说 COM 组件无限地扩充了 ASP 的能力。正因为 ASP 如此依赖本地的 COM 组件，使得它主要用于 Windows NT 平台中，所以 Windows 本身存在的问题都会映射到它的身上。当然该技术也存在很多优点，简单易学，并且 ASP 是与微软的 IIS 捆绑在一起的，在安装 Windows 操作系统的同时安装上 IIS 就可以运行 ASP 应用程序了。

- PHP

PHP 来自于 Personal Home Page 一词，但现在的 PHP 已经不再表示名词的缩写，而是一种开发动态网页技术的名称。PHP 语法类似于 C，并且混合了 Perl、C++和 Java 的一些特性。它是一种开源的 Web 服务器脚本语言，与 ASP 一样可以在页面中加入脚本代码来生成动态内容。对于一些复杂的操作可以封装到函数或类中。在 PHP 中提供了许多已经定义好的函数，例如提供的标准的数据库接口，使得数据库连接方便，扩展性强。PHP 可以被多个平台支持，但被广泛应用于 UNIX/Linux 平台。由于 PHP 本身的代码对外开放，经过许多软件工程师的检测，因此，该技术具有公认的安全性能。

- ASP.NET

ASP.NET 是一种建立动态 Web 应用程序的技术。它是.NET 框架的一部分，可以使用任何.NET 兼容的语言来编写 ASP.NET 应用程序。使用 Visual Basic .NET，C#，J# ASP.NET 页面(Web Forms)进行编译，可以提供比脚本语言更出色的性能表现。Web Forms 允许在网页基础上建立强大的窗体。当建立页面时，可以使用 ASP.NET 服务器端控件来建立常用的 UI 元素，并对它们编程来完成一般的任务。这些控件允许开发者使用内建可重用的组件和自定义组件来快速建立 Web Form，使代码简单化。

- JSP

Java Server Pages 简称 JSP。JSP 是以 Java 为基础开发的，所以它沿用 Java 强大的 API 功能。JSP 页面中的 HTML 代码用来显示静态内容部分；嵌入到页面中的 Java 代码与 JSP 标记来生成动态的内容部分。JSP 允许程序员编写自己的标签库来完成应用程序的特定要求。JSP 可以被预编译，提高了程序的运行速度。另外 JSP 开发的应用程序经过一次编译后，便可随时随地运行。所以在绝大部分系统平台中，代码无需做修改就可以在支持 JSP 的任何服务器中运行。

1.3 网络程序体系结构

随着网络技术的不断发展，单机的软件程序已经难以满足网络计算的需要。为此，各种各样的网络程序开发体系结构应运而生。其中，运用最多的网络应用程序开发体系结构有两种，一种是基于浏览器/服务器的 B/S 结构，另一种是基于客户端/服务器的 C/S 结构。下面进行详细介绍。

1.3.1 C/S 结构介绍

C/S 是 Client/Server 的缩写，即客户端/服务器结构。在这种结构中，服务器通常采用高性能的 PC 或工作站，并采用大型数据库系统（如 Oracle 或 SQL Server），客户端则需要安装专用的客户端软件，如图 1-7 所示。这种结构可以充分利用两端硬件环境的优势，将任务合理分配到客户端和服务器，从而降低系统的通信开销。在 2000 年以前，C/S 结构占据网络程序开发领域的主流。

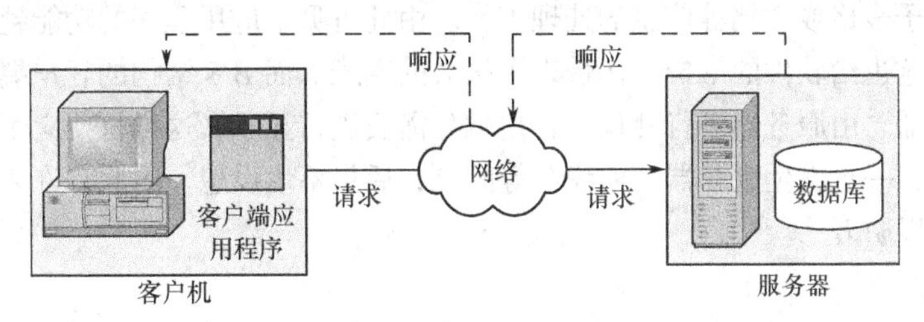

图 1-7　C/S 体系结构

1.3.2　B/S 结构介绍

B/S 是 Browser/Server 的缩写，即浏览器/服务器结构。在这种结构中，客户端不需要开发任何用户界面，而统一采用如 IE 和火狐等浏览器，通过 Web 浏览器向 Web 服务器发送请求，由 Web 服务器进行处理，并将处理结果逐级传回客户端，如图 1-8 所示。这种结构利用不断成熟和普及的浏览器技术实现原来需要复杂专用软件才能实现的强大功能，从而节约了开发成本，是一种全新的软件体系结构。这种体系结构已经成为当今应用软件的首选体系结构。

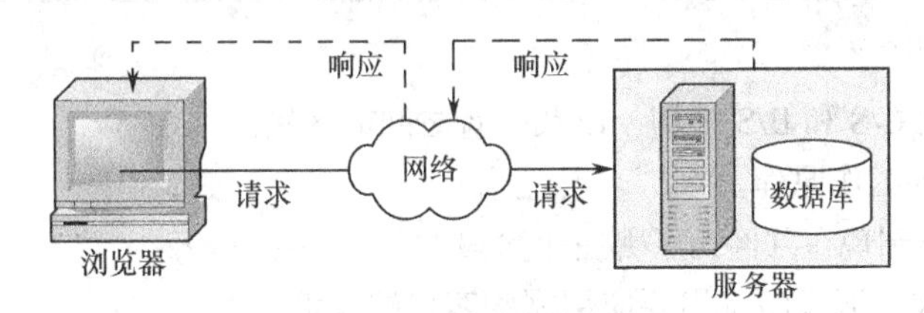

图 1-8　B/S 体系结构

B/S 由美国微软公司最早研发，C/S 由美国 Borland 公司最早研发。

1.3.3　两种体系结构的比较

C/S 结构和 B/S 结构是当前网络程序开发体系结构的两大主流。目前，这两种结构都有自己的市场份额和客户群。这两种体系结构各有优缺点，下面将从 3 个方面进行比较说明。

1．开发和维护成本方面

C/S 结构的开发和维护成本都比 B/S 结构的高。采用 C/S 结构时，对于不同客户端要开发不同的程序，而且软件的安装、调试和升级需要在所有的客户机上进行。例如，如果一个企业共有 10 个客户站点使用一套 C/S 结构的软件，则这 10 个客户站点都需要安装客户端程序。当这套软件进行了哪怕很微小的改动后，系统维护员都必须将客户端原有的软件卸载，再安装新的版本并进行配置。最可怕的是，客户端的维护工作必须不折不扣地进行 10 次。若某个客户端忘记进行这样的更新，则该客户端将会因软件版本不一致而无法工作。而 B/S 结构的软件，则不必在客户端进行安装及维护。如果我们将前面的 C/S 结构的软件换成 B/S 结构的，这样在软件升级后，系统维护员只需要将服务器的软件升级到最新版本，对于其他客户端，只要重新登录系统就可以使用最新版本的软件了。

2. 客户端负载

C/S 的客户端不仅负责与用户的交互，收集用户信息，而且还需要完成通过网络向服务器请求对数据库、电子表格或文档等信息的处理工作。由此可见，应用程序的功能越复杂，客户端程序也就越庞大，这也给软件的维护工作带来了很大的困难。而 B/S 结构的客户端把事务处理逻辑部分交给了服务器，由服务器进行处理，客户端只需要进行显示，这样将使应用程序服务器的运行数据负荷较重，一旦发生服务器“崩溃”等问题，后果不堪设想。因此，许多单位都备有数据库存储服务器，以防万一。

3. 安全性

C/S 结构适用于专人使用的系统，可以通过严格的管理派发软件，达到保证系统安全的目的，这样的软件相对来说安全性比较高。而对于 B/S 结构的软件，由于使用的人数较多，且不固定，相对来说安全性就会低些。

由此可见，B/S 相对于 C/S 具有更多的优势，现今大量的应用程序开始转移到应用 B/S 结构，许多软件公司也争相开发 B/S 结构的软件，也就是 Web 应用程序。随着 Internet 的发展，基于 HTTP 和 HTML 标准的 Web 应用呈几何数量级的增长，而这些 Web 应用又是由各种 Web 技术所开发的。

习　题

1-1　说明什么是 C/S 和 B/S 结构，以及二者之间的区别。

1-2　简述 Web 的工作原理。

1-3　Web 从提出到现在共经历了哪三个阶段？

1-4　简述进行 Web 开发时都需要应用哪些客户端技术。

1-5　简述进行 Web 开发时服务器端应用的技术有哪些，重点说明什么是 JSP？

第 2 章 JavaScript 概述

本章主要内容包括什么是 JavaScript、JavaScript 的作用、JavaScript 的基本特点、JavaScript 的环境要求，编写 JavaScript 的工具以及编写第一个 JavaScript 程序。通过本章的学习，读者应了解什么是 JavaScript 和如何编写 JavaScript 的程序，并熟练掌握 JavaScript 的开发工具的使用等，为后面学习 JavaScript 编程打下一个良好的基础。

2.1 JavaScript 简述

2.1.1 什么是 JavaScript

JavaScript 是由 Netscape Communication Corporation（网景公司）所开发的。JavaScript 原名 LiveScript，是目前客户端浏览程序最普遍的 Script 语言。

JavaScript 是 Web 页面中的一种脚本编程语言，也是一种通用的、跨平台的、基于对象和事件驱动并具有安全性的解释型脚本语言，在 Web 系统中得到了非常广泛的应用。它不需要进行编译，而是直接嵌入在 HTML 页面中，把静态页面转变成支持用户交互并响应相应事件的动态页面。

2.1.2 JavaScript 的作用

使用 JavaScript 脚本实现的动态页面，在 Web 上随处可见。下面将介绍几种 JavaScript 常见的应用。

- 验证用户输入的内容

在程序开发过程中，用户输入内容的校验常分为两种：功能性校验和格式性校验。

功能性校验常常与服务器端的数据库相关联，因此，这种校验必须将表单提交到服务器端后才能进行。例如在开发管理员登录页面时，要求用户输入正确的用户名和密码，以确定管理员的真实身份。如果用户输入了错误的信息，将弹出相应的提示，如图 2-1 所示。这项校验必须通过表单提交后，由服务器端的程序进行验证。

格式性校验可以只发生在客户端，即在表单提交到服务器端之前完成。JavaScript 能及时响应用户的操作，对提交表单做即时的检查，无需浪费时间交由 CGI 验证。JavaScript 常用于对用户输入的格式性校验。

图 2-2 所示的是一个要求用户输入购卡人的详细信息，它要求对用户的输入进行以下校验。

图 2-1　验证用户名和密码是否正确

（1）学生考号、移动电话、固定电话和 E-mail 不能为空。

（2）学生考号必须是 12 位。

（3）移动电话必须由 11 位数字组成，且以“13”和“15”开头。

（4）固定电话必须是“3 位区号-8 位话号”或“4 位区号-7 位或 8 位话号”。

（5）E-mail 必须包含“@”和“.”两个有效字符。

当用户输入不符合指定格式的移动电话号码时，就会在页面输出提示信息“移动电话号码的格式不正确”，如图 2-2 所示。

图 2-2　校验用户输入的格式是否正确

- 实时显示添加内容

在 Web 编程中，多数情况下需要程序与用户进行交互，告诉用户已经发生的情况，或者从用户的输入那里获得下一步的数据，程序的运行过程大多数是一步步交互的过程。这种完全不用通过服务器端处理，仅在客户端动态显示网页的功能，不仅可以节省网页与服务器端之间的通信时间，又可以制作出便于用户使用的友好界面，使程序功能更加人性化。

例如，在填写许愿信息时，为了让用户可以实时看到添加后字条的样式，用户每输入一个文字，在右侧的字条预览区实时预览填写许愿字条内容的效果，如图 2-3 所示。

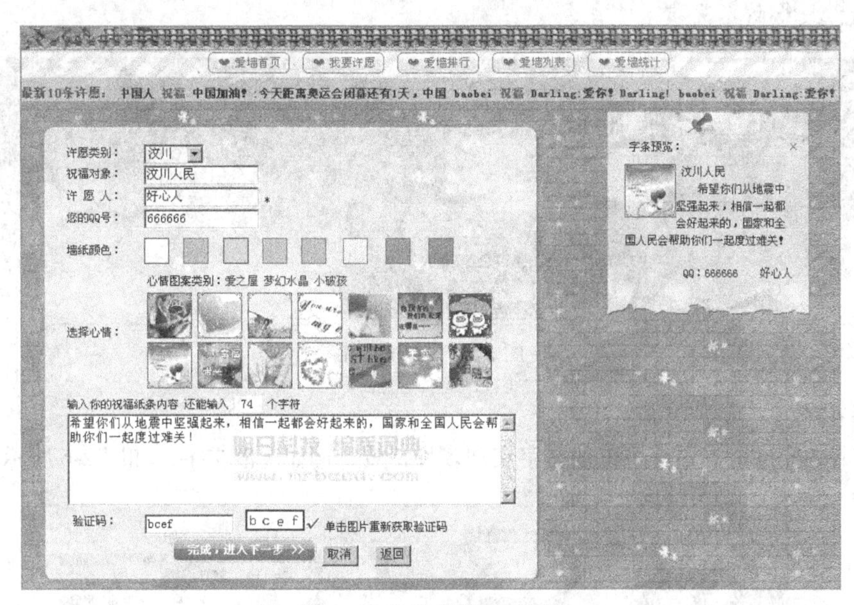

图 2-3　实时预览许愿字条

• 动画效果

在浏览网页时，经常会看到一些动画效果，使页面显得更加生动。使用 JavaScript 脚本语言也可以实现动画效果，例如在页面中实现一种星星闪烁的效果，如图 2-4 所示。

图 2-4　动画效果

• 窗口的应用

在打开网页时经常会看到一些浮动的广告窗口，这些广告窗口是网站最大的盈利手段。我们也可以通过 JavaScript 脚本语言来实现，例如图 2-5 所示的广告窗口。

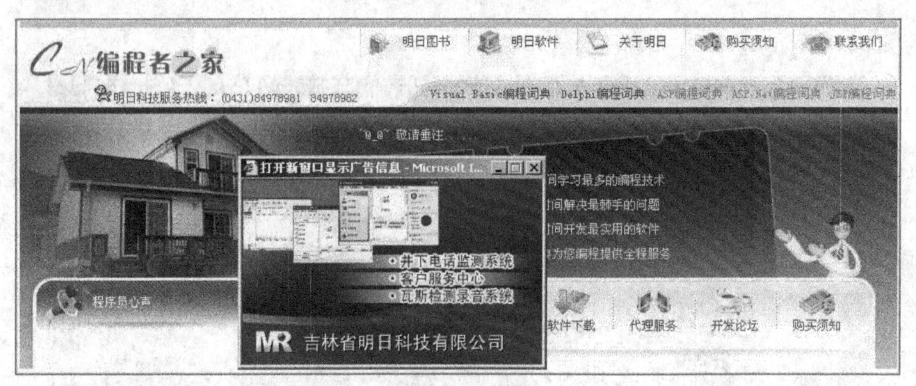

图 2-5　窗口的应用

- 文字特效

使用 JavaScript 脚本语言可以使文字实现多种特效，例如波浪文字，如图 2-6 所示。

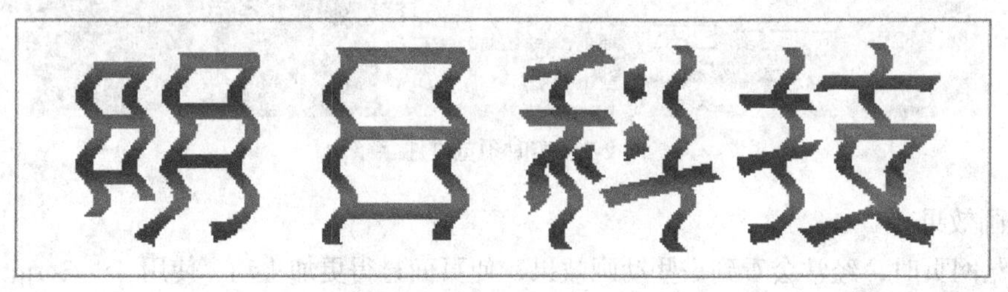

图 2-6　文字特效

2.1.3　JavaScript 的基本特点

JavaScript 是为适应动态网页制作的需要而诞生的一种新的编程语言，如今越来越广泛地应用于 Internet 网页制作上。JavaScript 脚本语言具有以下几个基本特点。

- 解释性

JavaScript 不同于一些编译性的程序语言，例如 C、C++等，它是一种解释性的程序语言，它的源代码不需要经过编译，而是直接在浏览器中运行时被解释。

- 基于对象

JavaScript 是一种基于对象的语言。这意味着它能运用自己已经创建的对象。因此，许多功能可以来自于脚本环境中对象的方法与脚本的相互作用。

- 事件驱动

JavaScript 可以直接对用户或客户输入做出响应，无需经过 Web 服务程序。它对用户的响应，是以事件驱动的方式进行的。所谓事件驱动，就是指在主页中执行了某种操作所产生的动作，此动作称为"事件"。比如按下鼠标、移动窗口、选择菜单等都可以视为事件。当事件发生后，可能会引起相应的事件响应。

- 简单性

JavaScript 是一种基于 Java 基本语句和控制流之上的简单而紧凑的设计，从而对于学习 Java 是一种非常好的过渡。其次它的变量类型采用弱类型，并未使用严格的数据类型。

- 跨平台

JavaScript 依赖于浏览器本身，与操作环境无关，只要能运行浏览器的计算机，并支持

JavaScript 的浏览器就可正确执行。

- 安全性

JavaScript 是一种安全性语言，它不允许访问本地的硬盘，且不能将数据存入到服务器上，不允许对网络文档进行修改和删除，只能通过浏览器实现信息浏览或动态交互。这样可有效地防止数据的丢失。

2.2 JavaScript 的环境要求

JavaScript 本身是一种脚本语言，不是一种工具，实际运行所写的 JavaScript 代码的软件是环境中的解释引擎——Netscape Navigator 或 Microsoft Internet Explorer 浏览器。JavaScript 依赖于浏览器的支持。

2.2.1 硬件要求

在使用 JavaScript 进行程序开发时，要求使用的硬件开发环境如下。

- 首先必须具备运行 Windows 98、Windows XP、Windows NT 及其 Service Pack 6a 或更高版本，Windows 2000 及其 Service Pack 2 或更高版本的基本硬件配置环境。
- 至少 32M 以上内存。
- 640 × 480 分辨率以上的显示器。
- 至少 20MB 以上的可用硬盘空间。

注意

一般情况下，计算机的最低配置往往不能满足复杂的 JavaScript 程序的处理需要，如果增加内存的容量，可以明显地提高程序在浏览器中运行的速度。

2.2.2 软件要求

本书介绍的 JavaScript 基本功能将适用于各种浏览器。为了能够更好地使用本书，建议读者软件安装配置如下。

- Windows 95/98 或 Windows NT 及以上版本。
- Netscape Navigator 3.0 或 Internet Explorer 3.0 以上版本。
- 编辑 JavaScript 程序可以使用任何一种文本编辑器，例如 Windows 中的记事本、写字板等应用软件。由于 JavaScript 程序可以嵌入于 HTML 文件中，因此，读者可以使用任可一种编辑 HTML 文件的工具软件，例如 Macromedia Dreamweaver 和 Microsoft FrontPage 等。

2.3 编写 JavaScript 的工具

"工欲善其事，必先利其器"。随着 JavaScript 的发展，大量优秀的开发工具接踵而出。找到一个适合自己的开发工具，不仅可以加快学习进度，而且可以在以后的开发过程中及时发现问题，少走弯路。下面就来介绍几款简单易用的开发工具。

2.3.1 使用记事本

记事本是最原始的 JavaScript 开发工具，它最大的优点就是不需要独立安装，只要安装微软公司的操作系统，利用系统自带的记事本，就可以开发 JavaScript 应用程序。对于计算机硬件条件有限的读者来说，记事本是最好的 JavaScript 应用程序开发工具。

例 2-1 下面将介绍如何通过使用记事本工具来作为 JavaScript 的编辑器编写第一个 JavaScript 脚本。

（1）单击“开始”菜单，选择“程序” / “附件” / “记事本”选项，打开记事本工具。

（2）在记事本的工作区域输入 HTML 标识符和 JavaScript 代码。

```
<html>
<head>
<title>一段简单的 JavaScript 代码</title>
<script language="javascript">
    window.alert("欢迎光临本网站");
</script>
</head>
<body>
<h3>这是一段简单的 JavaScript 代码。</h3>
</body>
</html>
```

（3）编辑完毕后，选择“文件” / “保存”命令，在打开的“另存为”对话框中，输入文件名，将其保存为.html 格式或.htm 格式。保存完.html 格式后，文件图标将会变成一个 IE 浏览器的图标，双击此图标，以上代码的运行结果会在浏览器中显示，如图 2-7 所示。

图 2-7 用记事本编写 JavaScript 程序

利用记事本开发 JavaScript 程序也存在着缺点，就是整个编程过程要求开发者完全手工输入程序代码，这就影响了程序的开发速度。所以，在条件允许的情况下，最好不要只选择记事本开发 JavaScript 程序。

2.3.2 使用 FrontPage

FrontPage 是微软公司开发的一款强大的 Web 制作工具和网络管理向导，它包括 HTML 处理程序、网络管理工具、动画图形创建、编辑工具以及 Web 服务器程序。通过 FrontPage 创建的网站不仅内容丰富而且专业，最值得一提的是，它的操作界面与 Word 的操作界面极为相似，非常容易学习和使用。

例 2-2 下面介绍应用 FrontPage 编写 JavaScript 脚本的步骤。

（1）打开 FrontPage，默认创建一个 new_page_1.htm 的文档，如图 2-8 所示。用户可以直接在该文档中编写 JavaScript 脚本。另外，用户也可以通过菜单栏新建一个 HTML 文件来编写 JavaScript 脚本。单击“文件”/“新建”/“网页”选项，就会弹出一个网页制作的向导，从 3 方面提供了几十种基本方案供用户选择，如图 2-9 所示。在“常规”选项卡中一共提供了 26 种模板供用户选择。在“框架网页”中，提供了 10 种框架结构，几乎包括了所有常见的网页框架。“样式表”则能帮助用户确定统一的文字风格。

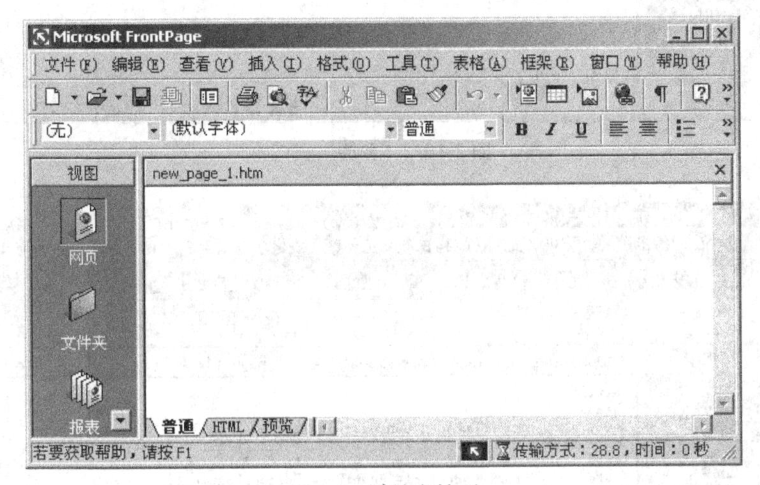

图 2-8 默认文档页

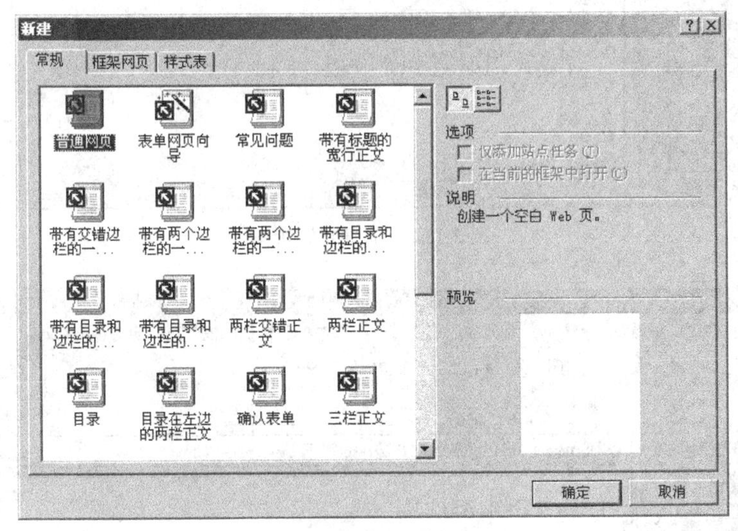

图 2-9 新建文档

（2）在打开的页面中，页面下方有 3 个视图形式，分别为“普通”、“HTML”和“预览”。在“普通”视图中，可以在页面插入 HTML 元素，进行页面布局和设计，如图 2-10 所示；在“HTML”视图中，可以编辑 JavaScript 程序，如图 2-11 所示；在“预览”视图中，可以运行网页内容，如图 2-12 所示。

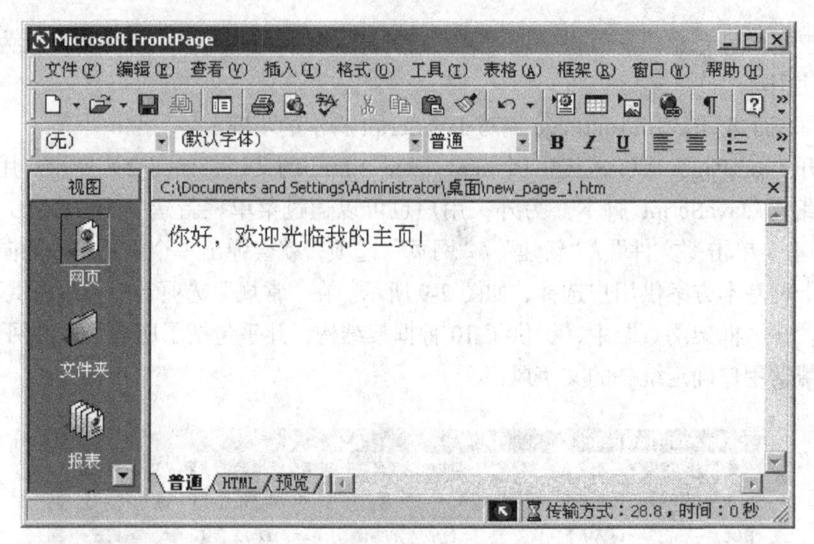

图 2-10 “普通”视图

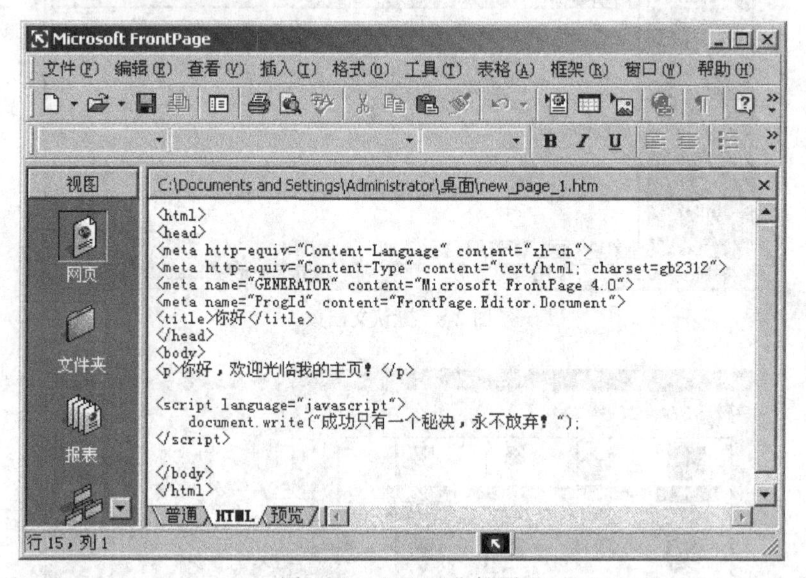

图 2-11 “HTML”视图

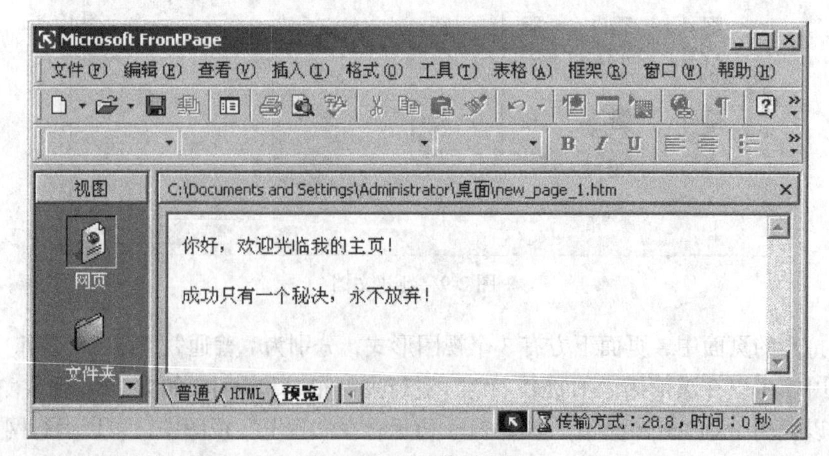

图 2-12 “预览”视图

2.3.3 使用 Dreamweaver

Dreamweaver（DW）是当今流行的网页编辑工具之一。它采用了多种先进技术，提供了图形化程序设计窗口，能够快速高效地创建网页，并生成与之相关的程序代码，使网页创作过程变得简单化，生成的网页也极具表现力。从 MX 版开始，DW 开始支持可视化开发，对于初学者确实是比较好的选择，因为都是所见即所得。其特征包括，语法加亮、函数补全，参数提示等。值得一提的是，Dreamweaver 在提供了强大的网页编辑功能的同时，还提供了完善的站点管理机制，极大地方便了程序员对网站的管理工作。

下载地址：http://www.adobe.com/downloads/

例 2-3 下面介绍应用 Dreamweaver 编写 JavaScript 脚本的步骤。

（1）安装 Dreamweaver 后，首次运行 Dreamweaver 时，展现给用户的是一个“工作区设置”的对话框，在此对话框中，用户可以选择自己喜欢的工作区布局，如“设计者”或“代码编写者”，如图 2-13 所示。这两者的区别是在 Dreamweaver 的右边或是左边显示窗口面板区。

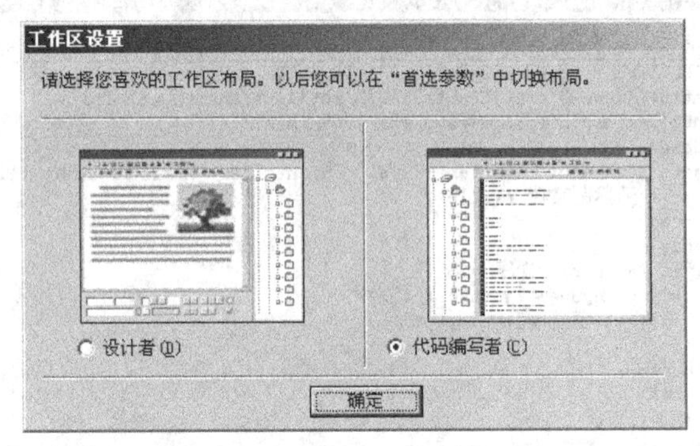

图 2-13 “工作区设置”对话框

（2）选择工作区布局，并单击“确定”按钮后。选择“文件”/“新建”命令，将打开“新建文档”对话框。在该对话框中的“类别”列表区选择“基本页”，再根据实际情况来选择所应用的脚本语言，这里选择的是“HTML”，然后单击“创建”按钮，创建以 JavaScript 为主脚本语言的文件，如图 2-14 所示。

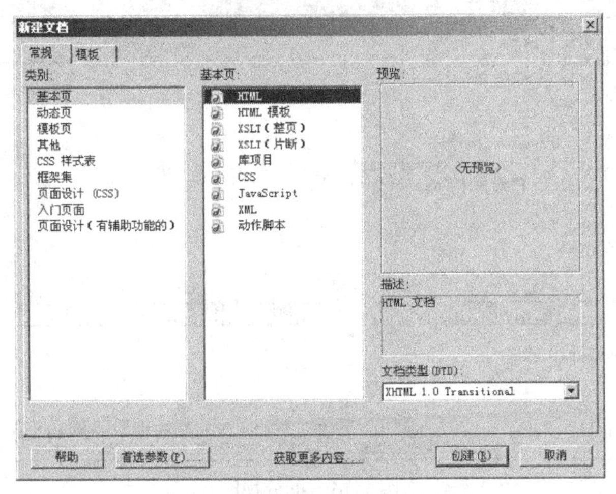

图 2-14 “新建文档”对话框

如果用户选择了“JavaScript”选项，则创建一个 JavaScript 文档。在创建 JavaScript 脚本的外部文件时不需要使用<script>标记，但是文件的扩展名必须使用.js 类型。调用外部文件可以使用<script>标记的 src 属性。如果 JavaScript 脚本外部文件保存在本机中，那么 src 属性可以是全部路径或是部分路径。如果 JavaScript 脚本外部文件保存在其他服务器中，那么 src 属性需要指定完全的路径。

（3）在打开的页面中，有 3 种视图形式，分别为代码、拆分和设计。在代码视图中，可以编辑程序代码，如图 2-15 所示；在拆分视图中，可以同时编辑代码视图和设计视图中的内容，如图 2-16 所示；在设计视图中，可以在页面中插入 HTML 元素，进行页面布局和设计，如图 2-17 所示。

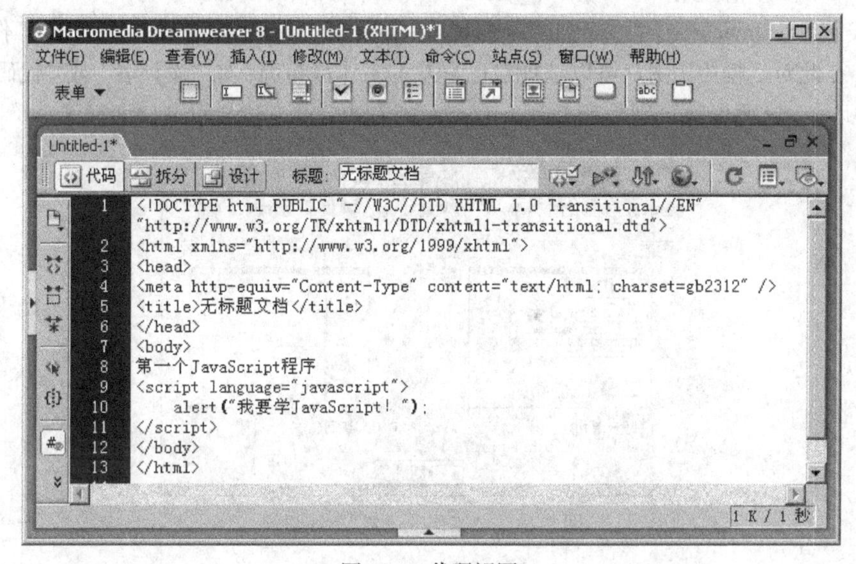

图 2-15　代码视图

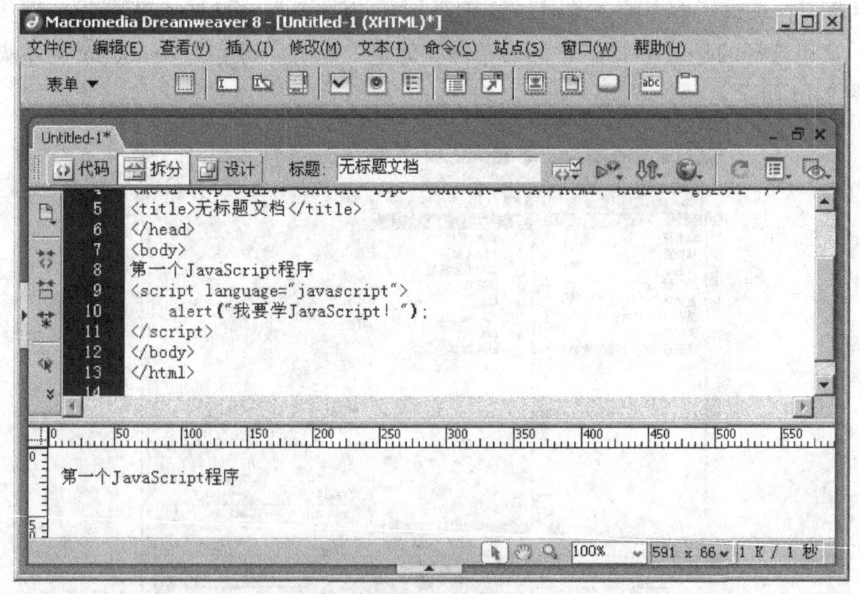

图 2-16　拆分视图

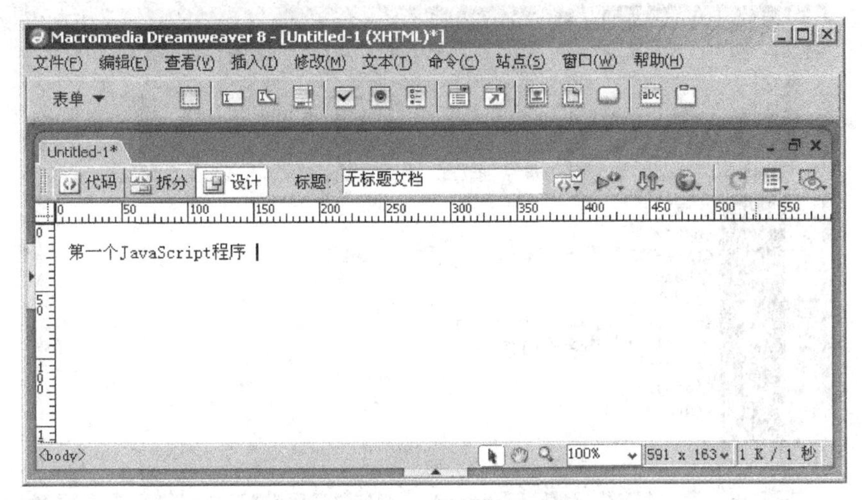

图 2-17　设计视图

在代码模式中编写的 JavaScript 脚本，在设计模式中不会输出显示，也没有任何标记。

在 Dreamweaver 中插入 HTML 元素后，通过“属性”面板可以方便地定义元素的属性，使其满足页面布局的要求。在页面中，允许多个表格的嵌套；可以插入图像、flash 等；可以插入表单元素，例如：文本框、列表/菜单、复选框、按钮等。

（4）设计页面及编写代码完成后，保存该文件到指定目录下，文件的扩展名为“.html”或“.htm”。

2.4　编写第一个 JavaScript 程序

下面通过一个简单的 JavaScript 程序，使读者对编写和运行 JavaScript 程序的整个过程有一个初步的认识。

2.4.1　编写 JavaScript 程序

例 2-4　下面应用 Dreamweaver 编辑器编写第一个 JavaScript 程序。

（1）启动 Dreamweaver 编辑器，单击“文件” / “新建”命令，打开“新建文档”对话框，选择“常规”选项卡中的“基本页” / “JavaScript”选项，然后，单击“创建”按钮，即可成功创建一个 JavaScript 文件。

（2）JavaScript 的程序代码必须置于<script language="javascript"></script>之间。在<body>标记中输入如下代码：

```
<script language="javascript">
    alert("我要学 JavaScript! ");
</script>
```

在 Dreamweaver 中输入 JavaScript 脚本程序的运行结果如图 2-18 所示。

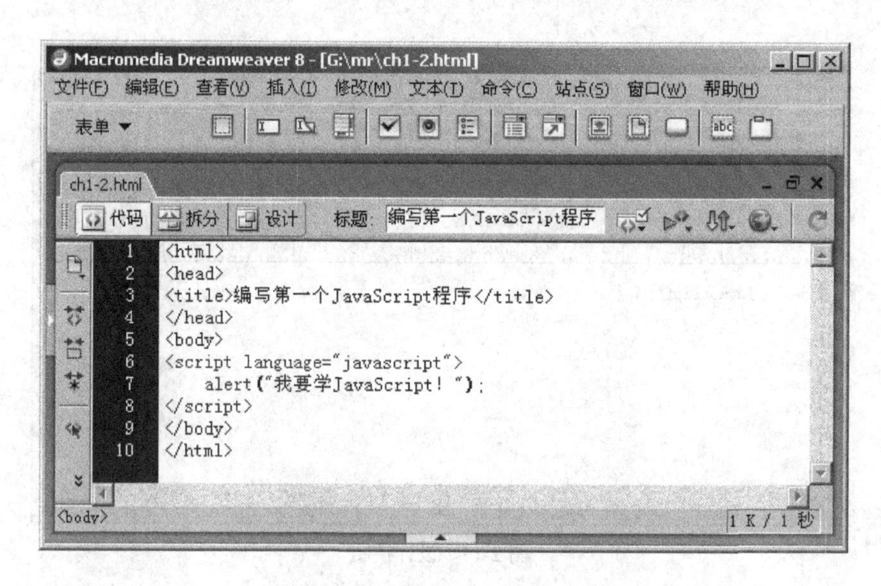

图 2-18　在 Dreamweaver 中输入 JavaScript 脚本程序

JavaScript 脚本在 HTML 文件中的位置有以下 3 种。

- 在 HTML 的<body>标记中的任何位置。如果所编写的 JavaScript 程序用于输出网页的内容，应该将 JavaScript 程序置于 HTML 文件中需要显示该内容的位置。
- 在 HTML 的<head>标记中。如果所编写的 JavaScript 程序需要在某一个 HTML 文件中多次使用，那么，就应该编写 JavaScript 函数（function），并将函数置于该 HTML 的<head>标记中。

```
<script language="javascript">
function check(){
    alert("我被调用了");
}
</script>
```

使用时直接调用该函数名就可以了。

```
<input type="submit" value="提交" onClick="check()">
```

单击“提交”按钮，调用 check()函数。

- 在一个 js 的单独的文件中。如果所编写的 JavaScript 程序需要在多个 HTML 文件中使用，或者，所编写的 JavaScript 程序内容很长，这时，就应该将这段 JavaScript 程序置于单独的 js 文件中，然后在所需要的 HTML 文件“a.html”中，通过<script>标记包含该 js 文件。如：

```
<script src="ch1-1.js"></script>
```

被包含的 ch1-1.js 文件代码如下。

```
document.write('这是外部文件中 JavaScript 代码!');
```

在外部的 JavaScript 程序文件“ch1-1.js”中不必使用<script>标记。

（3）虽然大多数浏览器都支持 JavaScript，但少部分浏览器不支持 JavaScript，还有些支持 JavaScript 的浏览器为了安全问题关闭了对<JavaScript>的支持。如果遇到不支持 JavaScript 脚本的浏览器，网页会达不到预期效果或出现错误。解决这个问题可以使用以下两种方法。

- HTML 注释符号

HTML 注释符号是以<!--开始，以-->结束的。但是 JavaScript 不能识别 HTML 注释的结果部分“-->”。如果在此注释符号内编写 JavaScript 脚本，对于不支持 JavaScript 的浏览器，将会把编写的 JavaScript 脚本作为注释处理。

- <noscript>标记

如果当前浏览器支持 JavaScript 脚本，那么该浏览器将会忽略<noscript>…</noscript>标记之间的任何内容。如果浏览器不支持 JavaScript 脚本，那么浏览器将会把这两个标记之间的内容显示出来。通过此标记可以提醒浏览者当前使用的浏览器是否支持 JavaScript 脚本。

（4）JavaScript 脚本语言区分字母大小写。

（5）在创建好 JavaScript 程序后，选择“文件” / “保存”命令，在弹出的“另存为”对话框中，输入文件名，将其保存为.html 格式或.htm 格式，如图 2-19 所示。

图 2-19　“另存为”对话框

（6）保存完.html 格式后文件图标，将会变成一个 IE 浏览器的图标 。

2.4.2　运行 JavaScript 程序

运行用 JavaScript 编写的程序需要能支持 JavaScript 语言的浏览器。Netscape 公司 Navigator 3.0 以上版本的浏览器都能支持 JavaScript 程序，微软公司 Internet Explorer 3.0 以上版本的浏览器基本上支持 JavaScript。

双击刚刚保存的“ch1-2.html”文件，在浏览器中输出运行结果，如图 2-20 所示。

图 2-20　编写第一个 JavaScript 程序

在 IE 浏览器中，选择“查看”/“源文件”命令，可以查看到程序生成的 HTML 源代码。在客户端查看到的源代码是经过浏览器解释的 HTML 代码，如果将 JavaScript 脚本存储在单独的文件中，那么在查看源文件时不会显示 JavaScript 程序源代码。

2.4.3 调试 JavaScript 程序

程序出错类型分为语法错误和逻辑错误两种。

1．语法错误

语法错误是在程序开发中使用不符合某种语言规则的语句，从而产生的错误。例如，错误地使用了 JavaScript 的关键字，错误地定义了变量名称等，这时，当浏览器运行 JavaScript 程序时就会报错。

例如，将上面程序中的第 7 行中的语句改写成下述语句，即将第一个字符由小写字母改成大写字母。

```
Alert("我要学 JavaScript！");
```

保存该文件后再次在浏览器中运行，程序就会出错。

运行本程序，将会弹出如图 2-21 所示的错误信息。

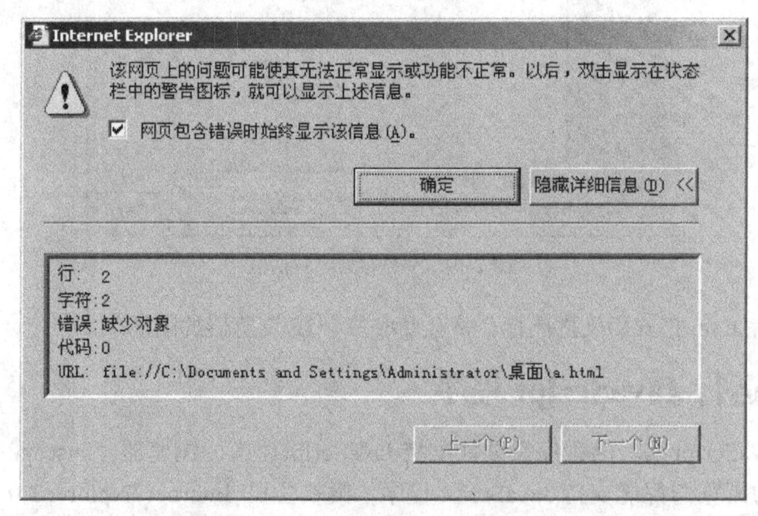

图 2-21 在 IE 浏览器中调试 JavaScript

2．逻辑错误

有些时候，程序中不存在语法错误，也没有执行非法操作的语句，可是程序运行的结果却是不正确的，这种错误叫做逻辑错误。逻辑错误对于编译器来说并不算错误，但是由于代码中存在的逻辑问题，导致运行结果不是期望的结果。逻辑错误在语法上是不存在错误的，但是从程序的功能上看是 Bug。它是最难调试和发现的 Bug。因为它们不会抛出任何错误信息。唯一能看到的就是程序的功能（或部分功能）没有实现。

例如，某商城实现商品优惠活动，如果用户是商城的会员，那么商品打八五折，代码如下。

```
<script language="javascript">
user="会员";
```

```
    if(user=="会员"){
        price=485*8.5;                          //485 是商品价格,8.5 是打的八五折
        alert("商品的会员价格是: "+price);       //输出商品的会员价
    }
</script>
```

运行程序时，程序没有弹出错误信息。但是当用户为商城的会员时，商品价格乘以一个 8.5，相当于，商品不但没有打折扣，反而照原价贵了 8.5 倍，这一点就没有符合要求，属于逻辑错误，应乘以 0.85 才正确。

在实现动态的 Web 编程时，通常情况下，数据表中均是以 8.5 进行存储，这时在程序中就应该再除以 10，这样，就相当于原来的商品价格乘以 0.85。正确的代码为：

```
price=485*8.5/10;                       //485 是商品价格,"8.5/10"是打的八五折
```

对于逻辑错误而言，发现错误是容易的，但要查找出逻辑错误的原因却很困难。因此，在编写程序的过程中，一定要注意使用语句或者函数的书写完整性，否则将导致程序出错。

习　　题

2-1　以下哪个选项是 JavaScript 技术特征（　　）。

A. 解释型脚本语言　　B. 跨平台

C. 基于对象和事件驱动　　D. 具有以上各种功能

2-2　编辑 JavaScript 程序时（　　）。

A. 只能使用记事本

B. 只能使用 FrontPage 编辑软件

C. 可以使用任何一种文本编辑器

D. 只能使用 Dreamweaver 编辑工具

2-3　在程序开发过程中，用户输入内容的校验常分为功能性校验和（　　）。

A. 格式性校验　　B. 内容性校验

C. 事件性校验　　D. 方法性校验

2-4　对于不支持 JavaScript 程序的浏览器，使用下面哪种标记会把编写的 JavaScript 脚本作为注释处理（　　）。

A. <!--　//-->标记　　B. ' 标记

C. // 标记　　D. /*　*/标记

2-5　在调用外部的 JavaScript 文件时，下面哪种写法是正确的（　　）。

A. <script file="a.js"></script>　　B. <script src="a.js"></script>

2-6　如果将 JavaScript 脚本存储在单独的文件中，那么在 IE 浏览器中，选择“查看” / “源文件”命令，查看源文件时（　　）显示 JavaScript 程序源代码。

A. 会　　B. 不会

2-7　下面哪种 JavaScript 语法格式是正确的（　　）。

A. echo "I enjoy JavaScript";　　B. document.write(I enjoy JavaScript);

C. response.write("I enjoy JavaScript ");　　D. alert("I enjoy JavaScript ");

2-8　JavaScript 脚本是否区分字母大小写（　　）。

A. 区分　　　　B. 不区分

上机指导

2-1　应用 JavaScript 脚本弹出一个对话框，输出“我喜欢学 JavaScript”，并进行测试。

2-2　应用 JavaScript 脚本计算商品的销售额，并存储在单独的 add.js 文件中，然后在 index.html 文件中调用脚本文件，并运行 JavaScript 程序。

第 3 章 HTML 文档

在学习 JavaScript 脚本语言前，读者应该先对 HTML 文档的基础知识和常用的标记具有简单的了解，这样才能够更好地学习 JavaScript 脚本语言。本章将介绍 HTML 文档的基础知识和常用的 HTML 标记。

3.1 HTML 文档基础

HTML（Hyper Text Markup Language，超文本标记语言）是一种用来制作超文本文档的简单标记语言,HTML 在正文的文本中编写各种标记,通过 Web 浏览器进行编译和执行才能正确显示。

3.1.1 HTML 标记

HTML（Hypertext Markup Language，超文本标记语言）其主要由文本和标记两部分构成。HTML 的标记通常是由“<”、“>”以及其中所包含的标记元素组成。例如，<body>与</body>就是一对标记，此标记称为主体标记，用来指明文档中的主体内容。

1. 双标记

在 HTML 中，大多数标记都是成对出现的，一般是由一个开始标记和一个结束标记组成，其中开始标记告诉 Web 浏览器从此处开始执行该标记所表示的功能，而结束标记告诉 Web 浏览器在这里结束该功能。这类标记称为“双标记”，其语法格式如下：

```
<标记>内容</标记>
```

其中“内容”部分就是要被这对标记起作用的部分，例如在页面中显示出 X 的平方，可以通过标记来实现。

例 3-1 新建一个 HTML 文件，在其中编写如下代码，然后保存为该文件。

```
<html>
<head>
<title>双标记</title>
</head>
<body>
输出 X 的平方：X<sup>2</sup>
</body>
</html>
```

双击该文件，运行结果如图 3-1 所示。

图 3-1　输出 X 的平方

2. 单标记

虽然在 HTML 中，大多数的标记为“双标记”，但是也有一些是以单独形式存在的标记，此类标记称为“单标记”。这类标记只需单独使用就能完整地表达其意思，语法格式如下：

```
<标记>
```

例 3-2　在 HTML 中，最常用的“单标记”是
，此标记为换行标记。例如在页面中使用一行显示一段文字，由于此行文字太长显得页面很不美观，可以使用此标记将此段文字分两行显示，例如下面的代码。

```
<html>
<head>
<title>单标记</title>
</head>
<body>
获得是一种满足<br>给予是一种快乐
</body>
</html>
```

其结果如图 3-2 所示。

图 3-2　使用单标记

在使用的大多数单标记和双标记的开始标记内通常可以包含一些属性，其语法格式如下：

```
<标记　属性 1　属性 2　属性 3　… >
```

在上面的语法中，所有属性必须在开始标记的尖括号“<”中编写，各属性之间使用空格分隔，无先后次序之分，属性也可省略（即取默认值）。属性值需要使用双引号（“”）标注。

例 3-3　使用单标记<HR>在页面中画一条水平线，并设置其 size 属性、noshade 属性、width 属性和 color 属性。size 属性表示水平线的粗细，noshade 属性表示将水平线的阴影去掉，水平线默认为空心带阴影的立体效果，color 属性表示水平线的颜色，width 属性表示为水平线的宽度。

```
<html>
<head>
<title>绘制水平线</title>
</head>
```

```
<body>
<hr size="8" noshade width="80%" color="#FF6600">
</body>
</html>
```

运行结果如图 3-3 所示。

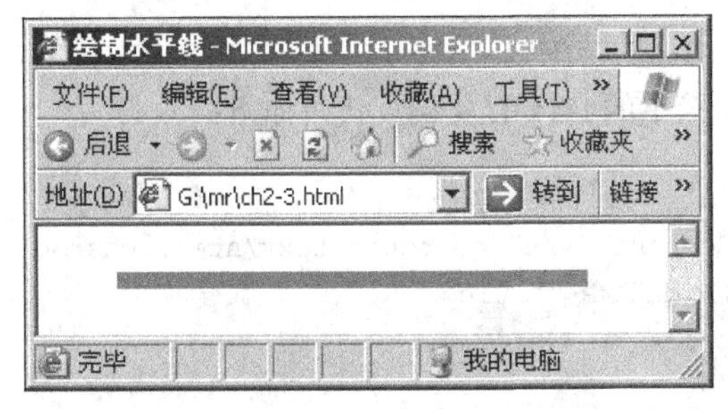

图 3-3　绘制水平线标记的属性设置

标记与标记之间可以嵌套使用，标记是不区分大小写的，在 HTML 中<body>与<BODY>的写法都是正确的，其含义也是相同的。

3.1.2　HTML 文档的基本结构

使用 HTML 编写的超文本文件称为 HTML 文件。可以在 Windows 下的文本编辑器中手工直接编写 HTML 文件，也可以使用 FrontPage、Dreamweaver 等可视化编辑软件编写 HTML 文档。

在 HTML 中，定义了 3 种标记用于描述页面的基本结构。HTML 中的基本结构如下：

```
<HTML>
  <HEAD>
      …头部信息
  </HEAD>
  <BODY>
      …主体内容
  </BODY>
</HTML>
```

下面详细介绍各种标记的功能及用法。

- <html>…</html>标记

HTML 文档中的第一个标记，该标记用于表示该文档是 HTML 文档，当浏览器遇到<html>标记时，就会按 HTML 的标准来解释文本。结束标记</html>出现在 HTML 文档的尾部。

- <head>…</head>标记

此标记出现在<html>标记内起始的部分，此标记称为头部标记。头部标记用于提供与 Web 页面有关的各种信息。在头部标记中，可以使用<meta>标记模拟 HTTP 的响应头报文，用于鉴别作者、标注内容提要和关键字、设定页面字符集、刷新页面等，在 HTML 头部可以包括任意数量的<meta>标记；使用<title>…</title>标记来指定网页的标题；使用<style>…</style>标记来定义 CSS 样式表；使用<script>…</script>标记来插入脚本语言等。一般来说，位于头部标记中的内容都不会在网页上直接显示。

- <body>…</body>

此标记称为主体标记，在头部标记</head>之后。它定义了 HTML 文件显示的主要内容和显示格式。作为网页的主体部分，此标记有很多的内置属性，这些属性用于设定网页的总体风格。例如，定义页面的背景图像、背景颜色、文字颜色以及超文本链接颜色等。

<head>与<body>标记是两个独立的部分，不能互相嵌套。

例 3-4 下面编写一个简单的 HTML 文档，代码如下：

```
<html>
<head>
<meta http-equiv="Content-Type" content="text/html; charset=gb2312" />
<title>编写一个简单的 HTML 文档</title>
<style type="text/css">
<!--
.STYLE1 {
     color: #FF0000;
     font-weight: bold;
}
-->
</style>
</head>
<body>
<h1 align="center">我的梦想</h1>
<p align="center" class="STYLE1">美丽的西双版纳是我梦想的地方</p>
</body>
</html>
```

在 IE 浏览器中打开上面建立的 HTML 文件，运行结果如图 3-4 所示。

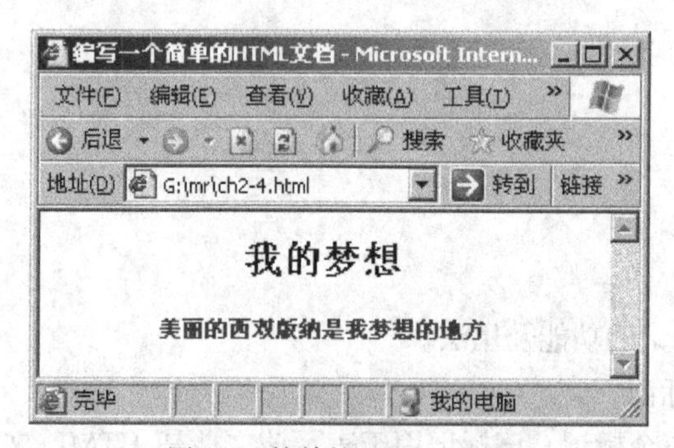

图 3-4 简单的 HTML 文档

3.2 HTML 文档中的常用标记

HTML 文档中常用的标记有文字标记、段落标记、列表标记、超链接标记、图像标记、表格标记等。下面逐一进行介绍，使读者简单了解各标记的使用方法。

3.2.1 文字标记

文字是网页重要的组成部分之一，通过使用标题标记文字、文字格式标记和文字样式标记来改变枯燥乏味的文字，可以使浏览者更有效地浏览网页。下面将对标题标记、文字格式标记和文字样式标记进行介绍。

1．标题标记<hn>…<hn>

在浏览网页时常常看到一些标题文字，在 HTML 文档中可以使用标题标记来指明页面上的标题。标题标记包含 6 种标记，<H1>到<H6>，分别表示 6 个级别的标题，每一个级别的字体大小都有明显的区分，从 1~6 以递减的形式表示，1 级标题的字号为最大，6 级标题字号为最小。每个标题标记所标识的文字将独占一行且上下留一空白行。语法格式如下：

```
<h1>标题</h1>
<h2>标题</h2>
…
```

例 3-5 下面使用<hn>…</hn>标题标记来演示各级标题的区别。程序代码如下。

```
<html>
<head>
<title>标题文字效果</title>
</head>
<body>
<h1>1 级标题</h1>
<h2>2 级标题</h2>
<h3>3 级标题</h3>
<h4>4 级标题</h4>
<h5>5 级标题</h5>
<h6>6 级标题</h6>
</body>
</html>
```

保存文件，并在 IE 浏览器中运行该文件，结果如图 3-5 所示。

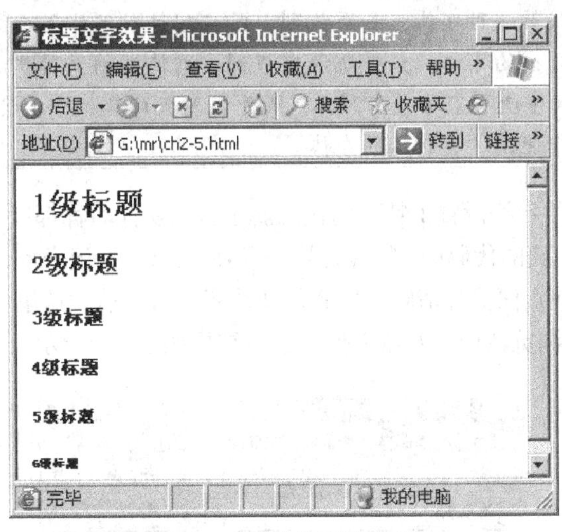

图 3-5 标题标记运行结果

2．文字格式标记<font>…</font>

在网页中普通文字信息是必不可少的，为了使页面效果变得更加美观，可以使用文字格式标记改变枯燥的文字信息。文字格式标记用于设置文字大小、字体效果和文字颜色，其常用的属性及其说明如表 3-1 所示。

表 3-1　　文字格式标记常用属性及其说明

属　性	说　明
size	此属性用来设置文字的字号，文字的字号可以设置为 1～7、也可以设置为+1～+7 或者是–1～–7。默认文字的大小为 3 号
face	此属性用来设置文字的字体效果，可以设置一个或多个字体名称，使用多个字体的情况下，默认使用第一种字体，如果第一种字体不存在，则使用第二种字体，以此类推。如果设置的多个字体都不存在将使用默认字体，中文默认为宋体，英文默认为 Times New Roman
color	此属性用来设置文字的颜色，其值可以设置为颜色的名称也可以设置为十六进制的颜色代码。默认值为黑色

<FONT>标记应用于文件的主体标记<BODY>与</BODY>之间，并且只影响它所标识的文字。

例 3-6　下面通过<FONT>标记的 FACE 属性定义字体为“黑体”，通过 SIZE 属性定义大小为“16px”，通过 COLOR 属性定义颜色为粉色，代码如下：

```
<html>
<head>
<title>定义文字字体</title>
</head>
<body>
 应用&lt;font&gt;标记定义文字字体:
<br>
<font face="黑体,宋体" size="6px" color="#FF00FF">努力不一定成功，放弃必定失败</font>
</body>
</html>
```

在 face 属性中可以定义多个字体，字体之间使用逗号“,”分开。在这种情况下，浏览器首先查找第一种字体，如果找到，就应用这种字体显示文字；如果没有找到，则依次查找后面列出的字体。如果都没有找到，则使用浏览器默认的字体。对于中文网页来说，一般对汉字使用宋体或者黑体。因为大多数计算机中，默认都安装了这两种字体。不建议在网页中使用过于特殊的字体。

HTML 为一些特殊的字符设置了特殊的代码。字符的实体名称都以一个“&”符号开始，以一个“;”符号结束。在上面的代码中，特殊符号“<”用“<”标记表示，特殊符号“>”用“>”标记表示。另外，为了使页面更加清晰、整齐，使读者一目了然。这里应用了换行标记
。

保存文件，并在 IE 浏览器中打开该文件，运行结果如图 3-6 所示。

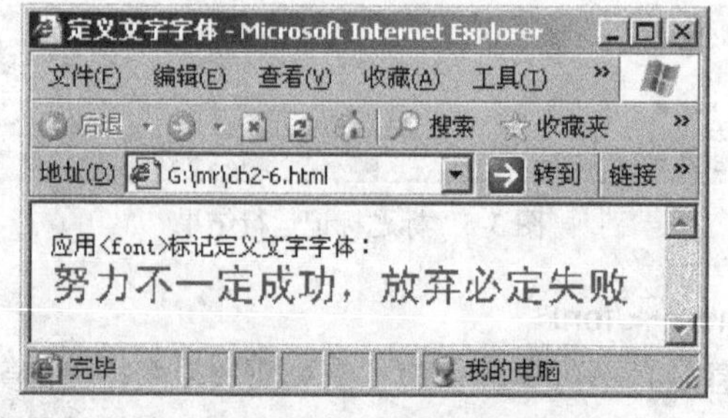

图 3-6　<FONT>字体标记的应用

3. 文字样式标记

在浏览页面时，常常可以看到页面中会出现一些特殊样式的文字，例如粗体字、斜体字、带删除线的文字等。这些样式可以使用 HTML 文档提供的一些文字样式标记来实现。常用的文字样式标记及说明如表 3-2 所示。

表 3-2 常用的文字样式标记及说明

样式标记	说明
<b>…</b> <strong>…</strong>	设置文字为粗体字样式
<i>…</i> <em>…</em>	设置文字为斜体字样式
<u>…</u>	设置为带下划线的文字
[…]	设置文字为上标样式
_…	设置文字为下标样式
<s>…</s> <strike>…</strike>	将文字添加删除线

例 3-7 下面使用文字样式标记，将文字样式设置为粗体、斜体、带删除线和上标样式。程序代码如下。

```
<html>
<head>
<title>文字样式标记应用</title>
</head>
<body>
    <b>粗体样式</b>
    <i>斜体样式</i><p>
    <s>删除线样式</s>
    <sup>上标样式</sup>
</body>
</html>
```

保存文件，并在 IE 浏览器中打开该文件，运行结果如图 3-7 所示。

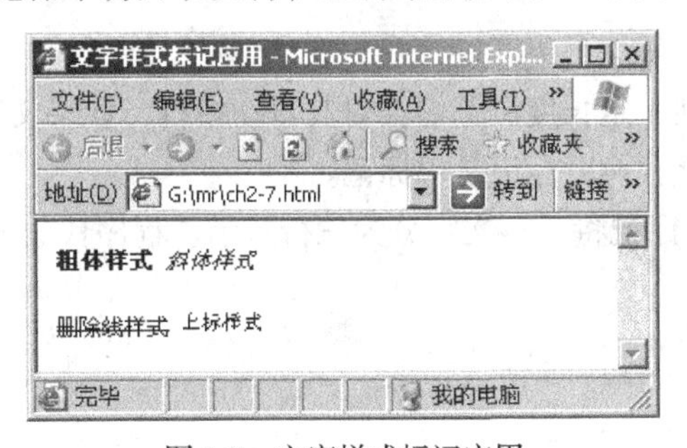

图 3-7 文字样式标记应用

3.2.2 段落标记

为了使网页中的文字更有条理的显示出来，可以使用 HTML 文档中的段落标记和换行标记来使文字段落更规范。下面对段落标记和换行标记进行介绍。

1. 段落标记<p>

在普通的文本编辑器中，每输入完一段文字后，可以按下键盘上的〈Enter〉键生成一个新的段落。

语法：

```
<P align="对齐方式">…</P>
```

其中，align 是段落标记<P>的常用属性，取值为 left、center 或 right，即可以实现段落在水平方向上的左、中、右的对齐。

例 3-8 下面应用段落标记<p>将一段文字分为两段显示，程序代码如下。

```
<html>
<head>
<title>段落标记的应用</title>
</head>
<body>
这是第一段文字在此处使用段落标记<p>我是第二段文字
</body>
</html>
```

保存文件，并在 IE 浏览器中打开该文件，运行结果如图 3-8 所示。

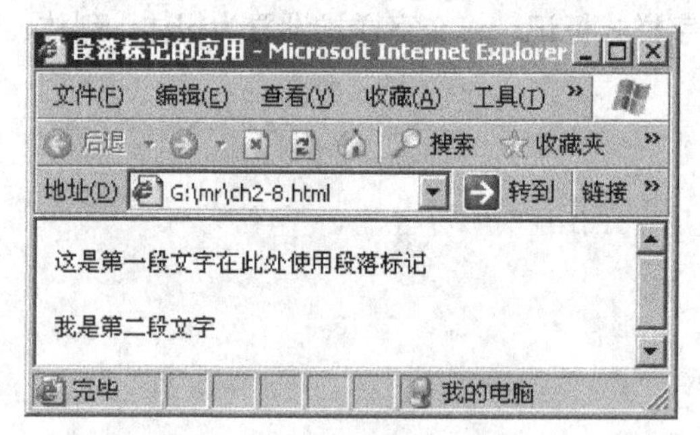

图 3-8 段落标记应用

在 HTML 文档中，<P>段落标记可以成对出现，即<P>…</P>；也可以单独使用<P>对段落进行控制。

2. 换行标记

在页面中一行文字达到一定长度浏览器会对其自动换行，如果文字未达到一定长度可以使用换行标记
对其强制换行。换行标记是单标记。

例 3-9 下面应用换行标记将一行文字分为三行显示。程序代码如下。

```
<html>
<head>
<title>换行标记的应用</title>
</head>
<body>
人品胜于能力,<br>人品和素质，<br>常常比资历和经验更为重要。
</body>
</html>
```

保存文件，并在 IE 浏览器中打开该文件，运行结果如图 3-9 所示。

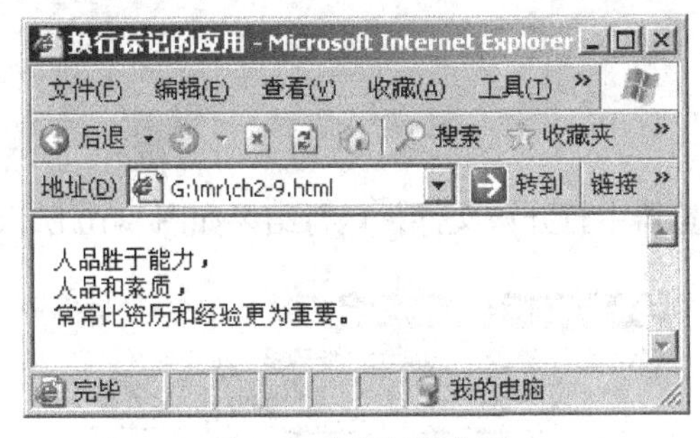

图 3-9　换行标记应用

3.2.3　列表标记

列表是比较常用的数据排列形式，对比较复杂的数据通过使用列表，可以使数据变得更为清晰。下面将介绍在网页中的两种列表标记，无序列表标记和有序列表标记。

1. 无序列表标记

无序列表标记用于提供一种不需要编号的列表形式。在每一个项目文字前，以符号作为每项的表示。

语法：

```
<ul>
   <li>第一项
   <li>第二项
   <li>第三项
…
<ul>
```

<ul></ul>标记表示一个无序列表的开始标记和结束标记，<li>表示一个项目的开始。<ul>标记常用属性为 type，此属性表示无序列表的项目符号样式，其属性值如表 3-3 所示。disc 为默认值。

表 3-3　　type 属性值及样式

属 性 值	值 样 式
disc	●
circle	○
square	■

例 3-10　下面应用无序列表标记显示图书种类信息。程序代码如下。

```
<html>
<head>
<title>无序列表标记的应用</title>
</head>
<body>
   <h3>图书种类</h3>
<ul type="circle">
   <li>计算机类</li>
   <li>教材类</li>
   <li>杂志类</li>
```

```
    <li>文学类</li>
</ul>
</body>
</html>
```

保存文件，并在 IE 浏览器中打开该文件，运行结果如图 3-10 所示。

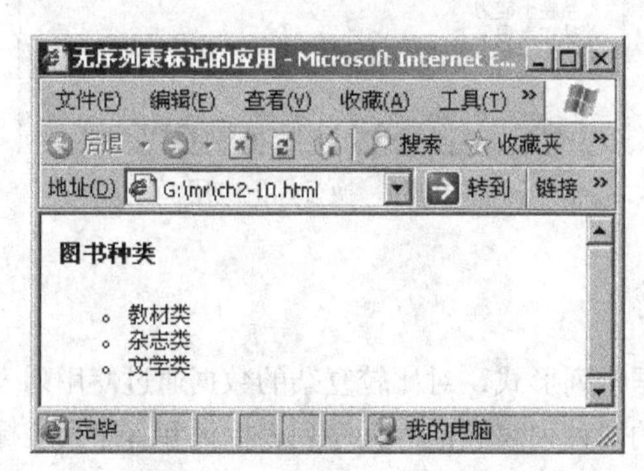

图 3-10　无序列表标记应用

2. 有序列表标记<ol>…</ol>

有序列表将各个列表项使用编号而不是用符号来表示，在有序列表中的项目通常都是有先后顺序的，一般采用的是以数字或字母为顺序号。

语法：

```
<ol>
    <li>第一项
    <li>第二项
    <li>第三项
    …
</ol>
```

<ol></ol>标记表示一个有序列表的开始标记和结束标记，<li>表示一个项目的开始。<ol>标记常用 start 属性和 type 属性。start 属性用来设置列表项的起始值，其属性值为整数。当然也可以输入负整数，但只对数字项起作用，默认从 1 开始。type 属性用来设置列表项的序号样式。其属性值如表 3-4 所示。

表 3-4　type 属性值及样式

属 性 值	值 样 式
1	数字 1、2、3…
a	小写英文字母 a、b、c…
A	大写英文字母 A、B、C…
i	小写罗马数字 i、ii、iii…
I	大写罗马数字 I、II、III…

例 3-11　下面应用有序列表标记显示图书种类信息。程序代码如下。

```
<html>
<head>
<title>有序列表标记的应用</title>
</head>
```

```
<body>
   <h3>图书种类</h3>
<ol type="a"  start="1">
   <li>计算机类</li>
   <li>教材类</li>
   <li>杂志类</li>
   <li>文学类</li>
</ol>
</body>
</html>
```

保存文件，并在 IE 浏览器中打开该文件，运行结果如图 3-11 所示。

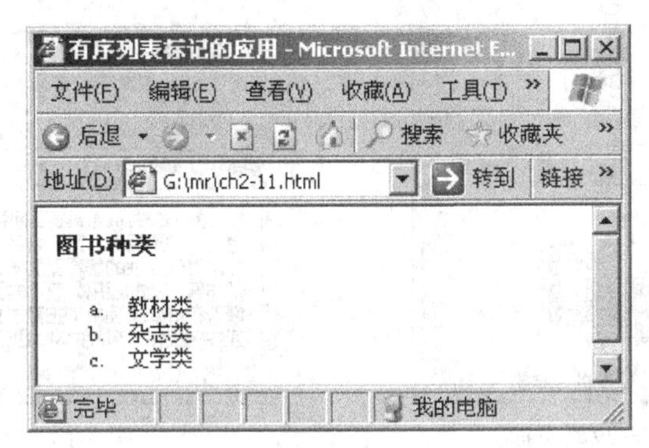

图 3-11　有序列表标记的应用

3.2.4　超链接标记

在 HTML 文档中，<a>…</a>被称为超链接标记。此标记是网页页面中最重要的元素之一。一个网站是由多个页面组成的，页面之间根据超链接确定相互的导航关系。单击网页上的链接文字或者图像后，就可以跳转到另一个网页。

超链接标记常用的属性及说明如表 3-5 所示。

表 3-5　超链接标记常用的属性及说明

属　性	说　明
href	指定链接文件的相对路径，相对文件路径是指在同一网站下，通过给定的目录以及文件名称确定文件的位置。如果链接同一目录下的文件，则只需指定链接文件的名称；如果链接下一级目录中的文件，则先输入目录名，然后加符号“/”，再输入文件名；如果链接上一级目录中的文件，则需先输入符号“../”，再输入目录名、文件名。当设置为“#”时表示一个空链接，即鼠标单击链接后仍然停留在当前页面
name	链接的名称，常用于书签链接。例如，建立并引用书签链接 <a name="content_link"></a><!--建立书签链接--> … <a href="#content_link"></a><!--引用书签链接-->
title	链接的提示文字，即当鼠标悬停在超链接文字或图像上时显示的文字信息
target	指定链接的目标窗口打开方式。共有四个属性值，如表 3-6 所示
accesskey	超链接热键

表 3-6 target 属性的取值

属 性 值	说 明
_parent	在上一级窗口中打开。一般使用框架页时使用
_blank	在新窗口中打开
_self	在当前窗口中打开
_top	在浏览器的整个窗口中打开，忽略任何框架

例 3-12 下面在 JavaScript 攻略页面（见图 3-12）中单击图书的“详细信息”超链接标记，将跳转到详细信息页面，如图 3-13 所示。

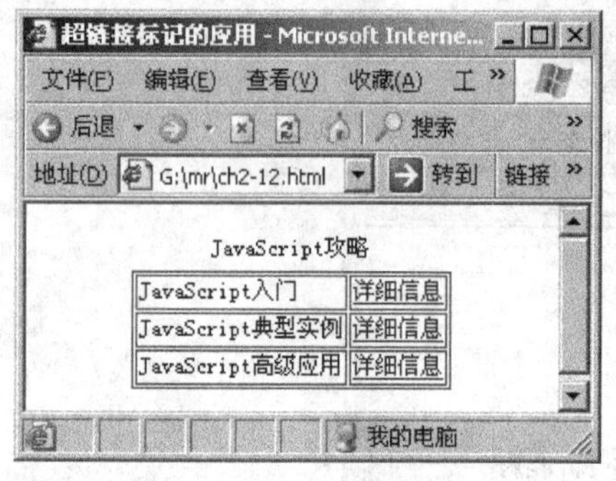

图 3-12 JavaScript 攻略页面

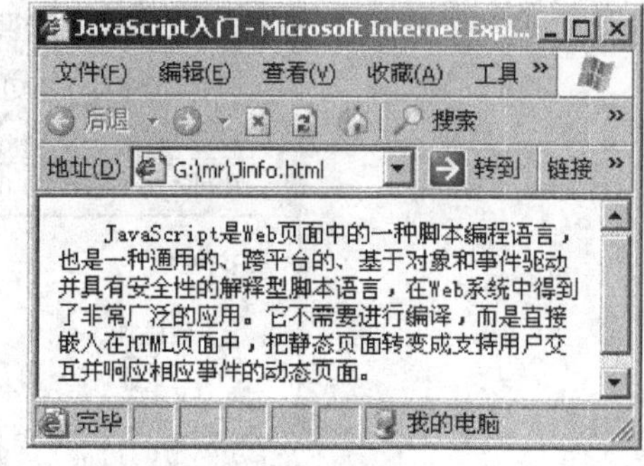

图 3-13 详细信息页

程序代码如下。

```
<html>
<head>
<title>超链接标记的应用</title>
</head>
<body>
<table border="1" align="center" cellpadding="1" cellspacing="1"
bordercolor="#336699">
<caption>
JavaScript 攻略
</caption>
<tr>
   <td>JavaScript 入门</td>
   <td><a href="Jinfo.html" target="_blank">详细信息</a></td>
</tr>
<tr>
   <td>JavaScript 典型实例</td>
   <td><a href="Jinfo2.html">详细信息</a></td>
</tr>
<tr>
   <td>JavaScript 高级应用</td>
   <td><a href="Jinfo3.html">详细信息</a></td>
</tr>
</table>
</body>
</html>
```

3.2.5 图像标记

如果希望网页达到美观吸引浏览者的效果，使用图片是不可缺少的。在 HTML 文档中可以使用<img>图像标记将图片插入到网页中。图像标记常用的属性及说明如表 3-7 所示。

表 3-7 图像标记常用的属性及说明

属　性	说　明
src	此属性用来设置图像文件所在的路径，此路径可以是相对路径也可以是绝对路径
height	此属性用来设置图像的高度，单位是像素（设置图像高度其宽度会等比例进行调整）
width	此属性用来设置图像的宽度，单位是像素
border	此属性用来设置图像边框的宽度，单位为像素。默认为无边框
hspace	此属性用来设置两个图像之间的水平间距，单位是像素
vspace	此属性用来设置图像与文字的垂直间距
align	此属性用来设置图像的对齐方式
alt	此属性用来设置提示文字，当浏览器没有加载上图像或加载图像后鼠标悬停在图片上方时，将显示出提示文字

图片有多种格式，如 jpg、gif、png、bmp、tif、pic 等。目前在网页设计中常用的是 jpg 和 gif 格式的图片。

例 3-13 下面在网页中使用<IMG>标记插入图片 flower.jpg，并将图片宽度属性设置为 100%，将文字提示设置为“富贵牡丹”，代码如下：

```
<html>
<head>
<title>在网页中插入图片</title>
</head>
<body>
<img src="flower.jpg" width="100%" height="100%" align="left"  alt="富贵牡丹" />
</body>
</html>
```

保存文件。在 IE 浏览器中打开该文件，运行结果如图 3-14 所示。

图 3-14 图像标记的应用

3.2.6　表格标记

表格是网站常用的页面元素，是网页排版的灵魂，在页面中用表格来加强对文本位置的控制和显示数据，直观清晰，而且 HTML 的表格使用起来非常灵活。

在 HTML 文档中通常使用 3 个标记来构成表格，分别为表格标记、行标记和单元格标记。创建一个表格的语法格式如下。

语法：

```
<table>
  <caption>表格标题内容</caption>
  <tr>
    <th>表头内容</th>
    <th>表头内容</th>
    …
  </tr>
  <tr>
    <td>单元格内容</td>
    <td>单元格内容</td>
    …
  </tr>
<table>
```

1．表格标记<table>…</table>

<table>标记表示一个表格的开始位置，</table>表示一个表格的结束位置。表格标记的常用属性及说明如表 3-8 所示。

表 3-8　　表格标记的常用属性及说明

属　性	说　明
width	设置表格的宽度，默认表格的宽度与表格内文字的宽度相关。其属性值可以是像素也可以是浏览器的百分比数
height	设置表格的高度，其设置方法与设置表格的宽度相同
align	设置表格在网页中的位置
border	设置表格边框的宽度，单位为像素。需要注意的是只有设置其属性值大于 0 时才可以显示出表格的边框
bordercolor	设置表格边框的颜色，但前提是必须保证表格边框值大于 0
cellspacing	设置表格内框的宽度，表格内框的宽度指的是单元格与单元格之间的宽度
cellpadding	设置表格内文字与边框的距离
bgcolor	设置表格的背景颜色
background	设置表格的背景图像

2．表格标题标记<caption>…</caption>

<caption>…</caption>标记用来设置一种比较特殊的单元格“标题单元格”。标题单元格位于整个表格的第一行位置，起到为表格显示标题的作用。

3．表格表头标记<th>…</th>

在表格中还有一种特殊的单元格，此单元格为“表头”，表格的表头一般位于第一行的第一列位置，用来说明这一行的内容的类别。表头中的内容是加粗显示的。

4. 行标记<tr>…</tr>

行标记用来设置表格中的行，在表格中包含几组行标记，就表示此表格为几行。行标记常用的属性及说明如表 3-9 所示。

表 3-9　　行标记常用的属性及说明

属　性	说　明
width	设置行的宽度，此属性只对设置的当前行有效
height	设置行的高度
bordercolor	设置该行的边框颜色
bgcolor	设置该行的背景颜色
background	设置该行的背景图像
align	设置该行文字的水平对齐方式
valign	设置该行的垂直对齐方式

5. 单元格标记<td></td>

单元格标记用来表示每一行中有几个单元格。此标记的部分属性和行标记类似，这里将介绍 colspan 属性和 rowspan 属性。

- colspan 属性

在表格中有时需要将一行中的几个单元格合并成为一个单元格，此时可以使用 colspan 属性来实现，此属性值为正整数表示需要合并单元格的个数。

- rowspand 属性

此属性用来合并表格的行，此属性值为正整数表示需要合并行的个数。

例 3-14　下面在网页中应用表格标记和部分属性创建一个企业名片，程序代码如下。

```
<html>
<head>
<title>表格标记的应用</title>
</head>
<body>
<!--表格宽度为 418,边框宽为 2,居中对齐,单元格间距为 10,边距 6,背景颜色为#3399FF,亮边框色为
#CC6600-->
<table width="418" border="2" align="center" cellpadding="10" cellspacing="6"
bordercolor="#3399FF" bordercolorlight="#CC6600">
  <tr>
    <th height="35" colspan="3" scope="col">吉林省明日科技有限公司</th>
  </tr>
  <tr>
    <td width="20%" rowspan="3"><img src="mr.JPG" width="84" height="114"></td>
    <td width="30%" height="25" valign="middle" bgcolor="#D8E1F8">技术总监：</td>
    <td width="46%" height="25" valign="middle">高经理</td>
  </tr>
  <tr>
    <td height="25" valign="middle" bgcolor="#D8E1F8">E-mail：</td>
    <td height="25" valign="middle">mingrisoft@mingrisoft.com</td>
  </tr>
```

```
    <tr>
      <td height="25" valign="middle" bgcolor="#D8E1F8"> 联系电话： </td>
      <td height="25" valign="middle">0431-84678981</td>
    </tr>
    <tr>
      <td height="25" colspan="3" align="center">联系地址：吉林省长春市二道区亚泰广场 C 座 2205
室</td>
    </tr>
  </table>
  </body>
  </html>
```

保存文件。在 IE 浏览器中打开该文件，运行结果如图 3-15 所示。

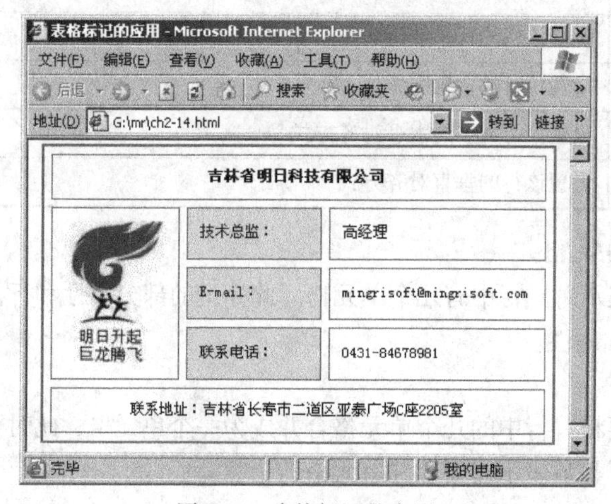

图 3-15　表格标记的应用

3.2.7　框架标记

框架的作用是把浏览器窗口划分成若干个区域，每个区域内可以显示不同的页面，并且各个页面之间不会受到任何影响，为框架内每个页面取不同的名字，作为彼此互动的依据，所以框架技术普遍应用于页面导航。

1. 基本框架

创建框架语法格式如下。

语法：

```
<html>
<head>
   <title>框架页面的标题</tilte>
</head>
<frameset>
   <frame>
   <frame>
   …
</frameset>
</html>
```

从创建框架的语法可以看出，框架主要由两个标记组成，一个是框架容器标记，另一个是框架页面标记。下面对这两个标记分别进行介绍。

- <frameset>

框架容器标记，用做框架的声明。<frameset>为框架开始标记，对应的</frameset>为框架结束标记。在框架网页中，将<frameset>标记置于头部标记之后，以取代< body >的位置。框架容器标记常用的属性及说明如表 3-10 所示。

表 3-10　框架容器标记常用的属性及说明

属　性	说　明
rows	水平分割窗口，其属性值可以取多个值，每个值表示一个框架窗口的水平宽度，单位为像素也可以是浏览器的百分比数。需要注意的是，设置了几个 row 属性值，就要有几个框架页面标记
cols	垂直分割窗口，其用法和 rows 类似
frameborder	是否显示框架边框，其属性值只能为 0 或 1。如果为 0，边框将会隐藏，1 为显示
framespacing	设置边框宽度，默认为 1 像素
bordercolor	设置边框颜色

- <frame>

框架页面标记，定义框架内容。在框架页面中有几个框架，就设置几个< frame >标记，它包含于< frame >和</frame >之间。框架页面标记常用的属性及说明如表 3-11 所示。

表 3-11　框架页面标记常用的属性及说明

属　性	说　明
src	设置框架页面文件的路径，如未设置只显示空白页面
name	设置页面名称便于查找和链接。页面名称不允许包含特殊字符
noresize	禁止改变框架的尺寸
marginwidth	设置页面左右边缘与框架边框的距离
scrolling	是否显示框架滚动条，取值为 yes/no/auto，默认为 auto，即根据窗口内容决定是否显示滚动条

例 3-15　下面通过<FRAMESET>标记和<FRAME>标记定义一个顶部和嵌套的左侧框架，代码如下：

```
<html>
<head>
<meta http-equiv="Content-Type" content="text/html; charset=gb2312"/>
<title>构建基本框架</title>
</head>
<frameset rows="80,*" cols="*" frameborder="no" border="0" framespacing="0">
  <frame  src="top.htm"  name="topFrame"  scrolling="yes"  noresize="noresize"
id="topFrame"/>
  <frameset cols="180,*" frameborder="no" border="0" framespacing="0">
    <frame  src="left.htm"  name="leftFrame"  scrolling="yes"  noresize="noresize"
id="leftFrame"/>
    <frame src="main.htm" name="mainFrame" id="mainFrame"/>
  </frameset>
</frameset>
<noframes>
<body>
很抱歉，您使用的浏览器不支持框架功能，请尝试使用其他浏览器!
```

```
</body>
</noframes>
</html>
```

将框架集保存为 ch2-15.html，框架页分别保存为 top.htm、left.htm、main.htm。页面的设计效果如图 3-16 所示。

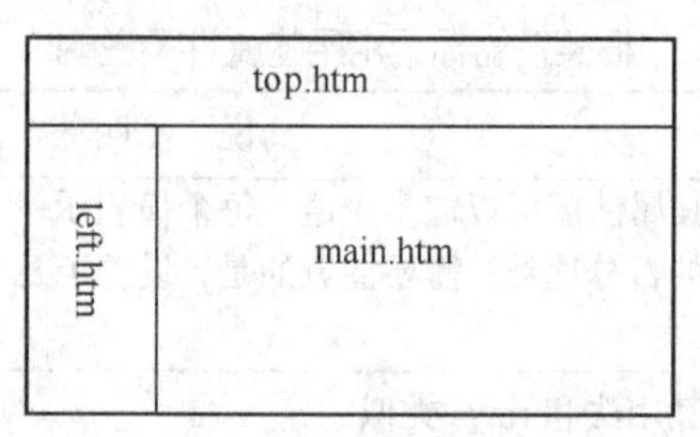

图 3-16　构建基本框架

<FRAMESET>标记是允许嵌套使用的。

在 IE 浏览器中运行该文件，运行结果如图 3-17 所示。

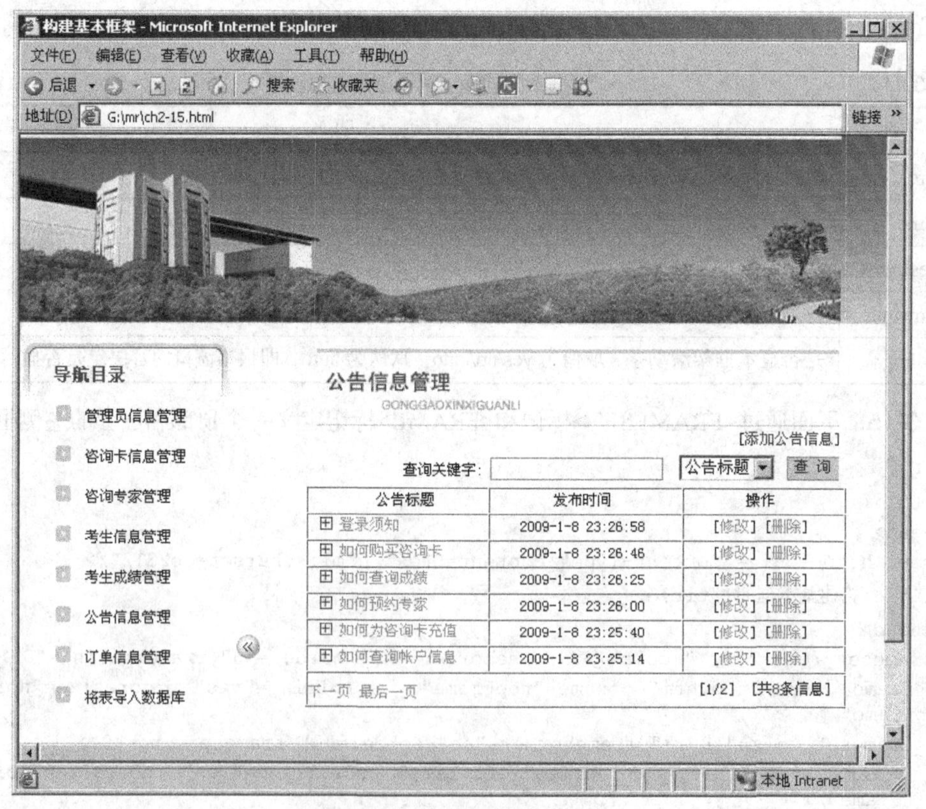

图 3-17　框架标记的应用

2．浮动框架

浮动框架是一种特殊的框架结构，它是在浏览的窗口中嵌套另外的网页文件。<IFRAME>为浮动框架标记。

语法：

```
<iframe src="文件" height="数值" width="数值" name="框架名称" scrolling="值"
frameborder="值">
</iframe>
```

<IFRAME>标记常用的属性及说明如表 3-12 所示。

表 3-12 <IFRAME>标记常用的属性及说明

属　性	说　明
src	指定浮动框架的文件路径
name	设定浮动框架的名称
align	设置浮动框架的对齐方式
width	设置浮动框架的宽度
height	设置浮动框架的高度
scrolling	设置浮动框架滚动条的显示方式。value 有如下 3 个取值。 yes：显示滚动条。 no：不显示滚动条。 auto：根据窗口内容决定是否有滚动条
frameborder	指定是否显示浮动框架的边框。其中，value 值为 yes 代表显示框架边框，值为 no 代表隐藏框架边框
marginwidth	设置浮动框架中内容的左右边缘与边框的距离
marginheight	设置浮动框架中内容的上下边缘与边框的距离

例 3-16 下面在 ch2-16.html 页面中应用<IFRAME>标记构建浮动框架，设置默认页面为 index01.html，并设定浮动框架的基本属性，如名称、宽度、高度、根据窗口内容显示滚动条、对齐方式等。

ch2-16.html 文件中的代码如下。

```
<html>
<head>
<meta http-equiv="Content-Type" content="text/html; charset=gb2312" />
<title>构建浮动框架</title>
</head>
<body>
<iframe src="index01.html" name="mainFrame" width="400" height="200" scrolling="auto"
align="center" marginheight="50" marginwidth="50">
</iframe>
</body>
</html>
```

index01.html 文件中的代码如下。

```
<html>
<head>
<meta http-equiv="Content-Type" content="text/html; charset=gb2312" />
</head>
<body>
<h3 align="center">在这里显示浮动框架页面的内容</h3>
</body>
</html>
```

在 IE 浏览器中打开 ch2-16.html 文件，运行结果如图 3-18 所示。

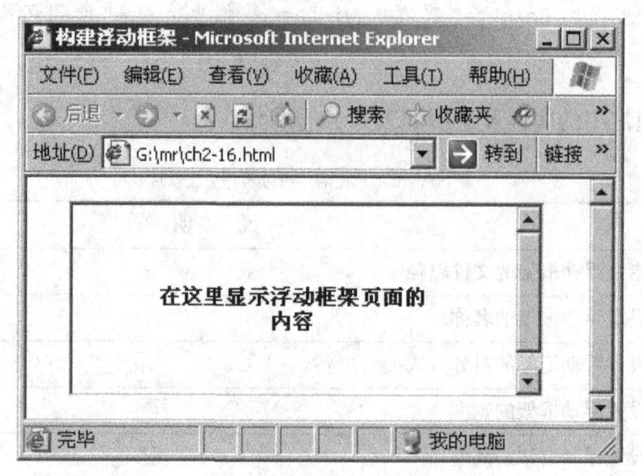

图 3-18 构建浮动框架

3.2.8 多媒体标记

多媒体是指利用计算机技术，把多种媒体综合在一起，使之建立起逻辑上的联系，并能对其进行各种处理的一种方法，多种媒体主要包括文字、声音、图像和动画等各种形式。在 HTML 文件中使用<embed></embed>多媒体标记可以将多媒体文件嵌入到网页中。多媒体标记常用属性及说明如表 3-13 所示。

表 3-13 多媒体标记常用的属性及说明

属　性	说　明
src	设置多媒体文件路径
width	播放多媒体文件区域的宽度
heigth	播放多媒体文件区域的高度
hidden	控制播放面板的显示和隐藏，取值为 True 代表隐藏面板，取值为 No 代表显示面板
autostart	控制多媒体内容是否自动播放，取值为 True 代表自动播放，取值为 False 代表不自动播放
loop	控制多媒体内容是否循环播放，取值为 True 代表无限次循环播放，取值为 No 代表仅播放一次

例 3-17 下面应用多媒体标记在页面中嵌入一个多媒体文件。程序代码如下。

```
<html>
<head>
<title>多媒体标记的应用</title>
</head>
<body>
下面是一个多媒体文件
  <embed loop="true" width="280" height="200" src="tcdj.avi"></embed>
</body>
</html>
```

在 IE 浏览器中运行该文件，结果如图 3-19 所示。

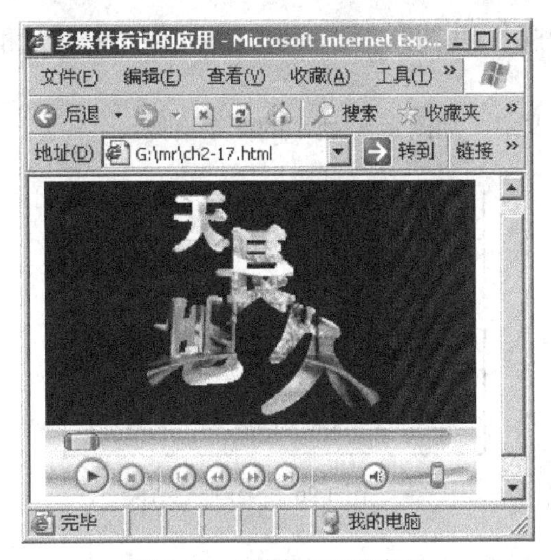

图 3-19　多媒体标记的应用

习　　题

3-1　<head>标记与<body>标记（　　）互相嵌套。

A. 能够　　B. 不能够

3-2　<font>标记应用于下列哪组标记之间（　　）。

A. <html>…</html>　　B. <body>…</body>

C. <head>…</head>　　D. <title>…</title>

3-3　下面哪种标记是浮动框架标记（　　）。

A. <frameset>标记　　B. <frame>标记

C. <iframe>标记　　D. <noframes>标记

3-4　标题标记包含 6 种标记，每一个级别的字体大小都有明显的区分，下面哪级标题的字号最大（　　）。

A. <h3>　　B. <h4>

C. <h5>　　D. <h6>

3-5　下面哪种标记是单标记（　　）。

A. <body>　　B.

C. <title>　　D. <html>

3-6　在 HTML 超文本标记语言中，标记（　　）大小写。

A. 区分　　B. 不区分

上机指导

3-1　在 HTML 文档中，应用文字标记、段落标记和列表标记写一篇日记，并进行排版。

3-2　在 HTML 文档中，应用图像标记、超链接标记、表格标记和多媒体标记创建一个个人网页，并进行测试。

3-3　应用框架标记定义一个如图 3-20 所示的框架结构。

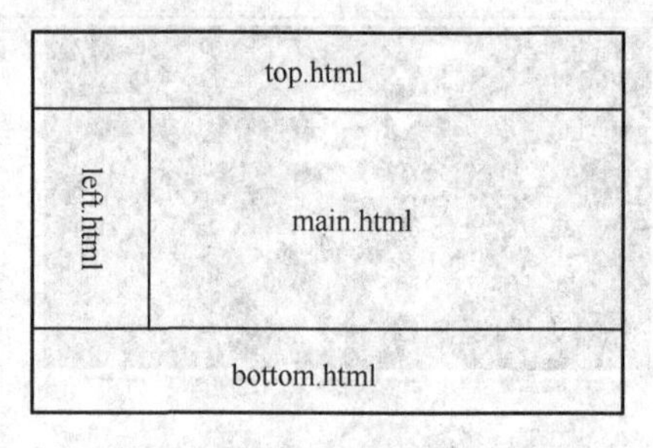

图 3-20　构建框架结构

第 4 章 JavaScript 语言基础

JavaScript 是一种基于对象和事件驱动并具有安全性能的解释型脚本语言，它不但可以用于编写客户端的脚本程序，由 Web 浏览器解释执行，而且还可以编写在服务器端执行的脚本程序，在服务器端处理用户提交的信息并动态地向浏览器返回处理结果。JavaScript 脚本语言与其他语言一样，有其自身的基本语法、数据类型、运算符、表达式、流程语句和函数等。通过本章的学习可以使读者掌握更多的 JavaScript 脚本语言的基础知识。

4.1 数据类型、常量及变量

4.1.1 数据类型

每一种计算机语言都有自己所支持的数据类型。在 JavaScript 脚本语言中采用的是弱类型的方式，即一个数据（变量或常量）不必首先作声明，可在使用或赋值时再确定其数据的类型。当然也可以先声明该数据的类型，即通过在赋值时自动说明其数据类型，下面详细介绍 JavaScript 脚本中的几种数据类型。

1. 数字型数据

数字（number）是最基本的数据类型。JavaScript 和其他程序设计语言（如 C 和 Java）的不同之处在于它并不区别整型数值和浮点型数值。在 JavaScript 中，所有的数字都是由浮点型表示的。JavaScript 采用 IEEE754 标准定义的 64 位浮点格式表示数字，这意味着它能表示的最大值是 ± 1.7976931348623157 × 10308，最小值是 ± 5 × 10–324。

当一个数字直接出现在 JavaScript 程序中时，被称为数值直接量（numericliteral）。JavaScript 支持数值直接量的形式有几种，下面将对这几种形式进行详细介绍。

在任何数值直接量前加负号（ - ）可以构成它的负数。但是负号是一元求反运算符，它不是数值直接量语法的一部分。

（1）整型数据

在 JavaScript 程序中，十进制的整数是一个数字序列。例如：

```
0
9
-16
```

```
1000
```

JavaScript 的数字格式允许精确地表示 - 900719925474092（ - 253 ）和 900719925474092（253）之间的所有整数（包括 - 900719925474092（ - 253）和 900719925474092（253））。但是使用超过这个范围的整数，就会失去尾数的精确性。需要注意的是，JavaScript 中的某些整数运算是对 32 位的整数执行的，它们的范围从 - 2147483648（ - 231 ）到 2147483647（231-1）。

（2）十六进制和八进制

JavaScript 不但能够处理十进制的整型数据，还能识别十六进制（以 16 为基数）的数据。所谓十六进制数据，是以“0X”和“0x”开头，其后跟随十六进制数字串的直接量。十六进制的数字可以是 0 到 9 中的某个数字，也可以是 a（A）到 f（F）中的某个字母，它们用来表示 0 到 15 之间（包括 0 和 15）的某个值，下面是十六进制整型数据的例子：

```
0xff                    //15*16+15=225（基数为 10）
0xCAFE911
```

尽管 ECMAScripr 标准不支持八进制数据，但是 JavaScript 的某些实现却允许采用八进制（基数为 8）格式的整型数据。八进制数据以数字 0 开头，其后跟随一个数字序列，这个序列中的每个数字都在 0 和 7 之间（包括 0 和 7），例如：

```
0377                    //3*64+7*8+7=255（基数为 10）
```

由于某些 JavaScript 实现支持八进制数据，而有些则不支持，所以最好不要使用以 0 开头的整型数据，因为不知道某个 JavaScript 的实现是将其解释为十进制，还是解释为八进制。

（3）浮点型数据

浮点型数据可以具有小数点，它们采用的是传统科学记数法的语法。一个实数值可以被表示为整数部分后加小数点和小数部分。

另外，还可以使用指数法表示浮点型数据，即实数后跟随字母 e 或 E，后面加上正负号，其后再加一个整型指数。这种记数法表示的数值等于前面的实数乘以 10 的指数次幂。

语法：

```
[digits] [.digits] [(E|e[(+|-)])]
```

例如：

```
1.2
.33333333
3.12e11                 //3.12×10^11
1.234E-12               //1.234×10^-12
```

虽然实数有无穷多个，但是 JavaScript 的浮点格式能够精确表示出来的却是有限的（确切地说是 18437736874454810627 个）。这意味着在 JavaScript 中使用实数时，表示出数字通常是真实数字的近似值。不过即使是近似值也足够用了，这并不是问题。

2. 字符串型

字符串（string）是由 Unicode 字符、数字、标点符号等组成的序列，它是 JavaScript 用来表示文本的数据类型。程序中的字符串型数据是包含在单引号或双引号中的，由单引号定界的字符串中可以含有双引号，由双引号定界的字符串中也可以含有单引号。

例如：

单引号括起来的一个或多个字符，代码如下：

```
'啊'
'学习任何一门语言都要持之以恒'
```

双引号括起来的一个或多个字符，代码如下：

```
"嗨"
"我想学习 JavaScript"
```

单引号定界的字符串中可以含有双引号，代码如下：

```
'name="myname"'
```

双引号定界的字符串中可以含有单引号，代码如下：

```
"You can call me 'Tom'!"
```

JavaScript 与 C、C++、Java 不同的是，它没有 char 这样的字符数据类型。要表示单个字符，必须使用长度为 1 的字符串。

3. 布尔型

数值数据类型和字符串数据类型的值都无穷多，但是布尔数据类型只有两个值，这两个合法的值分别由直接量“true”和“false”表示。一个布尔值代表的是一个“真值”，它说明了某个事物是真还是假。

布尔值通常在 JavaScript 程序中用来比较所得的结果。例如：

```
n==1
```

这行代码测试了变量 n 的值是否和数值 1 相等。如果相等，比较的结果就是布尔值 true，否则结果就是 false。

布尔值通常用于 JavaScript 的控制结构。例如，JavaScript 的 if/else 语句就是在布尔值为 true 时执行一个动作，而在布尔值为 false 时执行另一个动作。通常将创建一个布尔值与使用这个比较的语句结合在一起。例如：

```
if (n==1)
    m=n+1;
else
    n=n+1
```

本段代码检测了 n 是否等于 1。如果相等，就给 m 增加 1，否则给 n 加 1。

有时候可以把两个可能的布尔值看作是“on(true)”和“off(false)”，或者看作是“yes(true)”和“no(false)”，这样要比将它们看作是“true”和“false”更为直观。有时候把它们看作是 1(true)和 0(false)会更加有用(实际上 JavaScript 确实是这样做的，在必要时会将 true 转换成 1，将 false 转换成 0)。

4. 特殊数据类型

(1)转义字符

以反斜杠开头的不可显示的特殊字符通常称为控制字符，也被称为转义字符。通过转义字符可以在字符串中添加不可显示的特殊字符，或者防止引号匹配混乱的问题。

JavaScript 常用的转义字符如表 4-1 所示。

表 4-1　　JavaScript 常用的转义字符

转义字符	说　明	转义字符	说　明
\b	退格	\v	跳格（Tab，水平）
\n	回车换行	\r	换行
\t	Tab 符号	\\	反斜杠
\f	换页	\OOO	八进制整数，范围 000~777
\'	单引号	\xHH	十六进制整数，范围 00~FF
\"	双引号	\uhhhh	十六进制编码的 Unicode 字符

在 document.writeln();语句中使用转义字符时，只有将其放在格式化文本块中才会起作用，所以脚本必须在<pre>和</pre>的标签内。

例如，下面是应用转义字符使字符串换行，程序代码如下：

```
document.writeln("<pre>");
document.writeln("轻松学习\nJavaScript 语言！");
document.writeln("</pre>");
```

结果：

轻松学习

JavaScript 语言！

如果上述代码不使用<pre>和</pre>的标签，则转义字符不起作用，代码如下：

```
document.writeln("快快乐乐\n 平平安安！");
```

结果：轻松学习 JavaScript 语言！

（2）未定义值

未定义类型的变量是 undefined，表示变量还没有赋值（如 var a;），或者赋予一个不存在的属性值（如 var a=String.notProperty;）。

此外，JavaScript 中有一种特殊类型的数字常量 NaN，即“非数字”。当在程序中由于某种原因发生计算错误后，将产生一个没有意义的数字，此时 JavaScript 返回的数字值就是 NaN。

（3）空值（null）

JavaScript 中的关键字 null 是一个特殊的值，它表示为空值，用于定义空的或不存在的引用。如果试图引用一个没有定义的变量，则返回一个 null 值。这里必须要注意的是：null 不等同于空的字符串（""）或 0。

由此可见，null 与 undefined 的区别是，null 表示一个变量被赋予了一个空值，而 undefined 则表示该变量尚未被赋值。

4.1.2　变量

1. 变量的命名

变量是指程序中一个已经命名的存储单元，它的主要作用就是为数据操作提供存放信息的容器。对于变量的使用首先必须明确变量的命名规则、变量的声明方法及其变量的作用域。

JavaScript 变量的命名规则如下：

- 必须以字母或下划线开头，中间可以是数字、字母或下划线。
- 变量名不能包含空格或加号、减号等符号。

- 不能使用 JavaScript 中的关键字。
- JavaScript 的变量名是严格区分大小写的。例如，UserName 与 username 代表两个不同的变量。

虽然 JavaScript 的变量可以任意命名，但是在进行编程的时候，最好还是使用便于记忆、且有意义的变量名称，以增加程序的可读性。

2. 变量的声明与赋值

在 JavaScript 中，使用变量前需要先声明变量，所有的 JavaScript 变量都由关键字 var 声明，语法格式如下：

```
var variable;
```

在声明变量的同时也可以对变量进行赋值：

```
var variable=11;
```

声明变量时所遵循的规则如下：

- 可以使用一个关键字 var 同时声明多个变量，各个变量之间用逗号分隔。例如：

```
var a,b,c                    //同时声明 a、b 和 c3 个变量
```

- 可以在声明变量的同时对其赋值，即为初始化，例如：

```
var i=1;j=2;k=3;             //同时声明 i、j 和 k3 个变量，并分别对其进行初始化
```

- 如果只是声明了变量，并未对其赋值，则其值缺省为 undefined。
- var 语句可以用作 for 循环和 for/in 循环的一部分，这样就使循环变量的声明成为循环语法自身的一部分，使用起来比较方便。
- 也可以使用 var 语句多次声明同一个变量，如果重复声明的变量已经有一个初始值，那么此时的声明就相当于对变量的重新赋值。

当给一个尚未声明的变量赋值时，JavaScript 会自动用该变量名创建一个全局变量。在一个函数内部，通常创建的只是一个仅在函数内部起作用的局部变量，而不是一个全局变量。要创建一个局部变量，不是赋值给一个已经存在的局部变量，而是必须使用 var 语句进行变量声明。

另外，由于 JavaScript 采用弱类型的形式，因此读者可以不必理会变量的数据类型，即可以把任意类型的数据赋值给变量。

例如：声明一些变量，代码如下：

```
var varible=100                          //数值类型
var str="有一条路，走过了总会想起"           //字符串
var bue=true                             //布尔类型
```

在 JavaScript 中，变量可以先不声明，而在使用时，再根据变量的实际作用来确定其所属的数据类型。但是笔者建议在使用变量前就对其声明，因为声明变量的最大好处就是能及时发现代码中的错误。由于 JavaScript 是采用动态编译的，而动态编译是不易于发现代码中的错误的，特别是变量命名方面的错误。

3. 变量的作用域

变量的作用域（scope）是指某变量在程序中的有效范围，也就是程序中定义这个变量的区域。在 JavaScript 中变量根据作用域可以分为两种：全局变量和局部变量。全局变量是定义在所有函数之外，作用于整个脚本代码的变量；局部变量是定义在函数体内，只作用于函数体的变量，函

数的参数也是局部性的，只在函数内部起作用。

例如，下面的程序代码说明了变量的作用域作用不同的有效范围。

```
<script language="javascript">
    var a;
    //该变量在函数外声明，作用于整个脚本代码
    function send(){
        a="JavaScript"
        var b="语言基础"
        //该变量在函数内声明，只作用于该函数体
        alert(a+b);
    }
</script>
```

JavaScript 中用“;”作为语句结束标记，如果不加也可以正确地执行。用“//”作为单行注释标记；用“/*”和“*/”作为多行注释标记；用“{”和“}”包装成语句块。“//”后面的文字为注释部分，在代码执行过程中不起任何作用。

4. **变量的生存期**

变量的生存期是指变量在计算机中存在的有效时间。从编程的角度来说，可以简单地理解为该变量所赋的值在程序中的有效范围。JavaScript 中变量的生存期有两种：全局变量和局部变量。

全局变量在主程序中定义，其有效范围从其定义开始，一直到本程序结束为止。局部变量在程序的函数中定义，其有效范围只有在该函数之中；当函数结束后，局部变量生存期也就结束了。

4.1.3 常量

当程序运行时，值不能改变的量为常量（Constant）。常量主要用于为程序提供固定的和精确的值（包括数值和字符串）。声明常量使用 const 来进行声明。

语法：

```
const
    常量名：数据类型=值；
```

常量在程序中定义后便会在计算机中一定的位置存储下来，在该程序没有结束之前，它是不发生变化的。如果在程序中过多地使用常量，会降低程序的可读性和可维护性，当一个常量在程序内被多次引用，可以考虑在程序开始处将它设置为变量，然后再引用，当此值需要修改时，则只需更改其变量的值就可以了，既减少出错的机会，又可以提高工作效率。

4.2 表达式与运算符

4.2.1 表达式

表达式是一个语句集合，像一个组一样，计算结果是个单一值，然后这个结果被 JavaScript 归入下列数据类型之一：boolean、number、string、function 或者 object。

一个表达式本身可以简单的如一个数字或者变量，或者它可以包含许多连接在一起的变量关键字以及运算符。例如，表达式 x=7 将值 7 赋给变量 x，整个表达式计算结果为 7，因此在一行

代码中使用此类表达式是合法的。一旦将 7 赋值给 x 的工作完成，那么 x 也将是一个合法的表达式。除了赋值运算符，还有许多可以用来形成一个表达式的其他运算符，例如算术运算符、字符串运算符、逻辑运算符等。

4.2.2 运算符

常量、变量、运算符和表达式，是构成一种语言的基本要素，也是构成语句的基础。在本节中将介绍 JavaScript 的运算符。运算符是完成一系列操作的符号，JavaScript 的运算符按操作数可以分为单目运算符、双目运算符和多目运算符 3 种；按运算符类型可以分为算术运算符、比较运算符、赋值运算符、逻辑运算符和条件运算符 5 种。

1. 算数运算符

算术运算符用于连接运算表达式。算术运算符包括加（+）、减（-）、乘（*）、除（/）、取模（%）、自加（++）、自减（--）等运算符，常用的算术运算符如表 4-2 所示。

表 4-2 常用的算术运算符

算术运算符	说明
+	加运算符
–	减运算符
*	乘运算符
/	除运算符
++	自增运算符。该运算符有两种情况：i++（在使用 i 之后，使 i 的值加 1）；++i（在使用 i 之前，先使 i 的值加 1）
– –	自减运算符。该运算符有两种情况：i--（在使用 i 之后，使 i 的值减 1）；--i（在使用 i 之前，先使 i 的值减 1）

例 4-1 下面应用算术运算符中的加运算符来计算表达式“a+b-c”的值。代码如下：

```
<script language="javascript">
var a=1;
var b=2;
var c=3;
var sult=a+b-c;
    alert("a+b-c 的运算结果为："+sult)
</script>
```

在 IE 浏览器中运行该文件，结果如图 4-1 所示。

图 4-1 算术运算符的应用

2. 比较运算符

比较运算符用来连接操作数来组成比较表达式。比较运算符的基本操作过程是：首先对操作数进行比较，然后返回一个布尔值 true 或 false。在 JavaScript 中常用的比较运算符如表 4-3 所示。

表 4-3　　常用的比较运算符

比较运算符	说　明
<	小于
>	大于
<=	小于等于
>=	大于等于
==	等于。只根据表面值进行判断，不涉及数据类型，例如："27"==27 的值为 true
===	绝对等于。根据表面值和数据类型同时进行判断，例如："27"===27 的值为 false
!=	不等于。只根据表面值进行判断，不涉及数据类型，例如："27"!=27 的值为 false
!==	不绝对等于。根据表面值和数据类型同时进行判断，例如："27"!==27 的值为 true

在 JavaScript 中常用的逻辑运算符如表 4-4 所示。

表 4-4　　常用的逻辑运算符

逻辑运算符	说　明
!	逻辑非。否定条件，即!假 = 真，!真 = 假
&&	逻辑与。只有当两个操作数的值都为 true 时，值才为 true
||	逻辑或。只要两个操作数中其中之一为 true，值就为 true

例 4-2　下面应用比较运算符中的等于"=="、与"&&"和或"||"运算符来实现对〈Alt+←〉方向键和〈Alt+→〉方向键的屏蔽。代码如下：

```
<script language="javascript">
function keydown(){
if((event.altKey)&&((window.event.keyCode==37)||(window.event.keyCode==39))){
        event.returnValue=false;
        alert("当前设置不允许使用Alt+方向键←或方向键→");
    }
}
</script>
<body onkeydown="keydown()">
</body>
```

在 IE 浏览器中运行该文件，结果如图 4-2 所示。

图 4-2　比较运算符的应用

3. 赋值运算符

最基本的赋值运算符是等于号"="，用于对变量进行赋值，而其他运算符可以和赋值运算符"="联合使用，构成组合赋值运算符。JavaScript 支持的常用赋值运算符如表 4-5 所示。

表 4-5　　赋值运算符

赋值运算符	说　　明
=	将右边表达式的值赋给左边的变量，例如：username="name"
+=	将运算符左边的变量加上右边表达式的值赋给左边的变量。例如，a+=b，相当于 a=a+b
-=	将运算符左边的变量减去右边表达式的值赋给左边的变量。例如，a-=b，相当于 a=a-b
*=	将运算符左边的变量乘以右边表达式的值赋给左边的变量。例如，a*=b，相当于 a=a*b
/=	将运算符左边的变量除以右边表达式的值赋给左边的变量。例如，a/=b，相当于 a=a/b
%=	将运算符左边的变量用右边表达式的值求模，并将结果赋给左边的变量。例如，a%=b，相当于 a=a%b

例 4-3　下面应用赋值运算符给指定的变量赋值，并进行加、减、乘等计算功能。代码如下：

```
<script language="javascript">
 var a=1,b=2;
 document.writeln("a=1,b=2");
 document.writeln("");
 document.write("a+=b = ");  a+=b;  document.writeln(a);
 document.write("b+=a = ");  b+=a;  document.writeln(b);
 document.write("a-=b = ");  a-=b;  document.writeln(a);
 document.write("b*=a = ");  b*=a;  document.writeln(b);
</script>
```

在 IE 浏览器中运行该文件，结果如图 4-3 所示。

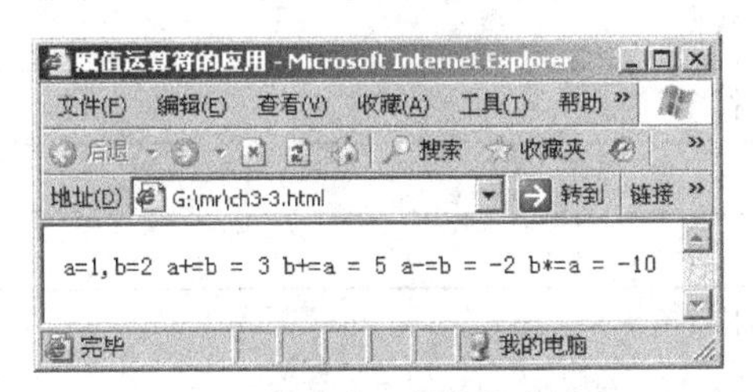

图 4-3　赋值运算符的应用

4. 布尔运算符

在 JavaScript 中增加了几个布尔逻辑运算符，JavaScript 支持的常用布尔运算符如表 4-6 所示。

表 4-6　　布尔运算符

布尔运算符	说　　明
!	取反
&=	与之后再赋值
&	逻辑与
|=	或之后赋值
|	逻辑或
^=	异或之后赋值
^	逻辑异或
?:	三目运算符
||	或运算符
==	等于运算符
!=	不等于运算符

其中，三目运算符主要格式如下：

```
操作数?结果 1：结果 2
```

若操作数的结果为真，则表达式的结果为“结果 1”，否则为“结果 2”。

5. 条件运算符

条件运算符是 JavaScript 支持的一种特殊的三目运算符，其语法格式如下：

```
操作数?结果 1:结果 2
```

如果“操作数”的值为 true，则整个表达式的结果为“结果 1”，否则为“结果 2”。

6. 其他运算符

（1）位操作运算符

位运算符分为两种，一种是普通位运算符，另一种是位移动运算符。在进行运算前，都先将操作数转换为 32 位的二进制整数，然后再进行相关运算，最后的输出结果将以十进制表示。位操作运算符对数值的位进行操作，如向左或向右移位等。JavaScript 中常用的位操作运算符如表 4-7 所示。

表 4-7　　位操作运算符

位操作运算符	说　明
&	与运算符
|	或运算符
^	异或运算符
~	非运算符
<<	左移
>>	带符号右移
>>>	填 0 右移

（2）typeof 运算符

typeof 运算符返回它的操作数当前所容纳的数据的类型。这对于判断一个变量是否已被定义特别有用。

例如：下面是应用 typeof 运算符返回当前所容纳数据类型，代码如下：

```
typeof true
```

typeof 运算符把类型信息当作字符串返回。typeof 返回值有 6 种可能："number"、"string"、"boolean"、"object"、"function"和"undefined"。

（3）new 运算符

通过 new 运算符来创建一个新对象。

语法：

```
new constructor[(arguments)]
```

- constructor 参数为必选项。对象的构造函数。如果构造函数没有参数，则可以省略圆括号。
- arguments 参数为可选项。任意传递给新对象构造函数的参数。

例如：应用 new 运算符来创建新对象，代码如下：

```
Object1 = new Object;
```

```
Array2 = new Array();
Date3 = new Date("August 8 2008");
```

7. 运算符优先级

JavaScript 运算符都有明确的优先级与结合性。优先级较高的运算符将先于优先级较低的运算符进行运算，结合性则是指具有同等优先级的运算符将按照怎样的顺序进行运算。结合性有向左结合和向右结合，例如表达式“a+b+c”，向左结合也就是先计算“a+b”，即“(a+b)+c”；而向右结合也就是先计算“b+c”，即“a+(b+c)”。JavaScript 运算符的优先级顺序及其结合性如表 4-8 所示。

表 4-8 JavaScript 运算符的优先级与结合性

优先级	结合性	运算符
最高	向左	.、[]、()
由高到低依次排列	向右	++、--、-、!、delete、new、typeof、void
	向左	*、/、%
	向左	+、-
	向左	<<、>>、>>>
	向左	<、<=、>、>=、in、instanceof
	向左	==、!=、===、!==
	向左	&
	向左	^
	向左	|
	向左	&&
	向左	||
	向右	?:
	向右	=
	向右	*=、/=、%=、+=、-=、<<=、>>=、>>>=、&=、^=、|=
最低	向左	,

例 4-4 下面是使用()来改变运算优先级的示例。表达式“a=1+2*3”的结果为 7，因为乘法的优先级比加法的优先级高，将被优先运行。通过括号“()”运算符的优先级改变之后，括号内表达式将被优先执行，所以表达式“b=(1+2)*3”的结果为 9，代码如下。

```
<script language="javascript">
<!--
    var a=1+2*3;                  //按自动优先级计算
    var b=(1+2)*3;                    //使用()改变运算优先级
    alert("a="+a+"\nb="+b);       //分行输出结果
-->
</script>
```

在 IE 浏览器中运行该文件，结果如图 4-4 所示。

图 4-4　优先级的使用

4.3　JavaScript 基本语句

4.3.1　赋值语句

赋值语句是 JavaScript 程序中最常用的语句，在程序中，往往需要大量的变量来存储程序中用到的数据，所以用来对变量进行赋值的赋值语句也会在程序中大量的出现。赋值语句的语法如下：

```
变量名= 表达式;
```

当给一个尚未声明的变量赋值时，JavaScript 会自动用该变量名创建一个全局变量。在一个函数内部，通常创建的只是一个仅在函数内部起作用的局部变量，而不是一个全局变量。要创建一个局部变量，不是赋值给一个已经存在的局部变量，而是必须使用 var 语句进行变量声明。

当使用关键字 var 声明变量时，也可以同时使用赋值语句对声明的变量进行赋值。

4.3.2　条件语句

所谓条件控制语句就是对语句中不同条件的值进行判断，进而根据不同的条件执行不同的语句。在条件控制语句中主要包括两类：一类是 if 语句以及该语句的各种变种，另一类是 switch 多分支语句。下面对这两种类型的条件控制语句进行详细的讲解。

1. if 语句

if 语句是最基本、最常用的条件控制语句。通过判断条件表达式的值为 true 或者 false，来确定是否执行某一条语句。

语法：

```
if(expression){
    statement
}
```

其中的 expression 是必选项，用于指定 if 语句执行的条件；当 expression 的值是 true 时，执行大括号{}中的 statement，当 expression 的值是 false 时不执行大括号{}中的内容，而执行其他的语句；statement 是可选项，设置当 expression 的值为 true 时执行的语句块。

其中大括号{}的作用是将多条语句组成一个语句块，作为一个整体来进行处理。如果大括号中只有一条语句，那么大括号{}也可以被省略。不过不建议省略大括号，要养成一个使用大括号的习惯，可以避免一些无意中造成的错误。

例如，判断变量的值是否为空。

```
var form="";
```

```
    if(form==""){
        alert("变量的内容为空! ");
    }
```

运行结果：变量的内容为空!

在上述的代码中，首先定义一个变量，并且设置变量的值为空，然后应用 if 语句判断变量的值，如果值等于空则弹出提示信息“变量的内容为空!”，否则没有任何信息输出。

if 语句最常用的地方是通过 JavaScript 脚本来控制表单提交的数据，判断表单提交的数据是否为空，或者判断提交的数据是否符合标准等。

例 4-5 下面应用 if 语句判断登录用户提交的信息是否为空。进入到用户登录页面中，如果不填写用户名而直接进行登录，则弹出提示信息“请输入用户名”。代码如下：

```
<script language="javascript">
    function chkinput(form){                    //定义一个函数
        if(form.username.value==""){            //通过 if 语句判断用户名是否为空
            alert("请输入用户名!");              //如果为空则弹出提示信息
            form.username.focus();              //返回到指定位置
            return(false);
        }
        if(form.userpwd.value==""){             //通过 if 语句判断密码是否为空
            alert("请输入密码!");
            form.userpwd.focus();
            return(false);
        }
        return(true);
    }
</script>
```

运行结果如图 4-5 所示。

图 4-5 应用 if 语句判断用户登录信息是否为空

2. if...else 语句

if...else 语句是 if 语句的标准形式，在 if 语句简单形式的基础之上增加一个 else 从句，当 expression 的值是 false 时则执行 else 从句中的内容。

语法：

```
if(expression){
    statement1
```

```
}else{
    statement2
}
```

在 if 语句的标准形式中，首先对 expression 的值进行判断，如果它的值是 true，则执行 statement1 语句块中的内容，否则执行 statement2 语句块中的内容。

例如，根据变量的值不同，输出不同的内容。

```
var form=0;                        //定义一个变量，值为 0
if(form==1){                       //判断变量的值是否为 1
    alert("form==1");              //如果变量的值为 1，则弹出 form==1
}else{                             //使用 else 从句
    alert("form!=1");              //如果变量的值不为 1，则弹出 form!=1
}
```

运行结果：form!=1。

3. else if 语句

标准的 if...else 语句可以根据表达式的结果判断一个条件，然后根据返回的值执行两条代码中的一条。如果要执行多条代码中的一条则应该使用 else if 语句，通过 else if 语句可以对多个条件进行判断，并且根据判断的结果执行不同的语句。

语法：

```
if(expression1){
    statement1
}else if(expression2){
    statement2
}else if(expression3){
    statement3
}
```

例 4-6 应用 else if 语句对多条件进行判断。首先判断 m 的值是否小于或等于 1，如果是则弹出“m<=1”；否则将继续判断 m 的值是否大于 1 并小于或等于 10，如果是则弹出“m>1&&m<=10”；否则将继续判断 m 的值是否大于 10 并且小于或等于 100，如果是则弹出“m>10&&m<=100”；最后如果上述的条件都不满足，则弹出“m>100”。程序代码如下：

```
var m=56;                              //定义一个变量 m 值为 56
if(m<=1)                               //判断如果 m<=1 则执行下面的内容
    alert("m<=1");
else if(m>1&&m<=10)                    //判断如果 m>1&&m<=10 则执行下面的内容
    alert(m>1&&m<=10);
    else if(m>10&&m<=100)              //判断如果 m>10&&m<=100 则执行下面的内容
        alert("m>10&&m<=100");
    else                               //判断如果 m 的值不符合上述条件则输出下面的内容
        alert("m>100");
```

运行结果：m>10&&m<=100。

else if 语句在实际中的应用也是十分广泛的，下面应用该语句来实现一个时间问候语的功能。即获取系统当前时间，根据不同的时间段输出不同的问候内容。

首先定义一个变量获取当前时间，然后再应用 getHours()方法获取系统当前时间的小时值，最后应用 else if 语句判断在不同的时间段内输出不同的问候语。其关键代码如下：

```
<script language="javascript">
    var now=new Date();                        //定义变量获取当前时间
```

```
    var hour=now.getHours();                //定义变量获取当前时间的小时值
    if ((hour>5)&&(hour<=7))
        alert("早上好！");                   //如果当前时间在 5～7 时之间，则输出“早上好！”
    else if ((hour>7)&&(hour<=11))
        alert("上午好！祝您好心情");          //如果时间在 7～11 时之间，则输出“上午好！祝您好心情”
    else if ((hour>11)&&(hour<=13))
        alert("中午好！");                   //如果时间在 11～13 时之间，则输出“中午好！”
    else if ((hour>13)&&(hour<=17))
        alert("下午好！");                   //如果时间在 13～17 时之间，则输出“下午好！”
    else if ((hour>17)&&(hour<=21))
        alert("晚上好！");                   //如果时间在 17～21 时之间，则输出“晚上好！”
    else if ((hour>21)&&(hour<=23))
        alert("夜深了，注意身体哦");          //如果时间在 21～23 时之间，则输出“夜深了，注意身体哦”
    else  alert("凌晨了！该休息了！");        //如果时间不符合上述条件，则输出“凌晨了！该休息了！”
</script>
```

运行结果如图 4-6 所示。

图 4-6　应用 else if 语句输出问候语

4. if 语句的嵌套

if 语句不但可以单独使用，而且可以嵌套应用。即在 if 语句的从句部分嵌套另外一个完整的 if 语句。在 if 语句中嵌套使用 if 语句，其外层 if 语句的从句部分的大括号{}可以省略。但是，在使用应用嵌套的 if 语句时，最好是使用大括号{}来确定相互之间的层次关系。否则，由于大括号{}使用位置的不同，可能导致程序代码的含义完全不同，从而输出不同的内容。例如在下面的两个示例中由于大括号{}的位置不同，结果导致程序的输出结果完全不同。

例 4-7　在外层 if 语句中应用大括号{}，首先判断外层 if 语句 m 的值是否小于 1，如果 m 小于 1，则执行执行下面的内容；然后判断当外层 if 语句 m 的值大于 10 时，则执行如下内容，程序关键代码如下：

```
var m=12;n=m;                   //m、n 值都为 12
if(m<1){                        //首先判断外层 if 语句 m 的值是否小于 1，如果是则执行下面的内容
    if(n==1)                    //如果 m 小于 1 并且 n 等于 1，则输出下面的内容
        alert("判断 M 小于 1，N 等于 1");
    else                        //如果 n 的值不等于 1 则输出下面的内容
        alert("判断 M 小于 1，N 不等于 1");
}else if(m>10){                 //判断外层 if 语句 m 的值是否大于 10，如果是，则执行下面的语句
    if(n==1)                    //如果 m 大于 10 并且 n 等于 1，则执行下面的语句
        alert("判断 M 大于 10，N 等于 1");
    else                        //n 不等于 1，则执行下面的语句
        alert("判断 M 大于 10，N 不等于 1");
}
```

运行结果如图 4-7 所示。

图 4-7　if 嵌套语句的应用

例 4-8　更改示例 4-7 代码中大括号{}的位置，将大括号}放置在 else 语句之前，这时程序代码的含义就发生了变化，程序代码如下：

```
var m=12;n=m;                    //m、n 值都为 12
if(m<1){                         //首先判断外层 if 语句 m 的值是否小于 1,如果是则执行下面的内容
    if(n==1)                     //如果 m 小于 1 并且 n 等于 1，则输出下面的内容
        alert("判断 M 小于 1，N 等于 1");
    else                         //如果 n 的值不等于 1 则输出下面的内容
        alert("判断 M 小于 1，N 不等于 1");
}else if(m>10){                  //判断外层 if 语句 m 的值是否大于 10,如果是，则执行下面的语句
    if(n==1)                     //如果 m 大于 10 并且 n 等于 1，则执行下面的语句
        alert("判断 M 大于 10，N 等于 1");
}else                            //当 m 的值不满足条件时,则执行下面的语句
        alert("判断 M 大于 10，N 不等于 1");
```

此时的大括号}被放置在 else 语句之前，else 语句表达的含义也发生了变化（当嵌套语句中 n 的值不等于 1 时将没有任何输出），它不再是嵌套语句中不满足条件时要执行的内容，而是外层语句中的内容，表达的是当外层 if 语句不满足给出的条件时执行的内容。

由于大括号}位置的变化，结果导致相同的程序代码有了不同的含义，从而导致该示例没有任何内容输出。

在嵌套应用 if 语句的过程中，最好是应用大括号{}来确定程序代码的层次关系。

5. switch 语句

switch 是典型的多路分支语句，其作用与嵌套使用 if 语句基本相同，但 switch 语句比 if 语句更具有可读性，而且 switch 语句允许在找不到一个匹配条件的情况下执行默认的一组语句。

语法：

```
switch (expression){
    case judgement1:
         statement1;
         break;
    case judgement2:
         statement2;
         break;
     …
    default:
        defaultstatement;
```

```
        break;
}
```

switch 语句参数的相关说明如表 4-9 所示。

表 4-9 Switch 分支语句的参数说明

参 数	说 明
expression	为任意的表达式或变量
judgement	为任意的常数表达式。当 expression 的值与某个 judgement 的值相等时，就执行此 case 后的 statement 语句，如果 expression 的值与所有的 judgement 的值都不相等时，则执行 default 后面的 defaultstatement 语句
break	用于结束 switch 语句，从而使 JavaScript 只执行匹配的分支。如果没有了 break 语句，则该 switch 语句的所有分支都将被执行，switch 语句也就失去了使用的意义

switch 语句的工作原理是：首先获取 expression 的值，然后查找和这个值匹配的 case 标签。如果找到相应的标签，则开始执行 case 标签后的代码块中的第一条语句，直到遇到 break 语句终止 case 标签；如果没有找到和这个值相匹配的 case 标签，则开始执行 default 标签（特殊情况下使用的标签）后的第一条语句；如果没有 default 标签，则跳过所有的代码块。

例 4-9 下面通过示例来讲解一下 switch 语句的用法。

首先定义一个变量 m，值为 5，然后应用 switch 语句判断变量的值与 case 标签的值是否匹配，如果匹配则输出 case 标签后的内容，如果没有找到匹配的值则输出 default 标签后的内容。程序代码如下：

```
var m=5;                              //定义一个变量值为 5
switch(m){                            //应用 switch 语句获取 m 的值
    case 1:                           //判断 m 的值与 case 标签"1"是否匹配
        document.write("One");        //如果 m 的值与 case 标签"1"匹配,则输出"One"
        break;                        //如果匹配则跳出循环
    case 2:
        document.write("Two");
        break;
    case 3:
        document.write("Three");
        break;
    case 4:
        document.write("Four");
        break;
    default:                 //判断如果 m 的值与上述标签中的内容都不匹配,则输出"Some number"
        document.write("Some number");
        break;
}
```

运行结果：Some number。

在网站应用程序中，日期和时间格式的正确性是非常重要的，要保证输入的日期和时间格式是正确的，就需要在客户端对其进行验证。

例 4-10 下面应用 JavaScript 脚本对输入日期的合法性进行判断。

应用 JavaScript 编写验证输入的日期格式是否正确的代码时，需要注意以下几点。

（1）首先需要从输入的字符串中提取出年份、月份和日并判断输入的年份、月份和日是否是大于 0 的数字，然后将月份和日中小于 10 的数字格式化为长度为 2 的字符串（在其前面填充“0”）。

（2）将提取并格式化后的年份、月份和日重新组合，使其组合成为“YYYY-MM-DD”格式的字符串，并判断新组合的字符串长度是否为 10。

（3）判断输入的年份是否为闰年，从而判断 2 月份的天数。

闰年的条件是年份能被 4 或 400 整除，但不能被 100 整除。

（4）根据 1、3、5、7、8、10、12 月份为 31 天，其他月份为 30 天的原则，判断除 2 月份以外的月份的天数是否正确。

（5）判断月份是否大于 12。

程序代码如下：

```
<script language="javascript">
function check(){                                     //定义一个函数 check
    var date=form1.dates.value;                       //获取表单提交的值
    len=date.length;                                  //获取表单值的长度
    year=parseInt(date.substr(0,4));                  //获取日期中年的值
    month=parseInt(date.substr(5,2));                 //获取表单中月的值
    day=parseInt(date.substr(8,2));                   //获取表单中日的值
    if(len==""){                                      //判断如果表单的值为空
        alert("日期不能为空");                         //则输出“日期不能为空”
    }else if(len!=10){                                //判断如果表单中值的长度不等于 10
        alert("您输入的日期的格式不正确");             //则输出的日期的格式不正确
    }else if(isNaN(year)){                            //判断如果获取的年的数据不是数字
        alert("您输入的日期的格式不正确");             //则输入的日期的格式不正确
    }else if((year>9999)||(year<1000)){               //判断如果输入的年的数据不在 1000～9999 之间
        alert("您输入的日期的格式不正确");             //则输入的日期的格式不正确
    }else if(isNaN(month)){
        alert("您输入的日期的格式不正确");
    }else if((month>12)||(month<1)){
        alert("您输入的日期的格式不正确");
    }else if(isNaN(day)){
        alert("您输入的日期的格式不正确");
    }else{
        switch(month){                                //将获取的月份值作为表达式
            case 1:                                   //将获取的月份值与 case 标签后的值进行匹配
            case 3:
            case 5:
            case 7:
            case 8:
            case 10:
            case 12:
                if((day<0)||(day>31)){                //判断 1、3、5、7、8、10、12 月份的日期是否正确
                    alert("您输入的日期的格式不正确");
                }else{
                    form1.submit();
```

```
                }
                break;
            case 4:
            case 6:
            case 9:
            case 11:
                if((day<0)||(day>30)){      //判断 4、6、9、11 月份的日期是否正确
                    alert("您输入的日期的格式不正确");
                }else{
                    form1.submit();
                }
                break;
            default:                          //判断 2 月份的日期是否正确
                if((year%100==0)&&(year%4==0)){
                    if((day<0)||(day>29)){
                        alert("您输入的日期的格式不正确");
                    }else{
                        form1.submit();
                    }
                }else{
                    if((day<0)||(day>28)){
                        alert("您输入的日期的格式不正确");
                    }else{
                        form1.submit();
                    }
                }
                break;
                }
        }
    }
</script>
<form action="" method="post" name="form1">
<input type="text" name="dates" />
<input type="submit" name="Submit" value="进入" onclick="check();" />
</form>
```

运行结果如图 4-8 所示。

图 4-8　应用 switch 语句验证日期的格式是否正确

4.3.3 循环语句

所谓循环语句主要就是在满足条件的情况下反复的执行某一个操作。循环控制语句主要包括：while、do...while 和 for 语句，下面分别进行讲解。

1. while 语句

while 语句是基本的循环语句，也是条件判断语句。

语法：

```
while (expression){
    statement
}
```

当条件表达式 expression 的值为 true 时，执行大括号{}中的语句，当执行完大括号{}中的语句后，再次检查条件表达式的值，如果还为 true，则再次执行大括号{}中的语句，如此反复执行，直到条件表达式的值为 false，结束循环，继续执行 while 循环后面的代码。

使用 while 语句时，必须先声明循环变量并且在循环体中指定循环变量的步幅，否则 while 语句将成为一个死循环。

例如：在下面的程序代码中将出现一个死循环，代码如下：

```
i=3
while (i<5){
    document.write("永不放弃");
}
```

在上述代码中，循环体中没有指定循环变量的步幅，即始终没有改变 i 的值，所以 i<5 将永远返回 true，所以循环永不结束。

程序的正确代码如下：

```
i=3
while (i<5){
    document.write("永不放弃");
    i++;
}
```

例 4-11 下面应用 while 循环语句将指定的字符串进行输出。程序代码如下：

```
<script language="javascript">
i=1;                        //定义一个变量 i，初始值为 1
while(i<5){                 //应用 while 循环语句，当 i 的值小于 5 时执行下面的内容
    document.write("<H"+i+">JavaScript 永不放弃</H"+i+">") ;
    i++;                    //更新变量 i 的值
}
</script>
```

运行结果如图 4-9 所示。

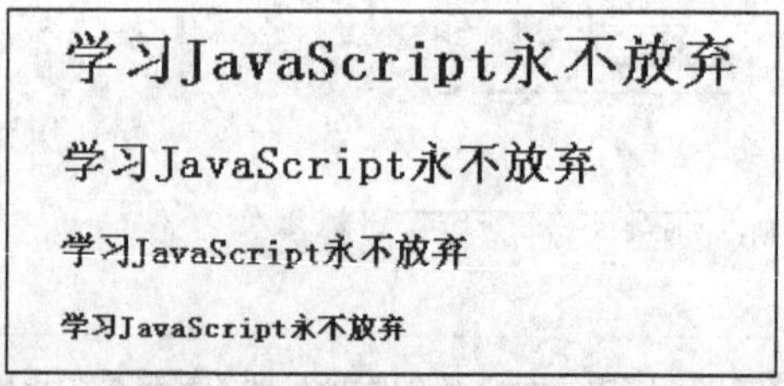

学习JavaScript永不放弃

学习JavaScript永不放弃

学习JavaScript永不放弃

学习JavaScript永不放弃

图 4-9 应用 while 循环语句将指定的字符串进行输出

2. do…while 语句

do…while 循环语句和 while 循环语句非常相似，只是 do…while 循环语句在循环底部检测循环表达式，而不是在循环的顶部进行检测。因此应用 do…while 循环语句时该语句的循环体至少被执行一次。

语法：

```
do{
    statement
}while(expression);
```

例 4-12 下面通过示例进一步说明 do …while 语句与 whlie 语句的不同。

在下面的示例中分别应用 while 语句和 do…while 语句输出字符串中的内容，应用 while 语句没有输出任何内容，而应用 do…while 语句则输出了一个值。程序代码如下：

```
<script language="javascript">
var m=8;                        //定义变量 m=8
var n=9;                        //定义变量 n=9
while(m<=5){                    //应用 while 语句，判断当 m 的值小于等于 5 时输出下面的内容
    document.write("这是第"+m+"行");
    m++;                        //更新 m 的值
}
do{                             //应用 do...while 循环语句，首先执行一次下面的语句
    document.write("这是第"+n+"行");
    n++;                        //更新 n 的值
}while(n<=5);                   //判断如果 n 的值小于等于 5 则输出上面的内容
</script>
```

运行结果：这是第 9 行。

do…while 语句结尾处的 while 语句括号后面有一个分号“;”，在书写的过程中一定不能遗漏，否则 JavaScript 会认为循环语句是一个空语句，后面大括号{}中的代码一次也不会执行，并且程序会陷入死循环。

3. for 循环语句

for 语句是 JavaScript 语言中应用比较广泛的循环语句。通常 for 语句使用一个变量作为计数器来执行循环的次数，这个变量就称为循环变量。

语法：

```
for ( initialize; test; increment ){
    statement
}
```

for 语句的相关参数说明如表 4-10 所示。

表 4-10 for 循环语句的参数说明

参 数	描 述
initialize	是一个循环变量，该变量可以在 for 语句外声明，也可以在 for 语句中声明
test	是一个基于循环变量的条件表达式，条件满足就进入到循环体（“{}”中的内容），循环体中的代码执行结束后返回到这里重新进行判断，直到条件不成立时结束循环
increment	是一个基于循环变量的操作，在每次循环体中的代码执行完毕，即将进行下一轮条件判断前执行，increment 操作和 test 条件语句共同决定“{}”中代码的循环次数

for 语句可以使用 break 语句来终止循环语句的执行。break 语句默认情况下是终止当前的循环语句。

对于多重嵌套式的循环，break 语句还可以与标签语句 label 同时使用，一起用来跳出外循环体。

例 4-13 在下面的 for 语句中，同时应用了 break 语句和 label 语句，程序代码如下：

```
look:                                     //创建一个 label 语句
for(var m=0; m<11; m++){                  //创建一个 for 语句
    for(var n=0; n<=5; n++){              //创建一个 for 语句
        if (n>3){                         //判断如果 n 大于 3,则执行下面的内容
          break look;                     //同时应用 break 语句和 label 语句"look"终止整个循环语句
        }
    }
}
```

上述代码中的 look 就是 label 语句，它还可以使用其他任意的名称，其作用就是标注任意一个语句，本例标注了循环语句 for(var m=0; m<11; m++)…，而且与 break 语句同时使用，结果导致脚本中没有任何内容输出。

例 4-14 下面应用两个 for 循环语句创建一个简易的九九乘法表，程序代码如下：

```
for(var m=1;m<=9;m++){
    for(var n=1;n<=m;n++){
        if(n*m<10){
            document.write(" ");
        }
        document.write(n+"×"+m+"=");
        document.write(n*m+" ");
    }
    document.write("<br>");
}
```

运行结果如图 4-10 所示。

```
1×1=1
1×2=2  2×2=4
1×3=3  2×3=6  3×3=9
1×4=4  2×4=8  3×4=12 4×4=16
1×5=5  2×5=10 3×5=15 4×5=20 5×5=25
1×6=6  2×6=12 3×6=18 4×6=24 5×6=30 6×6=36
1×7=7  2×7=14 3×7=21 4×7=28 5×7=35 6×7=42 7×7=49
1×8=8  2×8=16 3×8=24 4×8=32 5×8=40 6×8=48 7×8=56 8×8=64
1×9=9  2×9=18 3×9=27 4×9=36 5×9=45 6×9=54 7×9=63 8×9=72 9×9=81
```

图 4-10 简易的乘法表

例 4-15 在 for 循环语句中的括号内可以没有表达式，只有 3 个“;”，此时 for 循环变成一个无限循环语句，需要使用 break 语句退出循环。下面应用无限循环实现与上述示例中相同的乘法表，其实现的结果是相同的，但是在 for 循环语句的括号内没有任何表达式，完全通过 break 语句来退出循环，程序代码如下：

```
var m=1;
var n=1;
for(;;){
    for(;;){
        if(n*m<10){
```

```
            document.write(" ");
        }
        document.write(n+"×"+m+"=");
        document.write(n*m+" ");
        n++
        if(n>m)
        break;
    }
    document.write("<br>");
    m++;
    n=1;
    if(m>9)
    break;
}
```

该示例的运行结果与上一示例是相同的。

例 4-16　下面应用 for 语句控制输入字符串的长度，即限制输入的最大字节数。在用户注册页面中对用户名的长度进行限制，要求用户名的长度不能大于 10 个字符，否则将弹出警告信息。

首先创建一个 form 表单，用于提交用户注册的信息，包括用户名和密码，然后应用 onSubmit 事件调用 chkinput 函数，实现对表单中提交的数据进行判断，最后在 chkinput 函数中调用 checkstr 函数，实现对用户名长度的限制。程序关键代码如下：

```
<script language="javascript">
function checkstr(str){                      //定义 checkstr 函数实现对用户名长度的限制
var n=0;                                     //定义变量 n,初始值为 0
    for(i=0;i<str.length;i++){               //应用 for 循环语句,获取表单提交用户名字符串的长度
        var leg=str.charCodeAt(i);           //获取字符的 ASCII 码值
        if(leg>255){                         //判断如果长度大于 255
            n+=2;                            //则表示是汉字为 2 个字节
        }else{
            n+=1;                            //否则表示是英文字符,为 1 个字节
        }
    }
    if(n>10){                                //判断用户名的总长度如果超过 10 个字节,则返回 true
        return true;
    }else{
        return false;                        //如果用户名的总长度不超过 5 个字节,则返回 false
    }
}
 function chkinput(form){                    //定义 chkinput 函数,对表单中提交的数据进行判断
   if(form.username.value==""){              //如果 username 的值为空
     alert("请输入用户名!");                  //则输出"请输入用户名!"
     form.username.focus();                  //返回到该表单
     return false;
   }
    //应用 checkstr 函数判断表单中提交的用户名的长度是否合理
    if(checkstr(form.username.value)){
    alert("您输入的用户名过长,请重新输入!");
        form.username.focus();
        return false;
    }
```

```
    if(form.userpwd.value==""){            //判断表单中提交的密码是否为空
        alert("请输入用户员密码!");        //如果为空则输出"请输入用户员密码!"
        form.userpwd.focus();
        return false;
    }
    return true;
}
</script>
```

运行结果如图 4-11 所示。

图 4-11　应用 for 语句控制输入字符串的长度

4.3.4　跳转语句

1. break 语句

break 语句可以使程序立即跳出循环。该语句有两种形式：有标号的和无标号的。多数情况下，break 语句是单独使用的；但有时也可以在其后面加一个语句标号，以表明跳出该标号所指定的循环，并执行该循环之后的代码。

语法：

```
break;
```

例 4-17　在下面的代码中，判断当 i 的值大于 10 时跳出该循环，程序代码如下：

```
for( i=0;i<20;i++ ){
    if(i>10){
        break;                  //如果 i>10 就会立即跳出循环
    }
    document.write(i+"-");      //输出 i 的值
}
```

运行结果为：0-1-2-3-4-5-6-7-8-9-10-

2. continue 语句

continue 语句可以跳过当前循环的剩余语句。如果是在 while 或者 for 循环语句中应用，则需要先判断循环条件，如果循环的条件不符合，就跳出循环。

语法：

```
continue;
```

下面应用 for 循环语句输出小于 10 的数字，其中应用 if 语句判断当 i 的值为 3、5、8 时则应用 continue 跳过该循环，执行其他的循环，程序代码如下：

```
for(i=1;i<10;i++) {      //应用 for 循环语句,判断如果 i 小于 10,则执行 i++
```

```
    if(i==3||i==5||i==8){
        continue;        //应用 if 语句判断如果 i 的值等于 3\5\8 则应用 continue 语句跳过该循环
    }
    document.write(i);        //输出 i 的值
}
```

运行结果为：124679

注意　在循环语句中，不能用“.”操作符来访问对象属性，否则程序会显示错误的信息，例如：document.write(i."."); 就是一个错误的语句，而正确的写法应该是 document.write(i+".");，在 JavaScript 中的应该使用“+”。

4.3.5　异常处理语句

1. 嵌套 try...catch 语句

如果在 catch 区域中也发生了异常，可以在 catch 区域中再使用一组 try...catch 语句，即嵌套使用 try...catch 语句。

语法：

```
<script language="javascript">
try{
    somestatements;
}
catch(exception){
    try{
        somestatments;
    }catch(exception){
        somestatments;
    }
}finally{
    somestatements;
}
</script>
```

try：捕捉异常关键字。

catch：捕捉异常关键字。

finally：最终一定会被处理的区块的关键字。

例 4-18　下面主要实现嵌套 try...catch 语句处理异常，在外部 try 区域中调用了不存在的对象，这时将弹出外部 catch 区域内设置的异常提示信息的对话框，当在 catch 区域中调用不存在的对象时，将产生异常，这时将弹出嵌套 catch 区域内设置的异常提示信息的对话框及 finally 区域设置的异常提示信息对话框。程序代码如下。

```
<script language="javascript">
try{
    document.forms.input.length;                    //调用页面表单中文本框的长度
}catch(exception){
    alert("try 区域运行时有异常发生");                 //弹出错误提示信息
    try{
        document.forms.input.length
    }catch(exception2){
        alert("catch 区域运行时有异常发生");
    }
```

```
}finally{
    alert("结束 try...catch...finally 语句");        //最终程序调用执行的语句
}
</script>
```

在这个示例中，抛出第一个异常后，将弹出“try 区域运行时有异常发生”提示信息对话框，继续执行外部 catch 区域的语句，程序尝试调用页面中并不存在的对象，将发生异常，此时弹出“catch 区域运行时有异常发生”提示信息对话框，最后执行 finally 区域的语句，弹出相应对话框。运行结果如图 4-12、图 4-13 和图 4-14 所示。

图 4-12　弹出异常提示对话框

图 4-13　弹出异常提示对话框

图 4-14　弹出异常提示对话框

2. 使用 throw 语句抛出异常

在程序中使用 throw 语句可以有目的的抛出异常。

语法：

```
<script language="javascript">
    throw new Error("somestatements");
</script>
```

throw：抛出异常关键字。

也可以使用 throw 语句抛出 Error 对象子类的对象。

语法：

```
<script language="javascript">
    throw new TypeError("somestatements");
</script>
```

例 4-19　下面应用 throw 语句抛出程序中的异常。在代码中首先定义一个变量赋给的值为 1 与 0 的商，此变量的结果为无穷大，即 Infinity，如果希望自行检验除以零的异常，可以使用 throw 语句抛出异常。程序代码如下。

```
<script language="javascript">
try{
    var num=1/0;
    if(num=="Infinity"){
        throw new Error("被除数不可以为 0");
    }
}catch(exception){
    alert(exception.message);
}
</script>
```

读者从程序中可以看出，当变量 num 为无穷大时，使用 throw 语句抛出异常，此异常会在 catch 区域被捕捉，并将异常提示信息放置在弹出的错误提示对话框中。运行结果如图 4-15 所示。

图 4-15　使用 throw 语句抛出的异常

4.3.6　注释语句

JavaScript 脚本支持 C++型的注释和 C 型注释。JavaScript 脚本会把处于“//”和一行结尾之间的任何文本都当作注释忽略掉。此外“/*”和“*/”之间的文本也会被当作注释。这些 C 型的知识可以跨越多行，但是其中不能有嵌套的注释。下面的代码都是合法的 JavaScript 脚本注释方法，例如：

```
<script language="javascript">
//这是一条单行注释
/*这是另一条单行注释*/
/*这是一条多行注释
......
*/
</script>
```

多行注释“/*…*/”中可以嵌套单行注释“//”，但是不可以嵌套多行注释“/*…*/”。因为第一个“/*”会与其后面第一个“*/”相匹配，从而使后面的注释不起作用，甚至引起程序出错。

另外，JavaScript 还能识别 HTML 注释的开始部分“<!--”，JavaScript 会将其看作为单行注释结束，如使用“//”一样。但是 JavaScript 不能识别 HTML 注释的结果部分“-->”。

这种现象存在的主要原因是：在 JavaScript 中，如果第一行以“<!--”开始，最后一行以“-->”，那么其间的程序就包含在一个完整的 HTML 注释中，会被不支持 JavaScript 的浏览器忽略掉，不能被显示。如果第一行以“<!--”开始，最后一行以“//-->”结束，JavaScript 会将两行都忽略掉，而不会忽略这两行之间的部分。用这种方式可以针对那些无法理解 JavaScript 的浏览器而隐藏代码，而对那些可以理解 JavaScript 的浏览器则不必隐藏。

由于“<!--”的特殊作用，在使用时就应该只将其放在脚本的第一行，用在其他位置很可能会带来混乱。

为程序代码添加注释具有以下作用。

- 可以理解程序某些语句的作用和功能，使程序更易于理解。
- 可以用注释来暂时屏蔽某些语句，使浏览器对其暂时忽略，等到需要时再取消注释，这些语句将重新发挥作用。

4.4 函　数

4.4.1 函数的定义

函数是由关键字 function、函数名加一组参数以及置于大括号中需要执行的一段语句定义的。函数与其他的 JavaScript 代码一样，必须位于<SCRIPT></SCRIPT>标记之间，函数的基本语法如下：

语法：

```
<script language="javascript">
    function functionName(parameters){
        some statements;
    }
</script>
```

functionName：函数名称。

parameters：参数名称。

例如，下面的程序定义了一个函数，代码如下：

```
<script language="javascript">
    function print(statement1,statement2,statement3){
        alert(statement1+statement2+statement3);          //在页面中弹出对话框
    }
</script>
```

4.4.2 函数的调用

函数定义后并不会自动执行，要执行一个函数需要在特定的位置调用函数，调用函数需要创建调用语句，调用语句包含函数名称、参数具体值。

1．函数的简单调用

函数的定义语句通常被放在 HTML 文件的<HEAD>标记中，而函数的调用语句通常被放在<BODY>标记中，如果在函数定义之前调用函数，执行将会出错。

语法：

```
<html>
<head>
<script type="text/javascript">
function functionName(parameters){
    some statements;
}
</script>
</head>
<body>
    functionName(parameters);
</body>
</html>
```

functionName：函数名称。

parameters：参数名称。

说明　函数的参数分为形式参数和实际参数，其中形式参数为函数赋予的参数，它代表函数的位置和类型，系统并不为形参分配相应的存储空间。调用函数时传递给函数的参数称为实际参数，实参通常在调用函数之前已经被分配了内存，并且赋予了实际的数据，在函数的执行过程中，实际参数参与了函数的运行。

例 4-20　下面主要用于演示如何调用函数。代码如下：

```
<html>
<head>
<meta http-equiv="Content-Type" content="text/html; charset=UTF-8">
<title>函数的简单应用</title>
<script type="text/javascript">
function print(statement1,statement2,statement3){
    alert(statement1+statement2+statement3);                //在页面中弹出对话框
}
</script>
</head>
<body>
<script type="text/javascript">
    print("第一个 JavaScript 函数程序 ","作者:","zts"); //在页面中调用 print ( ) 函数
</script>
</body>
</html>
```

在上面的代码中，调用函数的语句将字符串“第一个 JavaScript 函数程序”、“作者”和“zts”，分别赋予变量 statement1、statement2 和 statement3。运行结果如图 4-16 所示。

图 4-16　函数的简单调用

2. 在事件响应中调用函数

当用户单击某个按钮或某个复选框时都将触发事件，通过编写程序对事件做出反应的行为称为响应事件，在 JavaScript 语言中，将函数与事件相关联就完成了响应事件的过程。

例 4-21　当用户单击某个按钮时，与此事件相关联的函数将被执行。可以使用如下代码实现以上的功能。

```
<script language="javascript">
function test(){
    alert("在事件响应中调用函数");
}
</script>
<body>
<form action="" method="post" name="form1">
<input type="button" value="提交" onClick="test();">
</form>
</body>
```

在上述代码中可以看出，首先定义一个名为 test()的函数，函数体比较简单，使用 alert()语句返回一个字符串，最后在按钮 onClick 事件中调用 test()函数。当用户单击提交按钮后将弹出相应对话框，运行结果如图 4-17 所示。

图 4-17　在事件响应中调用函数

3. 通过链接调用函数

函数除了可以在响应事件中被调用之外，还可以在链接中被调用，在<a>标签中的 href 标记中使用“javascript:”关键字调用函数，当用户单击这个链接时，相关函数将被执行。

例 4-22　下面的代码用于实现通过链接调用函数。

```
<script language="javascript">
function test(){
    alert("通过链接调用函数");
}
</script>
<body>
<a href="javascript:test();">测试</a>
</body>
```

在上述代码中可以看出，首先定义一个名为 test()的函数，函数体比较简单，使用 alert()语句返回一个字符串，最后在超链接中调用 test()函数。当用户单击“测试”超链接后将弹出相应对话框，运行结果如图 4-18 所示。

图 4-18　通过链接调用函数

4.4.3　递归函数

所谓递归函数就是函数在自身的函数体内调用自身，使用递归函数时一定要当心，处理不当将会使程序进入死循环，递归函数只在特定的情况下使用，比如处理阶乘问题。

语法：

```
<script type="text/javascript">
var outter=10;
function functionName(parameters1){
    functionName(parameters2);
}
</script>
```

functionName：递归函数名称。

例 4-23　下面应用递归函数取得 10!的值，其中 10!=10*9!，而 9!=9*8!，以此类推，最后 1!=1，这样的数学公式在 JavaScript 程序中可以很容易使用函数进行描述，可以使用 f(n)表示 n!的值，当 1<n<10 时，f(n)=n*f(n-1)，当 n<=1 时，f(n)=1。代码如下：

```
<html>
<head>
<meta http-equiv="Content-Type" content="text/html; charset=UTF-8">
<title>递归函数的应用</title>
<script type="text/javascript">
function f(num){                                    //定义递归函数
    if(num<=1){                                     //如果 num<=1
        return 1;                                   //返回 1
    }
    else{
        return f(num-1)*num;                        //调用递归函数
    }
}
</script>
</head>
<body>
<script type="text/javascript">
    alert("10!的结果为："+f(10));                   //调用函数
</script>
</body>
</html>
```

运行结果如图 4-19 所示。

图 4-19　递归函数的应用

在定义递归函数时需要两个必要条件。

- 包括一个结束递归的条件。

上面的 if(num<=1)语句，如果满足条件则执行 return 1 语句，不再递归。

- 包括一个递归调用语句。

上面的 return f(num-1)*num 语句，用于实现调用递归函数。

习　　题

4-1　JavaScript 可以使用一个关键字 var 同时声明多个变量，各个变量之间用（　　）分隔。

A. 分号　　　B. 空格

C. 逗号　　　D. 句点

4-2　JavaScript 使用（　　）来进行声明常量。

A. var　　B. const

C. function　　D. define

4-3　程序中的字符串型数据是包含在单引号或双引号中的，由单引号定界的字符串中（　　）含有双引号，由双引号定界的字符串中（　　）含有单引号。

A. 可以　　B. 不可以

4-4　下面的（　　）语句不是条件语句。

A. if 语句　　B. swith 语句

C. while 语句　　D. elseif 语句

4-5　（　　）用于结束 switch 语句，从而使 JavaScript 只执行匹配的分支。如果默认了该语句，则 switch 语句的所有分支都将被执行，switch 语句也就失去了使用的意义。

A. case 语句　　B. break 语句

C. continue 语句　　D. throw 语句

4-6　应用（　　）循环语句时该语句的循环体至少被执行一次。

A. do…while　　B. while

上机指导

4-1　应用 if 条件语句判断 2009 年是平年还是闰年，并输出结果。

4-2　应用 switch 分支语句输出系统的当前时间是星期几，并输出结果。

4-3　应用 while 循环语句将指定的字符串“学习 JavaScript 很容易!”输出 10 次，并且每次输出的字号逐一递增。

4-4　应用 for 循环语句输出一年中的月份，并且每个月份要以不同的颜色值进行区分。

4-5　定义一个名为 check()的函数，用来检测表单中用户名是否为空。当用户单击表单中的“提交”按钮时，检索用户名文本框是否为空，如果为空则弹出提示信息。

第 5 章 JavaScript 常用内置对象

所谓对象，就是把一些功能都封装好了，至于其内部具体是怎么工作的，不需要用户了解，只要用户会使用它即可。JavaScript 的内置对象是嵌入在系统中的一组共享代码，它是由系统开发商根据 Web 应用程序的需要，将一些常用的操作代码经过优化得来的。在应用内置对象时，需要首先创建它的实例。本章就来介绍 JavaScript 常用的内置对象。

5.1 对象的基本概念

5.1.1 什么是对象

JavaScript 是一种基于对象（Object）的语言，它支持 3 种对象：内置对象、用户自定义对象和浏览器对象，其中内置对象和浏览器对象合称为预定义对象。通过基于对象的程序设计可以用更直观模块化和可重复使用的方式进行程序开发。

一组包含数据的属性和对属性中包含数据进行操作的方法称为对象。例如，要在网页是输出字符串，所针对的对象就是 document，所用的属性名是 write，如：

```
Document.write("我喜欢学 JavaScript");
```

就是在网页上输出字符串“我喜欢学 JavaScript”。

5.1.2 创建对象

对于已定义的对象，使用之前首先要使用 JavaScript 运算符“new”对已定义的对象创建一个对象的“实例”。

例如，实例化一个字符串对象。

```
var newString=new String("I like JavaScript!");        //实例化一个字符串对象
```

5.1.3 在 JavaScript 中使用对象

- 使用对象的属性

使用下述几种方法可以得到对象的属性值。

（1）通过圆点（.）运算符。语法：

```
对象名.属性名
```

（2）通过属性名。语法：

```
对象名["属性名"]
```

（3）通过循环语句。语法：

```
for(var 变量 in 对象变量){
    ……对象变量[变量]……
}
```

（4）通过 With 语句。语法：

```
with(对象变量){
        ……直接使用对象属性名、方法名……
}
```

- 使用对象的方法

使用 With 语句或通过圆点（.）运算符就可以得到对象的方法。

```
对象变量.对象方法名()
```

在 JavaScript 中使用对象的具体应用会在下面各节中逐步进行详细讲解。

5.2 数学对象（Math）

在 JavaScript 中，Math 对象提供算数运算符所需要的多种算数值类型和函数。该对象的所有属性和方法都是静态的，在使用该对象时，不需要对其进行创建。

1. Math 对象的属性

Math 对象的属性如表 5-1 所示。

表 5-1　Math 对象的属性

属　性	说　明
constructor	对创建此对象的函数的引用
E	常量 e，自然对数的底数(约等于 2.718)
LN2	返回 2 的自然对数(约等于 0.693)
LN10	返回 10 的自然对数(约等于 2.302)
LOG2E	返回以 2 为底的 e 的对数(约等于 1.414)
LOG10E	返回以 10 为底的 e 的对数(约等于 0.434)
PI	返回圆周率(约等于 3.14159)
prototype	向对象添加自定义属性和方法
SQRT1_2	返回 2 的平方根除 1 (约等于 0.707)
SQRT2	返回 2 的平方根(约等于 1.414)

2. Math 对象的方法

Math 对象的方法如表 5-2 所示。

表 5-2　　　　　　　　　　　　Math 对象的方法

方　法	说　明	示　例
abs(x)	返回一个数的绝对值	abs(-2)　　　//结果为 2
acos(x)	返回指定参数的反余弦值	acos(1)　　　//结果为 0
asin(x)	返回指定参数的反正弦值	asin(-1)　　　//结果为-0.8415
cos(x)	返回指定参数的余弦值	cos(2)　　　//结果为
sin(x)	返回指定参数的正弦值	sin(0)　　　//结果为 0
tan(x)	返回一个角的正切值	tan(Math.PI/4)　//结果为 1
atan(x)	以介于-PI/2 与 PI/2 弧度之间的数值来返回 x 的反正切值	atan(1)　　　//结果为 0.7854
ceil(x)	对一个数进行上舍入	ceil(-10.8)　　//结果为-10
exp(x)	返回 e 的指数	exp(2)　　　//结果为 7.389
floor(x)	对一个数进行下舍入	floor(10.8)　　//结果为 11
log(x)	返回数的自然对数（底为 e）	log(Math.E)　//结果为 1
max(x,y)	返回 x 和 y 中的最大值	max(3,5)　　//结果为 5
min(x,y)	返回 x 和 y 中的最小值	min(3,5)　　//结果为 3
pow(x,y)	返回 x 的 y 次幂	pow(2,3)　　//结果为 8
random()	返回 0~1 之间的随机数	random()
round(x)	把一个数四舍五入为最接近的整数	round(6.8)　　//结果为 7
sqrt(x)	返回数的平方根	sqrt(9)　　　//结果为 3

5.3　日期对象（Date）

在 Web 开发过程中，可以使用 JavaScript 的 Date 对象（日期对象）来实现对日期和时间的控制。如果想在网页中显示计时时钟，就得重复生成新的 Date 对象来获取当前计算机的时间。用户可以使用 Date 对象执行各种使用日期和时间的过程。

5.3.1　创建 Date 对象

日期对象是对一个对象数据类型求值，该对象主要负责处理与日期和时间有关的数据信息。在使用 Date 对象前，首先要创建该对象，其创建格式如下：

语法：

```
dateObj = new Date()
dateObj = new Date(dateVal)
dateObj = new Date(year, month, date[, hours[, minutes[, seconds[,ms]]]])
```

Date 对象语法中各参数的说明如表 5-3 所示。

表 5-3　　Date 对象的参数说明

参　数	说　明
dateObj	必选项。要赋值为 Date 对象的变量名
dateVal	必选项。如果是数字值，dateVal 表示指定日期与 1970 年 1 月 1 日午夜间全球标准时间的毫秒数。如果是字符串，则 dateVal 按照 parse 方法中的规则进行解析。dateVal 参数也可以是从某些 ActiveX(R)对象返回的 VT_DATE 值
year	必选项。完整的年份，比如，1976（而不是 76）
month	必选项。表示的月份，是从 0 到 11 之间的整数（1 月至 12 月）
date	必选项。表示日期，是从 1 到 31 之间的整数
hours	可选项。如果提供了 minutes 则必须给出。表示小时，是从 0 到 23 的整数（午夜到 11pm）
minutes	可选项。如果提供了 seconds 则必须给出。表示分钟，是从 0 到 59 的整数
seconds	可选项。如果提供了 ms 则必须给出。表示秒钟，是从 0 到 59 的整数
ms	可选项。表示毫秒，是从 0 到 999 的整数

下面以示例的形式来介绍如何创建日期对象。

例如，返回当前的日期和时间。

```
var newDate=new Date();
document.write(newDate);
```

运行结果：Tue Feb 3 08:49:30 UTC+0800 2009。

例如，用年、月、日（2009-2-3）来创建日期对象。代码如下：

```
var newDate=new Date(2009,2,3);
document.write(newDate);
```

运行结果：Tue Mar 3 00:00:00 UTC+0800 2009。

例如，用年、月、日、小时、分钟、秒（2009-2-3 8:59:50）来创建日期对象。代码如下：

```
var newDate=new Date(2009,2,3,8,59,50);
document.write(newDate);
```

运行结果：Tue Mar 3 08:59:50 UTC+0800 2009。

例如，以字符串形式创建日期对象（2009-2-3 9:01:40）。代码如下：

```
var newDate=new Date("Feb 3,2009 9:01:40");
document.write(newDate);
```

运行结果： Tue Feb 3 09:01:40 UTC+0800 2009。

5.3.2　Date 对象的属性和方法

1. Date 对象的属性

Date 对象的属性有 constructor 和 prototype，下面介绍这两个属性的用法。

（1）constructor 属性

例如，判断当前对象是否为日期对象。代码如下：

```
var newDate=new Date();
if (newDate.constructor==Date)
    document.write("日期型对象");
```

运行结果：日期型对象。

（2）prototype 属性

例如，用自定义属性来记录当前日期是本周的周几。代码如下：

```
var newDate=new Date();              //当前日期为 2009-2-3
Date.prototype.mark=null;            //向对象中添加属性
newDate.mard=newDate.getDay();       //从 Date 对象返回一周中的某一天(0~6)
alert(newDate.mard);
```

运行结果：2。

2. Date 对象的方法

Date 对象是 JavaScript 的一种内部数据类型。该对象没有可以直接读写的属性，所有对日期和时间的操作都是通过方法完成的。Date 对象的主要方法如表 5-4 所示。

表 5-4 Date 对象的主要方法

方　法	说　明
Date()	返回系统当前的日期和时间
getDate()	从 Date 对象返回一个月中的某一天(1~31)
getDay()	从 Date 对象返回一周中的某一天(0~6)
getMonth()	从 Date 对象返回月份(0~11)
getFullYear()	从 Date 对象以四位数字返回年份
getYear()	从 Date 对象以两位或 4 位数字返回年份
getHours()	返回 Date 对象的小时(0~23)
getMinutes()	返回 Date 对象的分钟(0~59)
getSeconds()	返回 Date 对象的秒数(0~59)
getMilliseconds()	返回 Date 对象的毫秒(0~999)
getTime()	返回 1970 年 1 月 1 日至今的毫秒数
getTimezoneOffset()	返回本地时间与格林威治标准时间的分钟差(GMT)
getUTCDate()	根据世界时从 Date 对象返回月中的一天(1~31)
getUTCDay()	根据世界时从 Date 对象返回周中的一天(0~6)
getUTCMonth()	根据世界时从 Date 对象返回月份(0~11)
getUTCFullYear()	根据世界时从 Date 对象返回 4 位数的年份
getUTCHours()	根据世界时返回 Date 对象的小时(0~23)
getUTCMinutes()	根据世界时返回 Date 对象的分钟(0~59)
getUTCSeconds()	根据世界时返回 Date 对象的秒钟(0~59)
getUTCMilliseconds()	根据世界时返回 Date 对象的毫秒(0~999)
parse()	返回 1970 年 1 月 1 日午夜到指定日期(字符串)的毫秒数
setDate()	设置 Date 对象中月的某一天(1~31)
setMonth()	设置 Date 对象中月份(0~11)
setFullYear()	设置 Date 对象中的年份(4 位数字)
setYear()	设置 Date 对象中的年份(两位或 4 位数字)
setHours()	设置 Date 对象中的小时(0~23)

续表

方　法	说　明
setMinutes()	设置 Date 对象中的分钟(0~59)
setSeconds()	设置 Date 对象中的秒钟(0~59)
setMilliseconds()	设置 Date 对象中的毫秒(0~999)
setTime()	通过从 1970 年 1 月 1 日午夜添加或减去指定数目的毫秒来计算日期和时间
setUTCDate()	根据世界时设置 Date 对象中月份的一天(1~31)
setUTCMonth()	根据世界时设置 Date 对象中的月份(0~11)
setUTCFullYear()	根据世界时设置 Date 对象中的年份(4 位数字)
setUTCHours()	根据世界时设置 Date 对象中的小时(0~23)
setUTCMinutes()	根据世界时设置 Date 对象中的分钟(0~59)
setUTCSeconds()	根据世界时设置 Date 对象中的秒(0~59)
setUTCMilliseconds()	根据世界时设置 Date 对象中的毫秒(0~999)
toSource()	代表对象的源代码
toString()	把 Date 对象转换为字符串
toTimeString()	把 Date 对象的时间部分转换为字符串
toDateString()	把 Date 对象的日期部分转换为字符串
toGMTString()	根据格林威治时间，把 Date 对象转换为字符串
toUTCString()	根据世界时，把 Date 对象转换为字符串
toLocaleString()	根据本地时间格式，把 Date 对象转换为字符串
toLocaleTimeString()	根据本地时间格式，把 Date 对象的时间部分转换为字符串
toLocaleDateString()	根据本地时间格式，把 Date 对象的日期部分转换为字符串
UTC()	根据世界时，获得一个日期，然后返回 1970 年 1 月 1 日午夜到该日期的毫秒数
valueOf()	返回 Date 对象的原始值

例 5-1　下面应用 getFullYear()、getYear()、getMonth()、getDate()、getHours()、getMinutes()、getSeconds()和 setMilliseconds()方法将日期和时间进行拆分，然后按指定的格式显示日期和时间，程序代码如下。

```
<script language="javascript">
<!--
var date=new Date();
var year=date.getYear();
var month=date.getMonth();
month=month+1;
var day=date.getDate();
var hours=date.getHours();
var minutes=date.getMinutes();
var seconds=date.getSeconds();
var milliseconds=date.getMilliseconds();
document.write("当前日期为:"+year+"年"+month+"月"+day+"日"+"<br>");
document.write("当前时间为:"+hours+"时"+minutes+"分"+seconds+"秒"+milliseconds+"毫秒");
```

```
//-->
</script>
```

在 IE 浏览器中运行该文件，运行结果如图 5-1 所示。

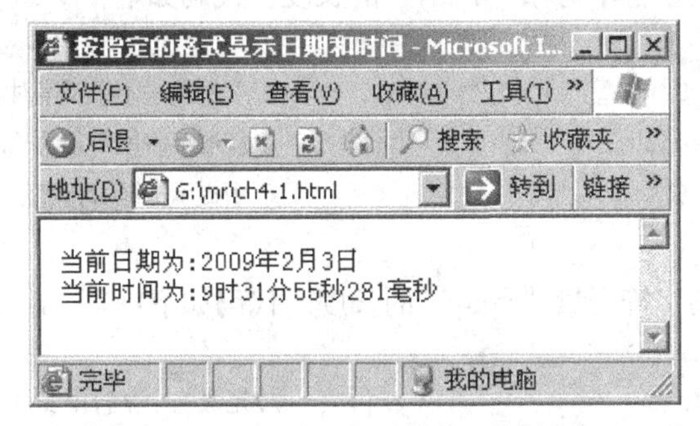

图 5-1　按指定的格式显示日期时间

5.4　字符串对象（String）

String 对象是动态对象，需要创建对象实例后才能引用该对象的属性和方法，该对象主要用于处理或格式化文本字符串以及确定和定位字符串中的子字符串。

5.4.1　创建 String 对象

String 对象用于操纵和处理文本串，可以通过该对象在程序中获取字符串长度、提取子字符串，以及将字符串转换为大写或小写字符。

语法：

```
var newstr=new String(StringText)
```

newstr：创建的 String 对象名。

StringText：可选项。字符串文本。

例如，创建一个 String 对象。

```
var newstr=new String("欢迎使用JavaScript脚本")
```

事实上任何一个字符串常量（用单引号或双引号括起来的字符串）都是一个 String 对象，可以将其直接作为对象来使用，只要在字符变量的后面加“.”，便可以直接调用 String 对象的属性和方法。字符串与 String 对象的不同在于返回的 typeof 值，前者返回的是 stirng 类型，后者返回的是 object 类型。

5.4.2　String 对象的属性和方法

1. String 对象的属性

在 String 对象中有 3 个属性，分别是 length、constructor 和 prototype。下面对这几个属性进行详细介绍。

（1）length 属性

该属性用于获得当前字符串的长度。

语法：

```
stringObject.length
```

stringObject：当前获取长度的 String 对象名，也可以是字符变量名。

例如，获取已创建的字符串对象“study”的长度。代码如下：

```
var p=0;
var newString=new String("study");          //实例化一个字符串对象
var p=newString.length;                     //获取字符串对象的长度
alert(p.toString(16));                      //用提示框显示长度值
```

运行结果：5。

例如，获取自定义的字符变量“study”的长度。代码如下：

```
var p=0;
var newStr="study";                         //定义一个字符串变量
var p=newStr.length;                        //获取字符变量的长度
alert(p.toString(16));                      //用提示框显示字符串变量的长度值
```

运行结果：5。

（2）constructor 属性

该属性用于对当前对象的函数的引用。

语法：

```
Object.constructor
```

Object：String 对象名或字符变量名。

例如，使用 constructor 属性判断当前对象或自定义变量的类型。代码如下：

```
var newName=new String("javascript");       //实例化一个字符串对象
if (newName.constructor==String)            //判断当前对象是否为字符型
    {alert("this is String");}              //如果是，显示提示框
```

运行结果：this is String。

以上例子中的 newName 对象，可以用字符串变量代替。该属性是一个公共属性，在 Array、Date、Boolean 和 Number 对象中都可以调用该属性，用法与 String 对象相同。

例如应用 constructor 属性获取当前对象 fred 所引用的函数代码。

```
function chronicle(name,year){              //自定义函数
    this.name=name;                         //给当前函数的 name 属性传值
    this.year=year;                         //给当前函数的 year 属性传值
}
var fred=new chronicle("Year",2009);        //实例化 chronicle 函数的对象
alert(fred.constructor);                    //显示对象中的函数代码
```

运行结果：

```
function chronicle(name,year){              //自定义函数
    this.name=name;                         //给当前函数的 name 属性传值
    this.year=year;                         //给当前函数的 year 属性传值
}
```

（3）prototype 属性

该属性可以为对象添加属性和方法。

语法：

```
object.prototype.name=value
```

object：对象名或字符变量名。

name：要添加的属性名。

value：添加属性的值。

例如，为 information 对象添加一个自定义属性 salary，并给该属性赋值（1700）。代码如下：

```
function personnel(name,age){                    //自定义函数
    this.name=name;                              //给当前函数的 name 属性传值
    this.age=age;                                //给当前函数的 age 属性传值
}
var information=new personnel("张博雯",28);       //实例化 personnel 函数对象
personnel.prototype.salary=null;                 //向对象中添加属性
information.salary=2300;                         //向添加的属性中赋值
alert(information.salary);                       //在提示框中显示添加的属性值
```

运行结果：2300。

prototype 属性是一个公共属性，在 Array、Date、Boolean 和 Number 对象中都可以调用该属性，用法与 String 对象相同。

2. String 对象的方法

String 对象的方法如表 5-5 所示。

表 5-5　String 对象的方法

方　法	说　明	示　例
anchor()	创建 HTML 锚	var txt="编程词典网"; document.write(txt.anchor("myanchor")); myanchor.href="www.mrbccd.com";
big()	用大号字体显示字符串	font="字符串的最大字体"; document.write(font.big());
small()	使用小字号来显示字符串	font="字符串的最小字体"; document.write(font.small());
fontsize()	使用指定的尺寸来显示字符串	font="指定字符串的尺寸大小为 5"; document.write(font.fontsize(5));
bold()	使用粗体显示字符串	font="粗体字"; document.write(font.bold());
italics()	使用斜体显示字符串	font="斜体字"; document.write(font.italics());
link()	将字符串显示为链接	font="超链接文本"; document.write(font.link("www.mingrisoft.com"));
strike()	使用删除线来显示字符串	font="带删除线的字符串"; document.write(font.strike());
charAt()	返回指定位置的字符（返回的字符编码）	var p="abcdefg"; document.write(p.charAt(2)+" ");
charCodeAt()	返回指定位置的字符（返回的是字符子串）	var p="abcdefg"; document.write(p.charCodeAt(1));

续表

方　法	说　明	示　例
concat()	连接字符串	var p="abcdefg"; document.write(p.concat("hi","jk"));
fontcolor()	使用指定的颜色来显示字符串	var Str="JavaScript"; document.write(Str.fontcolor("Red"));

indexOf()	检索字符串	var Str1="Use JavaScript";
		var Str2="JavaScript";
		if (Str1.indexOf(Str2)>0){
		document.write(Str2.fontcolor("Red"
		));
		}

match()	在字符串内检索指定的值，或找到一个或多个与正则表达式相匹配的文本	var p="Use JavaScript"; document.write(p.match("JavaScript"));
replace()	替换与正则表达式匹配的子串	var pp="Hello!feifei."; document.write(pp.replace(/f/, "F"));
search()	检索与正则表达式相匹配的值	var str="this is box!"; document.write(str.search(/is/));
split()	把字符串分割为字符串数组	var str="Which date is your birthday?"; var Arr=str.split(" "); document.write(Arr[0]+" "+Arr[1]+" "+Arr[2]+" "+Arr[3]+" "+Arr[4]);
substr()	从起始索引号提取字符串中指定数目的字符	var p="Use JavaScript"; document.write(p.substr(0,3));
substring()	提取字符串中两个指定的索引号之间的字符	var p="Use JavaScript"; document.write(p.substring(4));
slice()	提取字符串的片断，并在新的字符串中返回被提取的部分	var p="Use JavaScript"; document.write(p.slice(4))
sub()	把字符串显示为下标	str="2"; document.write("H"+str.sub()+"O");
sup()	把字符串显示为上标	str="2"; document.write("8"+str.sup());
toLowerCase()	把字符串转换为小写	var Str="JavaScript"; document.write(Str.toLowerCase());
toUpperCase()	把字符串转换为大写	var Str="JavaScript"; document.write(Str.toUpperCase());

valueOf()	返回某个字符串对象的原始值	var newBoolean=new Boolean();
		newBoolean=true;
		document.write(newBoolean.valueOf());

5.5 数组对象（Array）

可以把数组看作一个单行表格，该表格的每一个单元格中都可以存储一个数据，而且各单元格中存储的数据类型可以不同，这些单元格被称为数组元素。每个数组元素都有一个索引号，通过索引号可以方便地引用数组元素。数组是 JavaScript 中唯一用来存储和操作有序数据集的数据结构。

5.5.1 创建 Array 对象

可以用静态的 Array 对象创建一个数组对象，以记录不同类型的数据。

语法：

```
arrayObj = new Array()
```

```
arrayObj = new Array([size])
arrayObj = new Array([element0[, element1[, ...[, elementN]]]])
```

arrayObj：必选项。要赋值为 Array 对象的变量名。

size：可选项。设置数组的大小。由于数组的下标是从零开始，创建元素的下标将从 0 到 size-1。

elementN：可选项。存入数组中的元素。使用该语法时必须有一个以上元素。

例如，创建一个可存入 3 个元素的 Array 对象，并向该对象中存入数据。代码如下：

```
arrayObj = new Array(3)
arrayObj[0]= "a";
arrayObj[1]= "b";
arrayObj[2]= "c";
```

例如，创建 Array 对象的同时，向该对象中存入数组元素。代码如下：

```
arrayObj = new Array(1,2,3,"a","b")
```

用第一个语法创建 Array 对象时，元素的个数是不确定的，用户可以在赋值时任意定义；第二个语法指定的数组的长度，在对数组赋值时，元素个数不能超过其指定的长度；第三个语法是在定义时，对数组对象进行赋值，其长度为数组元素的个数。

5.5.2　Array 对象的输入输出

1. Array 对象的输入

向 Array 对象中输入数组元素有 3 种方法。

（1）在定义 Array 对象时直接输入数据元素

这种方法只能在数组元素确定的情况下才可以使用。

例如，在创建 Array 对象的同时存入字符串数组。代码如下：

```
arrayObj = new Array("s","t","u","d","y")
```

（2）应用 Array 对象的元素下标向其输入数据元素

该方法可以随意地向 Array 对象中的各元素赋值，或是修改数组中的任意元素值。

例如，在创建一个长度为 7 的 Array 对象后，向下标为 3 和 4 的元素中赋值。

```
arrayObj = new Array(7)
arrayObj[3] = "a";
arrayObj[4] = "s";
```

（3）应用 for 语句向 Array 对象中输入数据元素

该方法主要用于批量向 Array 对象中输入数组元素，一般用于向 Array 对象赋初值。

例如，使用者可以通过改变变量 n 的值（必须是数值型），给数组对象 arrayObj 赋指定个数的数值元素。代码如下：

```
var n=7
arrayObj = new Array()
for (var i=0;i<n;i++){
    arrayObj[i]=i
}
```

例如，给指定元素个数的 Array 对象赋值。代码如下：

```
arrayObj = new Array(7)
for (var i=0;i<arrayObj.length;i++){
    arrayObj[i]=i
}
```

2. Array 对象的输出

将 Array 对象中的元素值进行输出有 3 种方法。

（1）用下标获取指定元素值

该方法通过 Array 对象的下标，获取指定的元素值。

例如，获取 Array 对象中的第 3 个元素的值。代码如下：

```
arrayObj = new Array("s","t","u","d","y")
var s=arrayObj[2]
```

每一个数组中的每个元素都是一个独立的值，并且使用 new 关键字来定义数组，数组的索引值从 0 开始的。

（2）用 for 语句获取数组中的元素值

该方法是应用 for 语句获取 Array 对象中的所有元素值。

例如，获取 Array 对象中的所有元素值。代码如下：

```
arrayObj = new Array("s","t","u","d","y")
for (var i=0;i<arrayObj.length;i++){
    str=str+arrayObj[i].toString();
}
document.write(str);
```

运行结果：study。

（3）用数组对象名输出所有元素值

该方法是用创建的数组对象本身显示数组中的所有元素值。

例如，显示数组中的所有元素值。代码如下：

```
arrayObj = new Array("s","t","u","d","y")
document.write(arrayObj);
```

运行结果：study。

5.5.3 Array 对象的属性和方法

1. Array 对象的属性

在 Array 对象中有 3 个属性，分别是 length、constructor 和 prototype。下面分别对这 3 个属性进行详细介绍。

（1）length 属性

该属性用于返回数组的长度。

语法：

```
array.length
```

array：数组名称。

例如，获取已创建的字符串对象的长度，代码如下。

```
var arr=new Array(1,2,3,4,5,6,7,8);
document.write(arr.length);
```

运行结果：8。

例如，增加已有数组的长度。代码如下：

```
var arr=new Array(1,2,3,4,5,6,7,8);
arr[arr.length]=arr.length+1;
document.write(arr.length);
```

运行结果：9。

当用 new Array()创建数组时，并不对其进行赋值，length 属性的返回值为 0。

（2）prototype 属性

该属性的语法与 String 对象的 prototype 属性相同，下面以示例的形式对该属性的应用进行说明。

例 5-2 下面应用 prototype 属性自定义一个方法，用于显示数组中的全部数据，程序代码如下。

```
<script language="javascript">
Array.prototype.outAll=function(ar){
   for(var i=0;i<this.length;i++){
     document.write(this[i]);
     document.write(ar);
   }
}
var arr=new Array("I"," like"," study"," JavaScript"," !");
arr.outAll("");
</script>
```

结果如图 5-2 所示。

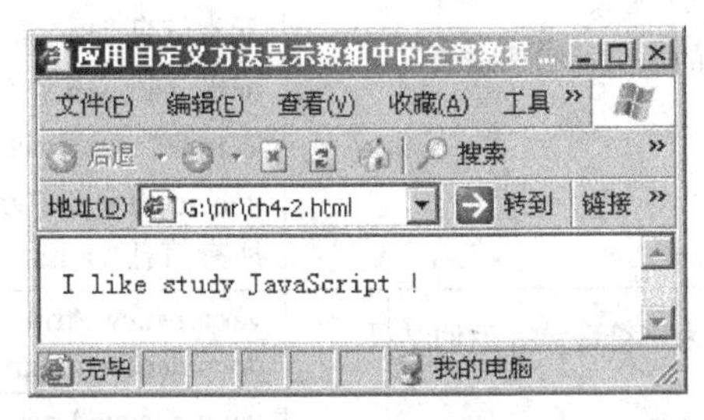

图 5-2 应用自定义方法显示数组中的全部数据

2. Array 对象的方法

Array 对象中的方法如表 5-6 所示。

表 5-6 Array 对象的方法

方 法	说 明	示 例
concat()	连接两个或更多的数组，并返回结果	var arr=new Array(1,2,3,4,5,6,7,8); document.write(arr.concat(9,10));

pop()	删除并返回数组的最后一个元素	var arr=new Array(1,2,3,4,5,6,7,8);
		var Del=arr.pop();
		document.write('删除元素为:'+Del+';删除后的数组为:'+arr);

push()	向数组的末尾添加一个或多个元素，并返回新的长度	var arr=new Array(1,2,3,4); document.write('原数组:'+arr+' '); document.write(' 添加元素后的数组长度:'+arr.push(5,6,7)+' '); document.write('新数组:'+arr);

续表

方　法	说　明	示　例

shift()	删除并返回数组的第一个元素	var arr=new Array(1,2,3,4,5,6,7,8);
		var Del=arr.shift();
		document.write('删除元素为:'+Del+';删除后的数组为:'+arr);

unshift()	向数组的开头添加一个或多个元素，并返回新的长度	var arr=new Array(4,5,6,7);
		document.write('原数组:'+arr+'<br\>');
		arr.unshift(1,2,3);
		document.write('新数组:'+arr);

reverse()	颠倒数组中元素的顺序	var arr=new Array(1,2,3,4);
		document.write('原数组:'+arr+'<br\>');
		arr.reverse();
		document.write('颠倒后的数组:'+arr);

sort()	对数组的元素进行排序	var arr=new Array(2,1,4,3);
		document.write('原数组:'+arr+'<br\>');
		arr.sort();
		document.write('排序后的数组:'+arr);

slice()	从某个已有的数组返回选定的元素	var arr=new Array("a","b","c","d","e","f"); document.write("原数组:"+arr+" "); document.write("获取数组中第 3 个元素后的所有元素信息:"+arr.slice(2)+" "); document.write("获取数组中第 2 个到第 5 个的元素信息"+arr.slice(1,5)+" "); document.write("获取数组中倒数第 2 个元素后的所有信息"+arr.slice(-2));
toString()	把数组转换为字符串，并返回结果	var arr=new Array("a","b","c","d","e","f"); document.write(arr.toString());
toLocaleString()	把数组转换为本地数组，并返回结果	var arr=new Array("a","b","c","d","e","f"); document.write(arr.toLocaleString());
join()	把数组的所有元素放入一个字符串。元素通过指定的分隔符进行分隔	var arr=new Array("a","b","c","d","e","f"); document.write(arr.join("#"));

习　题

5-1　JavaScript 是一种基于对象（Object）的语言，它支持 3 种对象：________、________和________，其中________和________合称为预定义对象。

5-2　创建对象使用的关键字是（　　）。

A. function　　B. new

C. var　　D. String

5-3　数组的索引值是从（　　）开始的。

A. 0　　B. 1

5-4　获取系统当前日期和时间的方法是（　　）。

A. new Date();　　B. new now();

C. now();　　D. Date();

5-5　在 JavaScript 脚本中，用来检索字符串的方法是（　　）。

A. indexOf()　　B. search()

C. replace()　　D. match()

5-6　下面 JavaScript 语句中能正确输出“ H_2O”的字符串表达式是（　　）。

A. str="2";
document.write("H"+str.sub()+"O");

B. str="2";
document.write("H"+str.sup()+"O");

C. str="2";
document.write(H+str.sub()+O);

D. str="2";
document.write(H+str.sup()+O);

5-7　下面哪种方法不能向 Array 对象中输入数组元素。（　　）

A. 在定义 Array 对象时直接输入数据元素

B. 应用 for 语句向该对象中输入数据元素

C. 用数组对象名输出所有元素值

D. 应用该对象的元素下标输入数据元素

5-8　将 Array 对象中的元素值进行输出的方法是（　　）。

A. 用下标获取指定元素值　　B. 用 for 语句获取数组中的元素值

C. 用数组对象名输出所有元素值　　D. 以上 3 种方法都可以

上机指导

5-1　应用 JavaScript 的日期对象获取系统的当前日期和时间，并进行测试。

5-2　应用 Array 对象中的 length 属性获取已创建的字符串对象的长度，并输出长度值。

第6章 事件处理

JavaScript 是基于对象（object-based）的语言。它的一个最基本的特征就是采用事件驱动（event-driven）。它可以使在图形界面环境下的一切操作变得简单化。

6.1 事件的基本概念

6.1.1 什么是事件

通常我们将鼠标或键盘在网页对象上的动作称为“事件”，而由鼠标或键盘引发的一连串程序的动作称为“事件驱动”，对事件进行处理的程序或函数称为“事件处理程序”。它们之间的关系如图 6-1 所示。

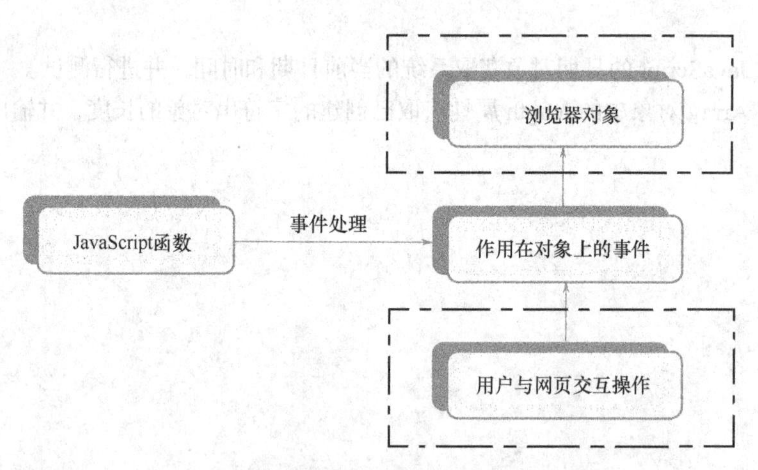

图 6-1　网页浏览器对象、事件及函数之间的关系

6.1.2 事件处理程序的调用

事件处理是对象化编程的一个很重要的环节，它可以使程序的逻辑结构更加清晰，使程序更具有灵活性，提高了程序的开发效率。事件处理的过程分为 3 步。

- 发生事件。
- 启动事件处理程序。

- 事件处理程序作出反应。

其中，要使事件处理程序能够启动，必须通过指定的对象来调用相应的事件，然后通过该事件调用事件处理程序。事件处理程序可以是任意 JavaScript 语句，但是我们一般用特定的自定义函数（function）来对事件进行处理。

在使用事件处理程序对页面进行操作时，最主要的是如何通过对象的事件来指定事件处理程序，其指定方式主要有 3 种。

（1）直接在 HTML 标记中指定

该方法是直接在 HTML 标记中指定事件处理程序，例如，在<body>和<input>标记中指定。

语法：

```
<标记 … … 事件="事件处理程序" [事件="事件处理程序" ...]>
```

在以上语法中的事件处理程序可以是 JavaScript 语句，也可以是自定义函数。如果是 JavaScript 语句，可以在语句的后面以分号（;）作为分隔符，执行多条语句。

例 6-1 在页面加载完成后将弹出一个“欢迎进入本网页”的对话框，在用户退出页面后，弹出一个“谢谢浏览”对话框。代码如下：

```
<body onLoad="alert('欢迎进入本网页')" onunLoad="alert('谢谢浏览')" >
```

运行结果如图 6-2 和图 6-3 所示。

图 6-2 在页面加载完成后弹出提示框

图 6-3 在页面关闭后弹出提示框

例 6-2 在“确定”按钮的单击事件中，用多行代码改变页面中“JavaScript 很好学”文本的字体样式。其操作过程是在页面加载后，文本会以“宋体”格式进行显示，在单击“确定”按钮后，将弹出一个输入提示框，向该提示框的文本框中输入“红色”，单击“确定”按钮，这时，将关闭提示框，将页面中的文本以红色的黑体文字格式进行显示。代码如下：

```
<form name="form1" method="post" action="">
JavaScript 很好学
</form>
<form name="form2" method="post" action="">
<input type="button" name="Button" value="确定" onclick="Sfont=prompt('请在文本框中输入红色','','提示框');if (Sfont=='红色'){form1.style.fontFamily='黑体';form1.style.color='red';}">
</form>
```

运行结果如图 6-4、图 6-5 和图 6-6 所示。

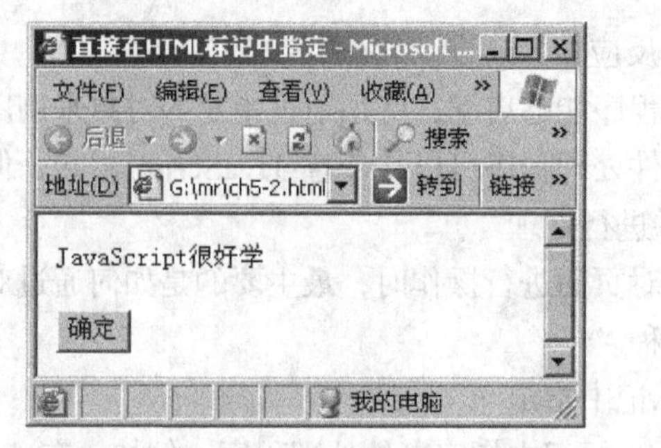

图 6-4 页面载入后

图 6-5 向输入提示框中添值

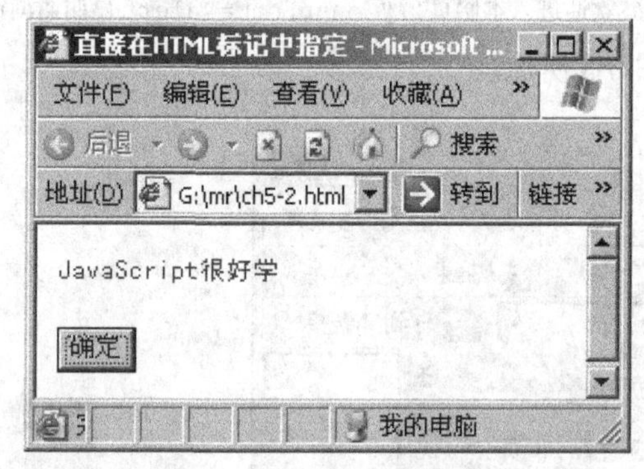

图 6-6 改变文本的字体样式

（2）指定特定对象的特定事件

该方法是在 JavaScript 的<script>标记中指定特定的对象，以及该对象要执行的事件名称，并在<script>和</script>标记中编写事件处理程序代码。

语法：

```
<script language="JavaScript" for="对象" event="事件">
    …
    //事件处理程序代码
    …
</script>
```

例如，用<script>和</script>标记来完成页面加载和关闭时显示对话框。代码如下：

```
<script language="javascript" for="window" event="onload">
    alert("欢迎进入本网页");
</script>
<script language="javascript" for="window" event="onunload">
    alert("谢谢浏览");
</script>
```

（3）在 JavaScript 中说明

该方法是在 JavaScript 脚本中直接对各对象的事件及事件所调用的函数进行声明，不用在 HTML 标记中指定要执行的事件。

语法：

```
<事件主角 - 对象>.<事件> = <事件处理程序>;
```

在该方法中“事件处理程序”是真正的代码，而不是字符串形式的代码。事件处理程序只能通过自定义函数来指定，当函数无参数时，函数名后不用加“()”，如果在后面加“()”，函数会被触发，但它并不是被指派为一个事件处理器。

例如，直接在 JavaScript 脚本中执行按钮的单击事件，而不用在按钮的<input>标记中调用单击事件。该例将 pp()函数定义为 Button 按钮的 onclick 事件的处理过程。代码如下：

```
<input type="button" name="Button" value="Button">
<script language="javascript">
function pp(){
    alert("我喜欢学习 JavaScript");
}
Button.onclick=pp;
</script>
```

6.1.3 JavaScript 的相关事件

为了便于读者查找 JavaScript 中的所有事件，下面以表格的形式对各事件进行说明，如表 6-1 所示。

表 6-1 JavaScript 的相关事件

	事 件	说 明
鼠标键盘事件	onclick	单击鼠标时触发此事件
	ondblclick	双击鼠标时触发此事件
	onmousedown	按下鼠标时触发此事件
	onmouseup	鼠标按下后松开鼠标时触发此事件
	onmouseover	当鼠标移动到某对象范围的上方时触发此事件
	onmousemove	鼠标移动时触发此事件
	onmouseout	当鼠标离开某对象范围时触发此事件
	onkeypress	当键盘上的某个按键被按下并且释放时触发此事件
	onkeydown	当键盘上某个按键被按下时触发此事件
	onkeyup	当键盘上某个按键被按下后松开时触发此事件
页面相关事件	onabort	图片在下载时被用户中断时触发此事件
	onbeforeunload	当前页面的内容将要被改变时触发此事件
	onerror	出现错误时触发此事件
	onload	页面内容完成时触发此事件（也就是页面加载事件）
	onresize	当浏览器的窗口大小被改变时触发此事件
	onunload	当前页面将被改变时触发此事件

续表

	事 件	说 明
表单相关事件	onblur	当前元素失去焦点时触发此事件
	onchange	当前元素失去焦点并且元素的内容发生改变时触发此事件
	onfocus	当某个元素获得焦点时触发此事件
	onreset	当表单中 RESET 的属性被激活时触发此事件
	onsubmit	一个表单被提交时触发此事件
滚动字幕事件	onbounce	在 Marquee 内的内容移动至 Marquee 显示范围之外时触发此事件
	onfinish	当 Marquee 元素完成需要显示的内容后触发此事件
	onstart	当 Marquee 元素开始显示内容时触发此事件
编辑事件	onbeforecopy	当页面当前被选择内容将要复制到浏览者系统的剪贴板前触发此事件
	onbeforecut	当页面中的一部分或全部内容被剪切到浏览者系统剪贴板时触发此事件
	onbeforeeditfocus	当前元素将要进入编辑状态时触发此事件
	onbeforepaste	将内容从浏览者的系统剪贴板中粘贴到页面上时触发此事件
	onbeforeupdate	当浏览者粘贴系统剪贴板中的内容时通知目标对象
	oncontextmenu	当浏览者按下鼠标右键出现菜单时或者通过键盘的按键触发页面菜单时触发此事件
	oncopy	当页面当前的被选择内容被复制后触发此事件
	oncut	当页面当前的被选择内容被剪切时触发此事件
	ondrag	当某个对象被拖动时触发此事件(活动事件)
	ondragend	当鼠标拖动结束时触发此事件，即鼠标的按钮被释放时
	ondragenter	当对象被鼠标拖动进入其容器范围内时触发此事件
	ondragleave	当对象被鼠标拖动的对象离开其容器范围内时触发此事件
	ondragover	当被拖动的对象在另一对象容器范围内拖动时触发此事件
	ondragstart	当某对象将被拖动时触发此事件
	ondrop	在一个拖动过程中，释放鼠标键时触发此事件
	onlosecapture	当元素失去鼠标移动所形成的选择焦点时触发此事件
	onpaste	当内容被粘贴时触发此事件
	onselect	当文本内容被选择时触发此事件
	onselectstart	当文本内容的选择将开始发生时触发此事件
数据绑定事件	onafterupdate	当数据完成由数据源到对象的传送时触发此事件
	oncellchange	当数据来源发生变化时触发此事件
	ondataavailable	当数据接收完成时触发此事件
	ondatasetchanged	数据在数据源发生变化时触发此事件
	ondatasetcomplete	当数据源的全部有效数据读取完毕时触发此事件
	onerrorupdate	当使用 onbeforeupdate 事件触发取消了数据传送时，代替 onafterupdate 事件
	onrowenter	当前数据源的数据发生变化并且有新的有效数据时触发此事件
	onrowexit	当前数据源的数据将要发生变化时触发此事件
	onrowsdelete	当前数据记录将被删除时触发此事件
	onrowsinserted	当前数据源将要插入新数据记录时触发此事件

续表

	事件	说明
外部事件	onafterprint	当文档被打印后触发此事件
	onbeforeprint	当文档即将打印时触发此事件
	onfilterchange	当某个对象的滤镜效果发生变化时触发此事件
	onhelp	当浏览者按下〈F1〉键或者浏览器的帮助菜单时触发此事件
	onpropertychange	当对象的属性之一发生变化时触发此事件
	onreadystatechange	当对象的初始化属性值发生变化时触发此事件

下面对 JavaScript 中的主要事件进行讲解。

6.2 鼠标事件和键盘事件

鼠标事件和键盘事件是在页面操作中使用最频繁的操作，可以应用鼠标事件在页面中实现鼠标移动、单击时的特殊效果，也可以应用键盘事件来制作页面的快捷键等。

6.2.1 鼠标的单击事件

单击事件（onclick）是在鼠标单击时被触发的事件。单击是指鼠标停留在对象上，按下鼠标键，在没有移动鼠标的同时放开鼠标键的这一完整过程。

单击事件一般应用于 Button 对象、Checkbox 对象、Image 对象、Link 对象、Radio 对象、Reset 对象和 Submit 对象。Button 对象一般只会用到 onclick 事件处理程序，因为该对象不能从用户那里得到任何信息，如果没有 onclick 事件处理程序，按钮对象将不会有任何作用。

在使用对象的单击事件时，如果在对象上按下鼠标键，然后移动鼠标到对象外再松开鼠标，单击事件无效，单击事件必须在对象上按下松开后，才会执行单击事件的处理程序。

例 6-3 下面通过单击“变换背景”按钮，动态的改变页面的背景颜色，当用户再次单击按钮时，页面背景将以不同的颜色进行显示。程序代码如下。

```
<body  bgcolor="#FFCC99">
<script language="javascript">
var Arraycolor=new Array("olive","teal","red","blue","maroon","navy","lime",
"fuschia","green","purple","gray","yellow","aqua","white","silver");
var n=0;
function turncolors(){
    if (n==(Arraycolor.length-1)) n=0;
    n++;
    document.bgColor = Arraycolor[n];
}
</script>
<form name="form1" method="post" action="">
<input type="button" name="Submit" value="变换背景" onclick="turncolors()"><p>
用按钮随意变换背景颜色。
</form>
</body>
```

结果如图 6-7 和图 6-8 所示。

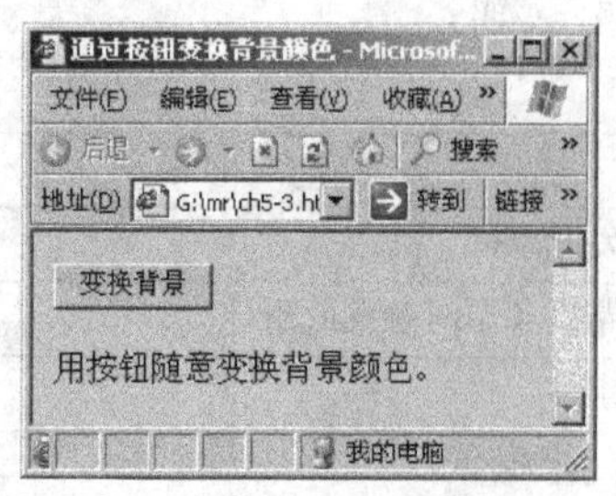

图 6-7　单击按钮前的效果

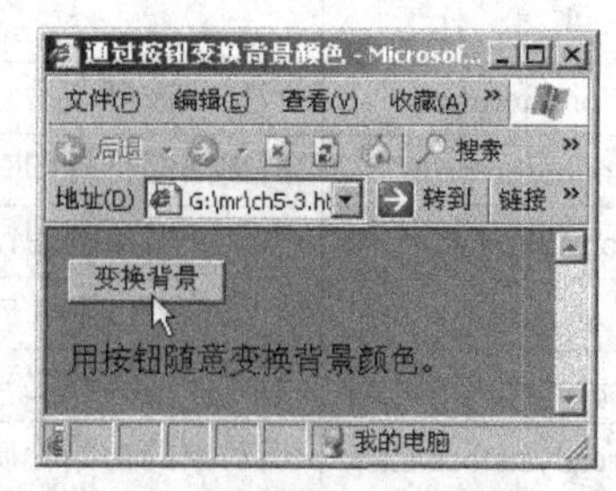

图 6-8　单击按钮后的效果

6.2.2　鼠标的按下或松开事件

鼠标的按下或松开事件分别是 onmousedown 和 onmouseup 事件。其中，onmousedown 事件用于在鼠标按下时触发事件处理程序，onmouseup 事件是在鼠标松开时触发事件处理程序。在用鼠标单击对象时，可以用这两个事件实现其动态效果。

例 6-4　下面应用 onmousedown 和 onmouseup 事件将文本制作成类似于<a>（超链接）标记的功能，也就是在文本上按下鼠标时，改变文本的颜色，当在文本上松开鼠标时，恢复文本的默认颜色，并弹出一个空页（可以链接任意网页）。程序代码如下。

```
<p id="p1" style="color: #CC3366" onmousedown="mousedown()" onmouseup="mouseup()"><u>
编程词典网</u></p>
<script language="javascript">
<!--
function mousedown(event){
    var e=window.event;
    var obj=e.srcElement;
    obj.style.color='#66CC00';
}

function mouseup(event){
    var e=window.event;
    var obj=e.srcElement;
    obj.style.color='#CC3366';
    window.open("http://www.mrbccd.com","编程词典网","");
}
//-->
</script>
```

运行结果如图 6-9 和图 6-10 所示。

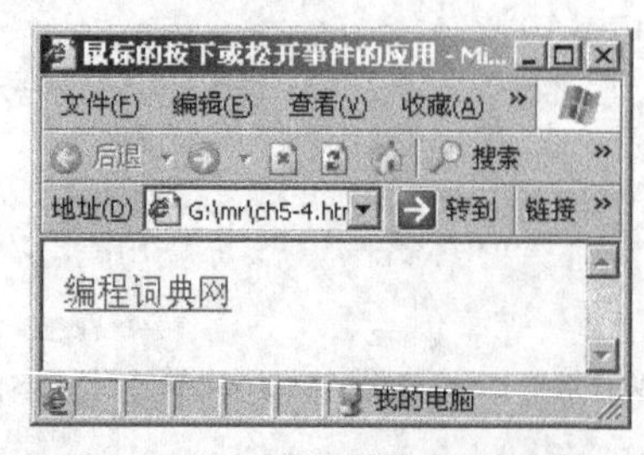

图 6-9　按下鼠标时改变字体颜色

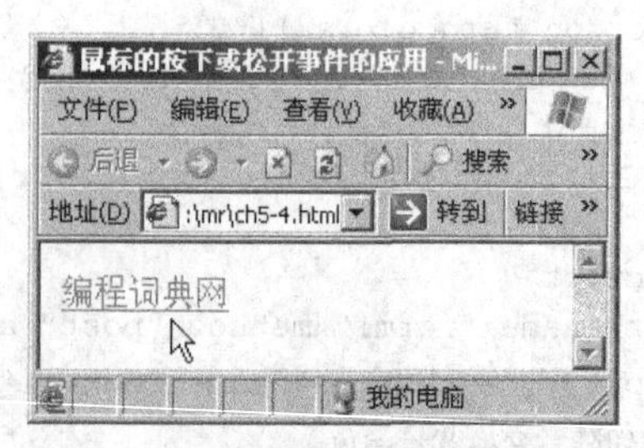

图 6-10　松开鼠标时恢复字体颜色

6.2.3　鼠标的移入移出事件

鼠标的移入和移出事件分别是 onmouseover 和 onmousemove 事件。其中，onmouseover 事件在鼠标移动到对象上方时触发事件处理程序，onmousemove 事件在鼠标移出对象上方时触发事件处理程序。可以用这两个事件在指定的对象上移动鼠标时，实现其对象的动态效果。

例 6-5　本示例的主要功能是鼠标在图片上移入或移出时，动态改变图片的焦点，主要是用 onmouseover 和 onmouseout 事件来完成鼠标的移入和移出动作。程序代码如下。

```
<script language="javascript">
<!--
function visible(cursor,i){
    if (i==0)
        cursor.filters.alpha.opacity=100;
    else
        cursor.filters.alpha.opacity=45;
}
//-->
</script>
<img src="GreatWall.jpg" border="0" style="filter:alpha(opacity=100)" onMouseOver=
"visible(this,1)" onMouseOut="visible(this,0)" width="259" height="194">
```

运行结果如图 6-11 和图 6-12 所示。

图 6-11　鼠标移入时获得焦点

图 6-12　鼠标移出时失去焦点

6.2.4　鼠标移动事件

鼠标移动事件（onmousemove）是鼠标在页面上进行移动时触发事件处理程序，可以在该事件中用 document 对象实时读取鼠标在页面中的位置。

例 6-6　下面在页面中添加一串文字及一个层，自定义函数 move()，当鼠标移动到指定的语句时，将通过层动态显示飞出来的星形标记；自定义函数 out()，当鼠标移出指定的文字时，隐藏星形标记。代码如下。

```
<body>
<font style="font-size:16px ">将鼠标指向这里:</font><a
style="color:#3300FF;font-size:16px; font-style:italic "onMouseMove="move()"
```

```
onMouseOut="return out();">将飞出一个星形标记</a>
    <div  id="div1"  style="width:60px;  height:30px;  font-size:30px;  color:#FF00FF;
font-weight:
    bold;">☆</div>
    <script language="JavaScript">
    div1.style.position="absolute";     //将层设置为可移动的状态
    div1.style.visibility="hidden";     //将层隐藏
    var PT;
    var bool=false;
    var size=40;
    function out(){          //当鼠标移出指定的文字时，调用自定义函数 out()
        div1.style.visibility="hidden";            //隐藏层
        div1.style.fontSize="40px";                //将层的大小设置为初始状态
        size=40;
    }
    function move(){         //当鼠标移动到指定的语句时，将层显示在指定位置
        //获取鼠标的当前位置
        var x=window.event.x+document.body.clientLeft;
        var y=window.event.y+document.body.clientTop;
        div1.style.left=x;                         //设置层的位置
        div1.style.top=y;
        div1.style.visibility="visible";           //使层为显示状态
    }
    </script>
    </body>
```

运行结果如图 6-13 所示。

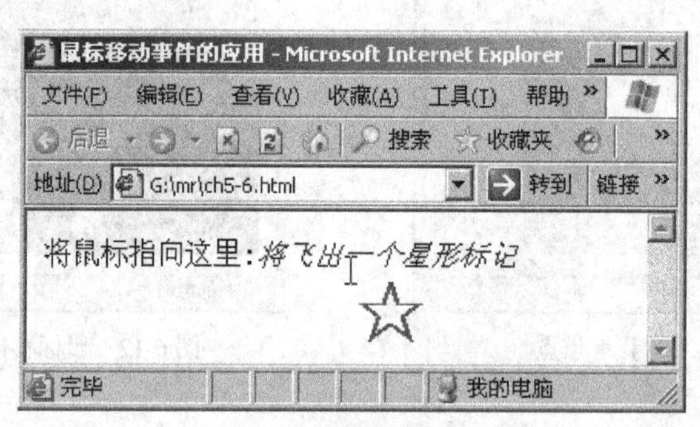

图 6-13　鼠标移动事件的应用

6.2.5　键盘事件

键盘事件包含 onkeypress、onkeydown 和 onkeyup 事件。其中 onkeypress 事件是在键盘上的某个键被按下并且释放时触发此事件的处理程序，一般用于键盘上的单键操作。Onkeydown 事件是在键盘上的某个键被按下时触发此事件的处理程序，一般用于组合键的操作。Onkeyup 事件是在键盘上的某个键被按下后松开时触发此事件的处理程序，一般用于组合键的操作。

为了便于读者对键盘上的按键进行操作，下面以表格的形式给出其键码值。

下面是键盘上字母和数字键的键码值，如表 6-2 所示。

表 6-2 字母和数字键的键码值

按键	键值	按键	键值	按键	键值	按键	键值
A(a)	65	J(j)	74	S(s)	83	1	49
B(b)	66	K(k)	75	T(t)	84	2	50
C(c)	67	L(l)	76	U(u)	85	3	51
D(d)	68	M(m)	77	V(v)	86	4	52
E(e)	69	N(n)	78	W(w)	87	5	53
F(f)	70	O(o)	79	X(x)	88	6	54
G(g)	71	P(p)	80	Y(y)	89	7	55
H(h)	72	Q(q)	81	Z(z)	90	8	56
I(i)	73	R(r)	82	0	48	9	57

下面是数字键盘上按键的键码值，如表 6-3 所示。

表 6-3 数字键盘上按键的键码值

按键	键值	按键	键值	按键	键值	按键	键值
0	96	8	104	F1	112	F7	118
1	97	9	105	F2	113	F8	119
2	98	*	106	F3	114	F9	120
3	99	+	107	F4	115	F10	121
4	100	Enter	108	F5	116	F11	122
5	101	-	109	F6	117	F12	123
6	102	.	110				
7	103	/	111				

下面是键盘上控制键的键码值，如表 6-4 所示。

表 6-4 控制键的键码值

<table>
<tr><th>按键</th><th>键值</th><th>按键</th><th>键值</th><th>按键</th><th>键值</th><th>按键</th><th>键值</th></tr>
<tr><td>Back Space</td><td>8</td><td>Esc</td><td>27</td><td>Right Arrow(→)</td><td>39</td><td>-_</td><td>189</td></tr>
<tr><td>Tab</td><td>9</td><td>Spacebar</td><td>32</td><td>Down Arrow(↓)</td><td>40</td><td>.></td><td>190</td></tr>
<tr><td>Clear</td><td>12</td><td>Page Up</td><td>33</td><td>Insert</td><td>45</td><td>/?</td><td>191</td></tr>
<tr><td>Enter</td><td>13</td><td>Page Down</td><td>34</td><td>Delete</td><td>46</td><td>`~</td><td>192</td></tr>
<tr><td>Shift</td><td>16</td><td>End</td><td>35</td><td>Num Lock</td><td>144</td><td>[{</td><td>219</td></tr>
<tr><td>Control</td><td>17</td><td>Home</td><td>36</td><td>;:</td><td>186</td><td>\|</td><td>220</td></tr>
<tr><td>Alt</td><td>18</td><td>Left Arrow(←)</td><td>37</td><td>=+</td><td>187</td><td>]}</td><td>221</td></tr>
<tr><td>Cape Lock</td><td>20</td><td>Up Arrow(↑)</td><td>38</td><td>,<</td><td>188</td><td>'"</td><td>222</td></tr>
</table>

以上键码值只有在文本框中才完全有效，如果在页面中使用（也就是在<body>标记中使用），则只有字母键、数字键和部分控制键可用，其字母键和数字键的键值与 ASCII 值相同。

如果想要在 JavaScript 中使用组合键，可以应用 event.ctrlKey，event.shiftKey，event.altKey 判断是否按下了〈Ctrl〉键、〈Shift〉键以及〈Alt〉键。

例 6-7 下面的实例是应用键盘中的〈A〉键，对页面进行刷新，而无需用鼠标在 IE 浏览器中单击“刷新”按钮。程序代码如下。

```
<body>
<img src="flower.jpg" width="256" height="187" />
<script language="javascript">
<!--
function Refurbish(){
    if (window.event.keyCode==97){                    //当在键盘中按〈A〉键时
        location.reload();                            //刷新当前页
    }
}
document.onkeypress=Refurbish;
//-->
</script>
</body>
```

运行结果如图 6-14 所示。

图 6-14 按〈A〉键对页面进行刷新

6.3 页面相关事件

页面事件是在页面加载或改变浏览器大小、位置，以及对页面中的滚动条进行操作时，所触发的事件处理程序。本节将通过页面事件对浏览器进行相应的控制。

6.3.1 加载与卸载事件

加载事件（onload）是在网页加载完毕后触发相应的事件处理程序，它可以在网页加载完成后对网页中的表格样式、字体、背景颜色等进行设置。卸载事件（unload）是在卸载网页时触发相应的事件处理程序，卸载网页是指关闭当前页或从当前页跳转到其他网页中，该事件常被用于在关闭当前页或跳转其他网页时，弹出询问提示框。

在制作网页时，为了便于网页资源的利用，可以在网页加载事件中对网页中的元素进行设置。下面以示例的形式讲解如何在页面中合理利用图片资源。

例 6-8　下面的实例是在网页加载时，将图片缩小成指定的大小，当鼠标移动到图片上时，将图片恢复成原始大小，这样可以避免使用大小相同的两个图片进行切换，并在关闭网页时，用提示框提示用户是否关闭当前页。程序代码如下。

```
<body onunload="pclose()">
<img  src="flower.jpg"  name="img1"  onload="blowup()"  onmouseout="blowup()"
onmouseover="reduce()">
<script language="javascript">
<!--
var h=img1.height;
var w=img1.width;
function blowup(){                                //缩小图片
    if(img1.height>=h){
        img1.height=h-100;
        img1.width=w-100;
    }
}
function reduce(){                                //恢复图片的原始大小
    if (img1.height<h){
        img1.height=h;
        img1.width=w;
    }
}
function pclose(){                                //卸载网页时强出提示框
    alert("欢迎浏览本网页");
}
//-->
</script>
</body>
```

运行结果如图 6-15 和图 6-16 所示。

图 6-15　网页加载后的效果

图 6-16　鼠标移到图片时的效果

6.3.2 页面大小事件

页面的大小事件（onresize）是用户改变浏览器的大小时触发事件处理程序，它主要用于固定浏览器的大小。

例 6-9 本示例是在用户打开网页时，将浏览器以固定的大小显示在屏幕上，当用鼠标拖曳浏览器边框改变其大小时，浏览器将恢复原始大小。程序代码如下。

```
<body>
<img src="music.jpg" name="img1" width="1005" height="275"/>
<script language="JavaScript">
function fastness(){
    window.resizeTo(600,450);
}
document.body.onresize=fastness;
document.body.onload=fastness;
</script>
</body>
```

运行结果如图 6-17 所示。

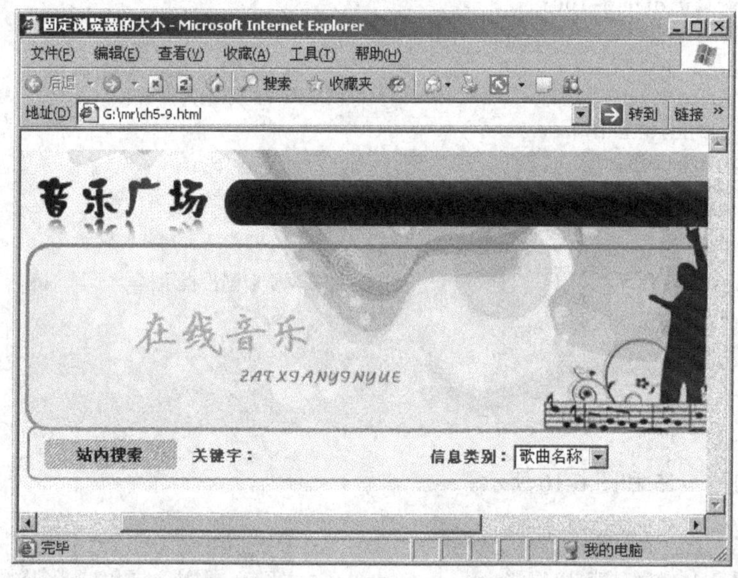

图 6-17 固定浏览器的大小

6.4 表单相关事件

表单事件实际上就是对元素获得或失去焦点的动作进行控制。可以利用表单事件来改变获得或失去焦点的元素样式，这里所指的元素可以是同一类型，也可以是多个不同类型的元素。

6.4.1 获得焦点与失去焦点事件

获得焦点事件（onfocus）是当某个元素获得焦点时触发事件处理程序。失去焦点事件（onblur）是当前元素失去焦点时触发事件处理程序。在一般情况下，这两个事件是同时使用的。

例 6-10 下面的实例是在用户选择页面中的文本框时，改变文本框的背景颜色为淡蓝色，当选择其他文本框时，将失去焦点的文本框背景颜色恢复原始状态。程序代码如下。

```
<table align="center" width="600" height="200" border="0">
  <tr>
    <td>
    用户名:<input type="text" name="user" onfocus="txtfocus()" onBlur="txtblur()">
    密码:<input type="password" name="pwd" onfocus="txtfocus()" onBlur="txtblur()">
    </td>
  </tr>
</table>
<script language="javascript">
<!--
function txtfocus(event){                    //当前元素获得焦点
    var e=window.event;
    var obj=e.srcElement;                    //用于获取当前对象的名称
    obj.style.background="#ccffff";
}
function txtblur(event){                     //当前元素失去焦点
    var e=window.event;
    var obj=e.srcElement;
    obj.style.background="#FFFFFF";
}
//-->
</script>
```

结果如图 6-18 所示。

图 6-18 文本框获得焦点时改变背景颜色

6.4.2 失去焦点修改事件

失去焦点修改事件（onchange）是当前元素失去焦点并且元素的内容发生改变时触发事件处理程序。该事件一般在下拉文本框中使用。

例 6-11 下面的实例是在用户选择下拉文本框中的颜色时，通过 onchange 事件来相应地改变文本框的字体颜色。程序代码如下。

```
<form name="form1" method="post" action="">
  <input name="textfield" type="text" value="JavaScript 视频讲座">
```

```
  <select name="menu1" onChange="Fcolor()">
    <option value="black">黑</option>
    <option value="yellow">黄</option>
    <option value="blue">蓝</option>
    <option value="green">绿</option>
    <option value="red">红</option>
    <option value="purple">紫</option>
  </select>
</form>
<script language="javascript">
<!--
function Fcolor(){
     var e=window.event;
     var obj=e.srcElement;
     form1.textfield.style.color=obj.options[obj.selectedIndex].value;
}
//-->
</script>
```

运行结果如图 6-19 所示。

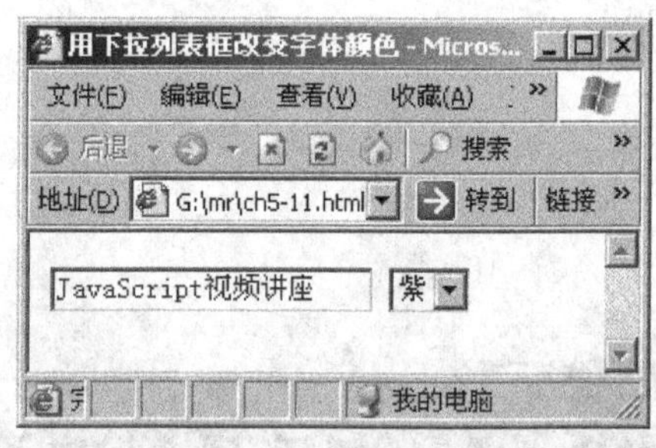

图 6-19　用下拉列表框改变字体颜色

6.4.3　表单提交与重置事件

表单提交事件（onsubmit）是在用户提交表单时（通常使用“提交”按钮，也就是将按钮的 type 属性设为 submit），在表单提交之前被触发，因此，该事件的处理程序通过返回 false 值来阻止表单的提交。该事件可以用来验证表单输入项的正确性。

表单重置事件（onreset）与表单提交事件的处理过程相同，该事件只是将表单中的各元素的值设置为原始值。一般用于清空表单中的文本框。

下面给出这两个事件的使用格式：

```
<form name="formname" onReset="return Funname" onsubmit="return Funname " ></form>
```

formname：表单名称。

Funname：函数名或执行语句，如果是函数名，在该函数中必须有布尔型的返回值。

注意　如果在 onsubmit 和 onreset 事件中调用的是自定义函数名，那么，必须在函数名的前面加 return 语句，否则，不论在函数中返回的是 true，还是 false，当前事件所返回的值一律是 true 值。

例 6-12　下面的实例是在提交表单时，调用 check()函数判断表单元素是否为空，注意一定要将当前表单作为参数传递到 check()函数中。然后应用 JavaScript 编写检查表单元素是否为空的函数 check()，该函数只有一个参数 Form，用于指定要进行检查的表单对象，无返回值。程序代码如下。

```
<form name="form1" method="post" action="">
  <tr align="center">
    <td height="24" colspan="2"><span class="style1">验证表单元素是否为空</span></td>
  </tr>
  <tr align="center">
    <td height="22" colspan="2" class="style1">博客文章评论</td>
  </tr>
  <tr>
    <td width="77" height="22" align="center" class="style1">评论主题:</td>
    <td width="267"><input name="text" type="text" id="text" size="25"
maxlength="80"></td>
  </tr>
  <tr>
    <td align="center" class="style1">评论内容:</td>
    <td><textarea name="textarea" cols="31" rows="5"></textarea></td>
  </tr>
  <tr>
    <td align="center"> </td>
    <td><input type="submit" name="Submit" value="提交" onClick="check(form1);">
    <input type="reset" name="Submit2" value="重置"></td>
  </tr>
  </form>
<script language="javascript">
// 检查表单元素是否为空
function check(Form){
    for(i=0;i<Form.length;i++){
        if(Form.elements[i].value == ""){       //Form 的属性 elements 的首字 e 要小写
            alert(Form.elements[i].name + "不能为空!");
            Form.elements[i].focus();           //指定表单元素获得焦点
            return;
        }
    }
    Form.submit();
}
</script>
```

运行结果如图 6-20 所示。

图 6-20　验证表单元素是否为空

6.5 滚动字幕事件

字幕滚动事件主要是在<marquee>标记中使用，该标记虽然不能实现多样化的字幕滚动效果，但应用起来十分简单，可以使用最少的语句来实现字幕滚动的效果。

6.5.1 onbounce 事件

onbounce 事件是在<marquee>标记中的内容滚动到上下或左右边界时触发的事件处理程序，该事件只有在<marquee>标记的 behavior 属性设为 aloernate 时才有效。

例 6-13 下面将<marquee>标记的 behavior 属性设为 aloernate，direction 属性设置为 up，使字幕可以在页面中上下循环滚动，并通过 onbounce 事件在字幕到达窗口边界时，修改 scrollAmount 属性值，改变字幕的滚动速度。程序代码如下。

```
<marquee behavior="alternate" scrollamount="1" direction="up" onbounce="pp()">
写信告诉我今天海是什么颜色<br>
夜夜陪着你的海心情又如何<br>
灰色是不想说蓝色是忧郁<br>
而漂泊的你狂浪的心停在哪里<br>
写信告诉我今夜你想要梦什么<br>
梦里外的我是否都让你无从选择<br>
我揪著一颗心整夜都闭不了眼睛<br>
为何你明明动了情却又不靠近<br>
……
</marquee>
<script language="javascript">
<!--
var i=1;
var t=true;
function pp(){                                    //逐渐增加或减少字幕的滚动速度
    var e=window.event;
    var obj=e.srcElement;
    if (i==8)
        t=false;
    if (i==1)
        t=true;
    if (t==false)
        i=i-1;
    else
        i=i+1;
    obj.scrollAmount=i;
}
//-->
</script>
```

运行结果如图 6-21 所示。

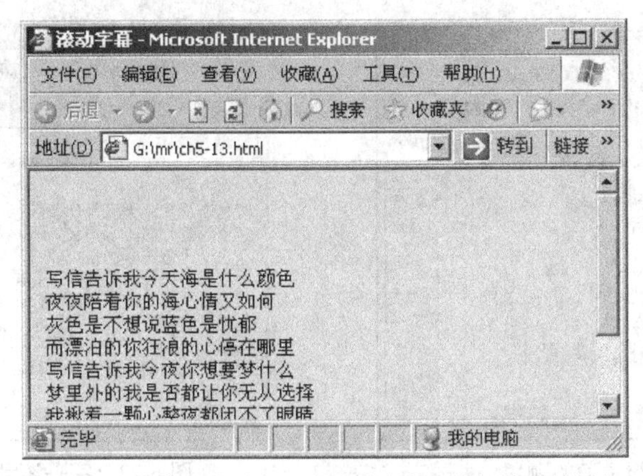

图 6-21　字幕滚动到窗口边界时速度逐渐加快（减慢）

6.5.2　onstart 事件

onstart 事件是在<marquee>标记中的文本开始显示时触发事件处理程序。可以通过该事件在滚动内容显示时，设置其颜色、样式、滚动方向等。

例 6-14　下面通过<marquee>标记的 onstart 事件，在滚动字幕显示时，动态设置滚动字幕的字体颜色和滚动方向。程序代码如下。

```
<marquee onstart="pp()">
写信告诉我今天海是什么颜色<br>
夜夜陪着你的海心情又如何<br>
灰色是不想说蓝色是忧郁<br>
而漂泊的你狂浪的心停在哪里<br>
写信告诉我今夜你想要梦什么<br>
梦里外的我是否都让你无从选择<br>
我揪着一颗心整夜都闭不了眼睛<br>
为何你明明动了情却又不靠近<br>
......
</marquee>
<script language="javascript">
<!--
var arrayObj = new Array("#FF0000","#00FF00","#0000FF","#FFFF00","#00FFFF","#FF00FF");
var i=0;
function pp(){                                  //设置滚动字幕的字体颜色和滚动方向
    var e=window.event;
    var obj=e.srcElement;
    obj.direction="up";
    if (i>(arrayObj.length-1))
        i=0;
    obj.style.color=arrayObj[i];
    i=i+1;
}
//-->
</script>
```

运行结果如图 6-22 和图 6-23 所示。

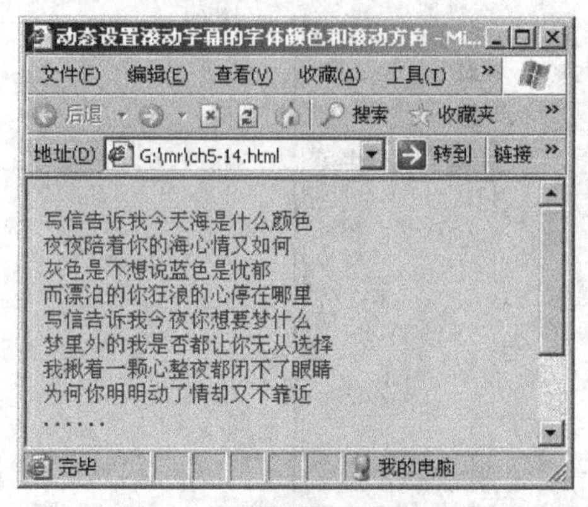

图 6-22　字幕滚动前的颜色

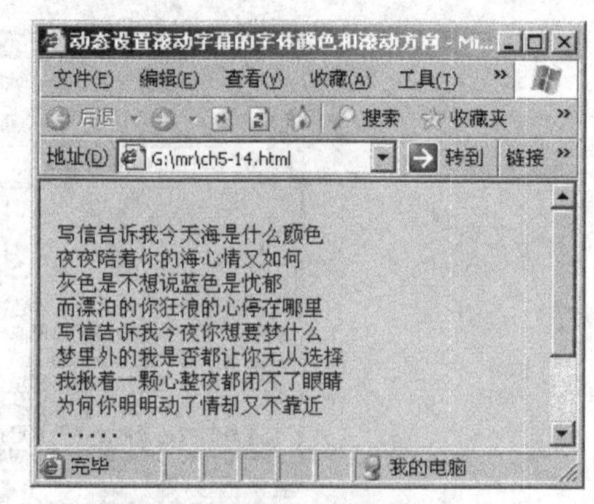

图 6-23　字幕滚动后的颜色

6.6 编 辑 事 件

编辑事件是在浏览器中的内容被修改或移动时所执行的相关事件。它主要是对浏览器中被选择的内容进行复制、剪切、粘贴时的触发事件，以及在用鼠标拖动对象时所触发的一系列事件的集合。

6.6.1 文本编辑事件

文本编辑事件是对浏览器中的内容进行选择、复制、剪切和粘贴时所触发的事件。

1. 复制事件

复制事件是在浏览器中复制被选中的部分或全部内容时触发事件处理程序，复制事件有 onbeforecopy 和 oncopy 两个事件，onbeforecopy 事件是将网页内容复制到剪贴板时触发事件处理程序，oncopy 事件是在网页中复制内容时触发事件处理程序。

例如，不允许复制网页中的内容。代码如下：

```
<body oncopy="return pp()">
</body>
<script language="javascript">
function pp(){
    alert("该页面不允许复制");
    return false;
}
</script>
```

如果在 onbeforecopy 和 oncopy 事件中调用的是自定义函数名，那么，必须在函数名的前面加 return 语句，否则，不论在函数中返回的是 true，还是 false，当前事件所返回的值一律是 true 值，也就是允许复制。

其实，要想屏蔽网页中的复制功能，可以直接在<body>标记的 onbeforecopy 或 oncopy 事件中用 JavaScript 语句来实现。代码如下：

```
<body oncopy="return false"></body>
```

2. 剪切事件

剪切事件是在浏览器中剪切被选中的内容时触发事件处理程序，剪切事件有 onbeforecut 和 oncut 两个事件，onbeforecut 事件是当页面中的一部分或全部内容被剪切到浏览者系统剪贴板时触发事件处理程序，oncut 事件是当页面中被选择的内容被剪切时触发事件处理程序。

例 6-15　屏蔽在文本框中进行剪切的操作。代码如下：

```
<body>
<p>用 JavaScript 实现页面不能进行复制操作</p>
<form name="form1" method="post" action="">
  <textarea name="textarea" cols="50" rows="10" oncut="return false">
&lt;body oncopy="return pp()"&gt;
&lt;/body&gt;
&lt;script language="javascript"&gt;
function pp(){
     alert("该页面不允许复制");
     return false;
}
&lt;/script&gt;
</textarea>
</form>
</body>
```

运行结果如图 6-24 所示。

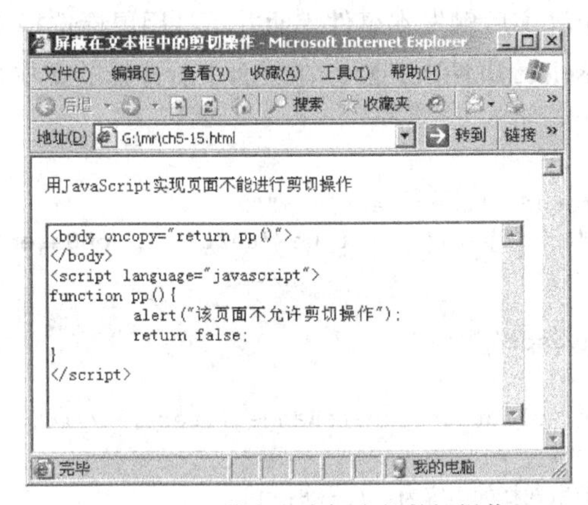

图 6-24　屏蔽在文本框中的剪切操作

注意：在 textarea 控件中显示 JavaScript 代码时，不可以在<textarea>…</textarea>标记中显示任何标记（实际上就是“<”和“>”符号，这个标记可以用< 和> 代替）。

3. 粘贴事件

粘贴事件（onbeforepaste）是将内容要从浏览者的系统剪贴板中粘贴到页面上时所触发的事件处理程序。可以利用该事件避免浏览者在添写信息时，对验证信息进行粘贴，如密码文本框和确定密码文本框中的信息。

例如，在向文本框粘贴文本时，利用 onbeforepaste 事件来清空剪贴板，使其无法向文本框中粘贴数据。代码如下：

```
<form name="form1" method="post" action="">
  <input name="textfield" type="text" onbeforepaste="return clearup()">
```

```
</form>
<script language="javascript">
function clearup(){
    window.clipboardData.setData("text","");          //清空剪贴板
}
</script>
```

在 onbeforepaste 事件中用 return 语句返回 true 或 false 是无效的。

粘贴事件（onpaste）是当内容被粘贴时触发事件处理程序。在该事件中可以用 return 语句来屏蔽粘贴操作。

例如，用 onpaste 事件屏蔽文本框的粘贴操作。代码如下：

```
<form name="form1" method="post" action="">
  <input name="textfield" type="text" onpaste="return false">
</form>
```

4．选择事件

选择事件是用户在 body、input 或 textarea 表单区域中选择文本时触发事件处理程序。选择事件有 onselect 和 onselectstart 两个事件。

onselect 事件是当文本内容被选择时触发事件处理程序。当使用本事件时，只能在相应的文本中选择一个字符或是一个汉字后触发本事件，而并不是用鼠标选择文本后，松开鼠标时触发。

例 6-16 下面通过 onselect 事件来判断，在页面中所选择的文本是否为“hello!”，如果是则用提示框进行显示。程序代码如下。

```
<body>
<form name="form1" method="post" action="">
    <input    name="textfield"    type="text"    onSelect="return    Tselect()"
value="hello!LiPing.">
</form>
<script language="javascript">
function Tselect(){
     var txt=document.selection.createRange().text;  //获取当前所选中的文本
     if (txt=="hello!"){
          alert("你当前所选择的内容为: "+txt);}
}
</script>
</body>
```

onselectstart 事件是开始对文本的内容进行选择时触发事件处理程序。在该事件中可以用 return 语句来屏蔽文本的选择操作。运行结果如图 6-25 所示。

图 6-25　显示选择的文本

例如，在页面中实现不能选择文本内容的操作。代码如下：

```
<body onselectstart="return false"></body>
```

例 6-17 下面屏蔽页面中除 text 类型以外的所有文本内容进行选择操作。程序代码如下。

```
<body onselectstart="return Tselect(event.srcElement)">
<form name="form1" method="post" action="">
   <p>选择页面中的文本内容.</p>
   <p>
     <input name="textfield" type="text" value="hello!LiPing.">
   </p>
</form>
<script language="javascript">
function Tselect(obj)
{
    if (obj.type!='text')
        return false;
}
</script>
</body>
```

在<body>标记中使用 onselectstart 事件后，该事件是针对当前页面中的所有元素，并不需要在<input>标记中再次添加 onselectstart 事件。

运行结果如图 6-26 所示。

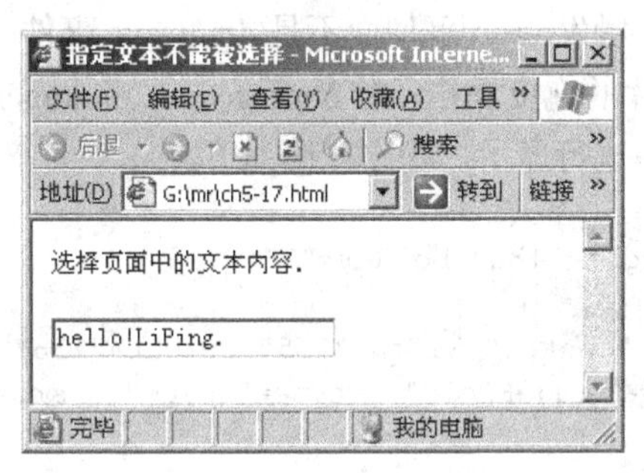

图 6-26 指定文本不能被选择

6.6.2 对象拖动事件

在 JavaScript 中有两种方法可以实现拖放功能，即系统拖放和模拟拖放。微软为 IE 提供的拖放事件有两类，一类是拖放对象事件，一类是放置目标事件。下面对这两类所包含的事件进行说明。

1. 拖放对象事件

拖放对象事件包含 ondrag、ondragend 和 ondragstart 事件。

ondrag 事件是当某个对象被拖动时触发事件处理程序。ondragend 事件是当鼠标拖动结束时触发事件处理程序，也就是鼠标的按钮被释放时触发该事件。ondragstart 事件是当某对象将被拖动时触发事件处理程序，也就是当鼠标按下，开始移动鼠标时触发该事件。

例如，在图片被拖动时，在窗口的标题栏中显示图片拖动的状态。也就是在将要拖动图片时，在标题栏中显示 dragstart；在图片拖动时，在标题栏中显示 drag；在拖动结束时，在标题栏中显示 dragend。代码如下：

```
<body>
<form name="form1" method="post" action="">
  <input name="imageField" type="image" src="Temp.jpg" width="150" height="120"
border="0" ondrag="drag(event)" ondragend="drag(event)" ondragstart="drag(event)">
</form>
<script language="javascript">
function drag(Event){
    document.title=Event.type;      //在窗口的题栏中写入相就的事件类型名
}
</script>
</body>
```

注意

在对对象进行拖动时，一般都要使用 ondragend 事件，用来结束对象的拖动操作。

2. 放置目标事件

放置目标事件包含 ondragover、ondragenter、ondragleave 和 ondrop 事件。其中 ondragover 事件是当某个被拖动的对象在另一对象容器范围内拖动时触发事件处理程序。ondragenter 事件是当对象被鼠标拖动进入其容器范围内时触发事件处理程序。ondragleave 事件是当鼠标拖动的对象离开其容器范围内时触发事件处理程序，也就是当 dragover 停止触发，对象被拖出放置目标时，触发该事件。ondrop 事件是在一个拖动过程中，释放鼠标时触发事件处理程序，也就是被拖动的对象在其他容器上松开鼠标时，触发 drop 事件而不是 dragleave 事件。

例 6-18 下面通过对图片的拖曳操作，对 ondragover、ondragenter、ondragleave 和 ondrop 事件的相关应用在窗口标题栏中进行显示。程序代码如下。

```
<body>
<table width="330" height="136" border="1">
  <tr>
    <td id="td1" align="center" width="165" height="136">
        <input name="imageField" type="image" src="flower.jpg" width="150"
height="120" border="0">
    </td>
     <td id="td2" align="center" width="165" height="136"
       ondragenter="DragObject(event)"
      ondragover="DragObject(event)"
      ondragleave="DragObject(event)"
      ondrop="DragObject(event)">
    </td>
  </tr>
</table>
<script language="javascript">
<!--
function DragObject(Devent){
   switch(Devent.type) {
      case "dragover":{
            document.title="在目标容器范围内进行拖动";
            break;
         }
      case "dragenter":{
            document.title="进入目标容器范围内";
```

```
                break;
            }
        case "dragleave":{
                document.title="对象离开目标容器";
                break;
            }
        case "drop":{
                document.title="在目标容器中放下该对象";
                break;
            }
    }
}
//-->
</script>
</body>
```

运行结果如图 6-27 所示。

图 6-27　在目标容器范围内进行拖动

习　　题

6-1　在使用事件处理程序对页面进行操作时，最主要的是如何通过对象的事件来指定事件处理程序，其指定方式主要有（　　）。

A. 直接在 HTML 标记中指定　　B. 指定特定对象的特定事件

C. 在 JavaScript 中说明　　D. 以上 3 种方法都具备

6-2　下面（　　）不是鼠标键盘事件。

A. onclick 事件　　B. onmouseover 事件

C. oncut 事件　　D. onkeydown 事件

6-3　当前元素失去焦点并且元素的内容发生改变时触发事件使用（　　）。

A. onfocus 事件　　B. onchange 事件

C. onblur 事件　　D. onsubmit 事件

6-4　（　　）是在浏览器中的内容被修改或移动时所执行的相关事件，主要是对浏览器中被选择的内容进行复制、剪切、粘贴时的触发事件，以及在用鼠标拖动对象时所触发的一系列事件的集合。

A. 编辑事件　　　　B. 鼠标键盘事件
C. 滚动字幕事件　　D. 表单相关事件

上机指导

6-1 应用字幕滚动标记<marquee>实现企业公告信息显示，公告信息至少 5 条以上，并进行测试。

6-2 按 50%的比例显示一张图片，当指向图片时，按原尺寸显示图片。

第 7 章 JavaScript 常用文档对象

文档对象（document）是浏览器窗口对象(window)的一个主要部分，它包含了网页显示的各个元素对象，是最常用的对象之一。本章将对常用的文档对象进行详细讲解。

7.1 文档（document）对象

7.1.1 document 对象概述

文档对象（document）代表浏览器窗口中的文档，该对象是 window 对象的子对象，由于 window 对象是 DOM 对象模型中的默认对象，因此 window 对象中的方法和子对象不需要使用 window 来引用。通过 document 对象可以访问 HTML 文档中包含的任何 HTML 标记并可以动态改变 HTML 标记中的内容，例如表单、图像、表格和超链接等。该对象在 JavaScript 1.0 版本中就已经存在，在随后的版本中又增加了几个属性和方法。document 对象层次结构如图 7-1 所示。

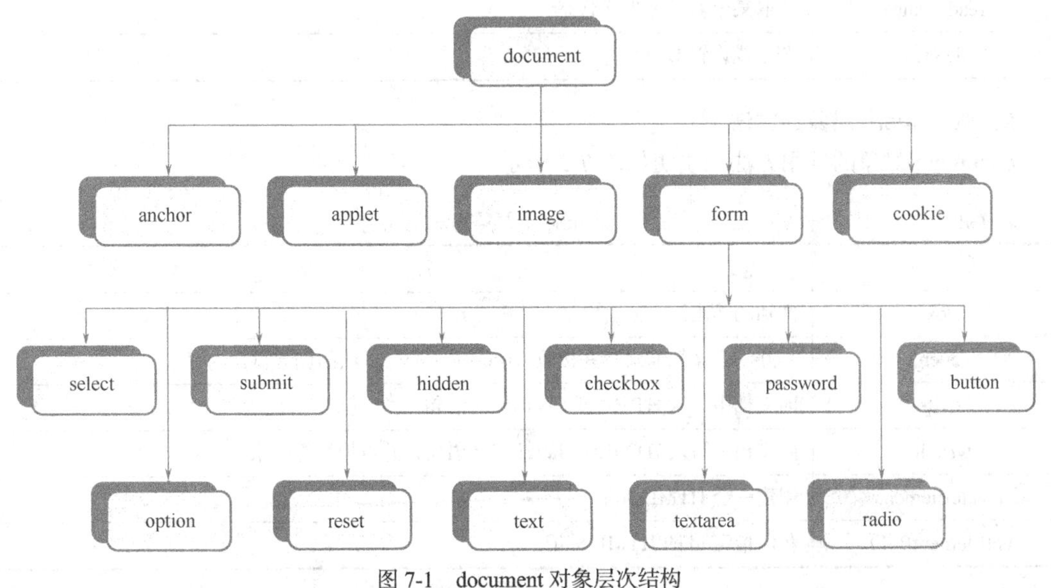

图 7-1　document 对象层次结构

7.1.2 文档对象的常用属性、方法与事件

1. document 对象的属性

document 对象常用的属性及说明如表 7-1 所示。

表 7-1 document 对象属性及说明

属　性	说　明
alinkColor	链接文字的颜色，对应于<body>标记中的 alink 属性
all[]	存储 HTML 标记的一个数组(该属性本身也是一个对象)
anchors[]	存储锚点的一个数组。(该属性本身也是一个对象)
bgColor	文档的背景颜色，对应于<body>标记中的 bgcolor 属性
cookie	表示 cookie 的值
fgColor	文档的文本颜色(不包含超链接的文字)对应于<body>标记中的 text 属性值
forms[]	存储窗体对象的一个数组(该属性本身也是一个对象)
fileCreatedDate	创建文档的日期
fileModifiedDate	文档最后修改的日期
fileSize	当前文件的大小
lastModified	文档最后修改的时间
images[]	存储图像对象的一个数组(该属性本身也是一个对象)
linkColor	未被访问的链接文字的颜色，对应于<body>标记中的 link 属性
links[]	存储 link 对象的一个数组(该属性本身也是一个对象)
vlinkColor	表示已访问的链接文字的颜色，对应于<body>标记的 vlink 属性
title	当前文档标题对象
body	当前文档主体对象
readyState	获取某个对象的当前状态
URL	获取或设置 URL

2. document 对象的方法

document 对象的常用方法和说明如表 7-2 所示。

表 7-2 document 对象方法及说明

方　法	说　明
close	文档的输出流
open	打开一个文档输出流并接收 write 和 writeln 方法的创建页面内容
write	向文档中写入 HTML 或 JavaScript 语句
writeln	向文档中写入 HTML 或 JavaScript 语句，并以换行符结束
createElement	创建一个 HTML 标记
getElementById	获取指定 id 的 HTML 标记

3. document 对象的事件

文档对象有 onload 事件和 onunload 事件。onload 事件发生于装载网页后，onunload 事件发生于离开网页前。

7.1.3 文档对象的应用

例 7-1 下面通过单击如图 7-2 所示的按钮打开一个新窗口，并在窗口中输出新的内容，如图 7-3 所示。

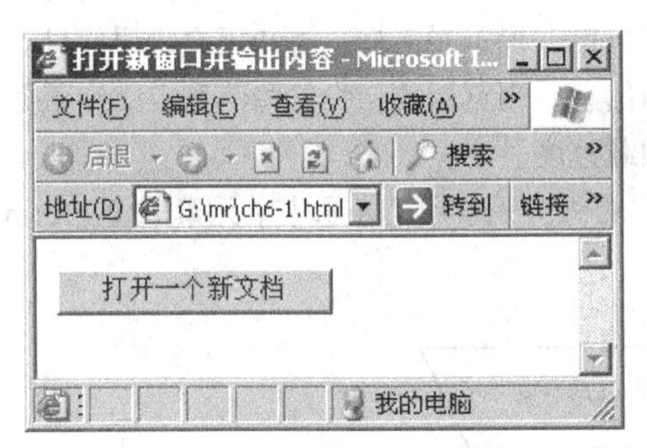

图 7-2 显示按钮

图 7-3 输出的新内容

程序代码如下。

```
<html>
<head>
<meta http-equiv="Content-Type" content="text/html; charset=gb2312" />
<title>打开新窗口并输出内容</title>
<script language="javascript">
    <!--
    function oc(){
        var dw;
        dw=window.open();
        dw.document.open();
        dw.document.write("<html><head><title>一个新的窗口</title>");
        dw.document.write("</head><body>");
        dw.document.write("<img    name='i1'    src='flower.jpg'    width='400'
height='200'><br>")
        dw.document.write("富贵牡丹<br>");
        dw.document.write("</body></html>");
        dw.document.close();
    }
    -->
</script>
</head>
<body>
```

```
<input type="button"  value="打开一个新文档" onclick="oc();"/>
</body>
</html>
```

7.2 窗体（form）及其元素对象

7.2.1 窗体对象

窗体对象是文档对象的一个元素，它含有多种格式的对象储存信息，使用它可以在 JavaScript 脚本中编写程序进行文字输入，并可以用来动态改变文档的行为。在页面中定义表单后，通常需要使用 JavaScript 语言验证表单数据，在 JavaScript 中验证表单数据需要使用窗体对象的属性、方法和事件。

JavaScript 语言的最大优点在于可以处理页面中的表单，可以在表单数据提交服务器之前对用户输入的数据进行有效的检查，如果不符合规则，则弹出错误提示对话框，告知用户错误信息。由于这些验证工作都是在客户端完成，当用户输入正确信息后浏览器才会将这些信息提交到服务器端，这样处理可以降低系统的复杂性，提高了页面加载速度。

form 对象包含一个 elements 数组，elements[]数组中的每个元素用于表示表单元素的值。form 对象及其子对象的关系如图 7-4 所示。

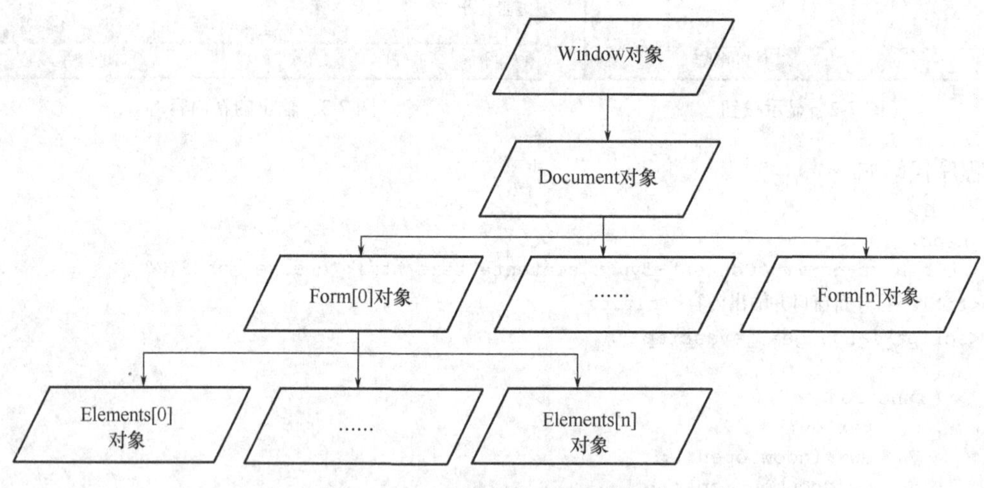

图 7-4　form 对象及其子对象的关系

从上图可以看出，一个 Document 对象可以包含多个 Form 对象，一个 Form 对象也可以包含多个 Elements 对象，可以相应使用数组下标访问这些表单元素。

7.2.2 窗体对象的常用属性、方法与事件

当用户在网页中添加了<form>标签后，就创建了一个 form 对象，这时可以在 JavaScript 代码中根据 form 对象的属性、方法和事件来实现各种功能。

1. 窗体对象属性

窗体对象的属性对应于页面中表单的属性，窗体对象的具体属性如表 7-3 所示。

表 7-3　　窗体对象的属性

属　性	说　明
action	表示表单数据所要提交的 URL
method	表示表单以何种方式进行提交，提交表单包括 get 与 post 方式
enctype	数据提交的格式
target	指定服务器返回的结果在哪里显示
name	表单的名称
elements[]	表示表单元素的数组
length	表单的个数

例 7-2　本示例用于演示在页面表单中的应用窗体对象属性，在 JavaScript 代码中根据窗体对象的属性将两个表单中的元素名称输出到页面中。程序代码如下：

```
<form id="form1" name="form1" method="post" action="">
<table width="516" height="379" border="0" cellpadding="0" cellspacing="0"
background="bg.jpg">
  <tr>
    <td height="97" colspan="2" align="right"> </td>
    <td width="244" colspan="2"> </td>
  </tr>
  <tr>
    <td height="29" colspan="2" align="right">用户名：</td>
    <td width="244" colspan="2"><input name="username" type="text" id="username"
size="20" /></td>
  </tr>
  <tr>
    <td height="41" colspan="2" align="right">性  别：</td>
    <td colspan="2"><input name="sex" type="radio" value="男" checked="checked" />
     男
     <input type="radio" name="sex" value="女" />
     女</td>
  </tr>
  <tr>
    <td height="34" colspan="2" align="right">电  话：</td>
    <td colspan="2"><input name="tel" type="text" id="tel" /></td>
  </tr>
  <tr>
    <td height="30" colspan="2" align="right">E-mail:</td>
    <td colspan="2"><input name="email" type="text" id="email" size="28" /></td>
  </tr>
  <tr>
    <td height="30" colspan="2" align="right">联系地址：</td>
    <td colspan="2"><input name="address" type="text" id="address" size="28" /></td>
  </tr>
  <tr>
    <td colspan="2" align="center"> </td>
    <td colspan="2" align="center"><input name="submit" type="submit"
class="btn_grey" value="提交" /></td>
  </tr>
```

```
    <tr>
      <td width="188" height="97" align="right"> </td>
      <td valign="top">
       <script language="javascript">
       for(var j=0;j<document.forms.length;j++){
       document.write("第"+(j+1)+"个表单,其中包括的元素名称为：");
            for(var i=0;i<+document.forms[j].length;i++){
                 var element=document.forms[j].elements[i];
                 if(i>0)document.write(",");
                 document.write(element.name);
            }
       }
       </script>
    </td>
    </tr>
  </table>
  </form>
```

在上述代码中可以看出，使用“document.forms1.length”语句可以取得页面中表单的个数，根据此个数循环，在该循环中嵌套循环，以表单中元素个数为终止条件，最后使用“document.forms[j].elements[i].name”语句获取每个表单中的元素名称。运行结果如图 7-5 所示。

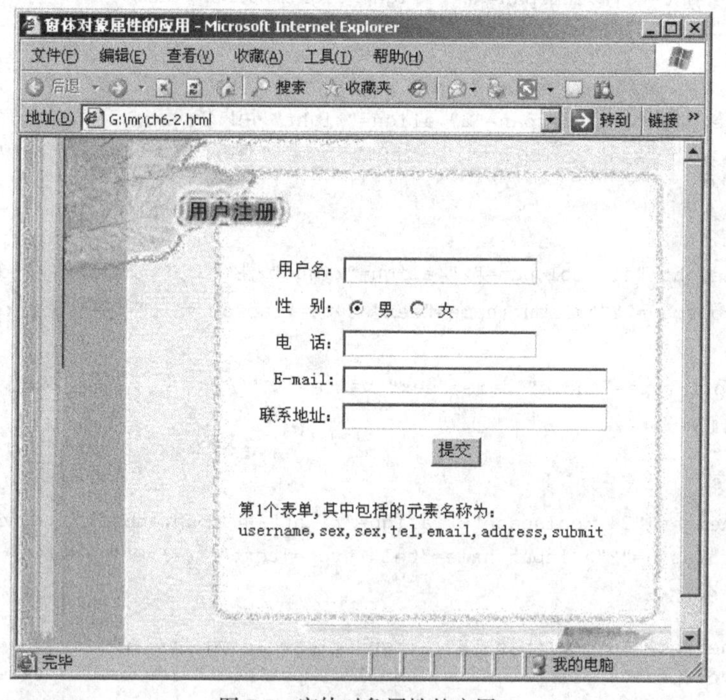

图 7-5　窗体对象属性的应用

2. 窗体对象方法

窗体对象有两个方法，分别为 submit()与 reset()方法，submit()方法用于提交一个表单，不需要使用提交按钮（即使用<input type="submit"/>标记定义的按钮）来提交表单，reset()方法用于清除一个表单的数据，不需要使用重置按钮（即使用<input type="reset"标记定义的按钮）来重置表单。这两个方法的功能与提交按钮和重置按钮是完全相同的，当表单使用这两个方法时，不会触发 onSubmit 和 onReset 事件。

语法：

```
<script language="javascript">
document.forms[0].submit();
document.forms[0].reset();
</script>
```

document.forms[0].submit()：将页面中第一个表单进行提交。

document.forms[0].reset()：将也面中第一个表单进行重置。

事实上，也可以在一般按钮上使用 onClick 事件处理表单提交或表单重置。

语法：

```
<input type="button" value="" onClick="document.forms[0].submit();"/>
<input type="button" value="" onClick="document.forms[0].reset();"/>
```

onClick：触发单击事件关键字。

表单提交通常有一个问题，如果用户多次提交，将会引起创建多次用户请求的错误，为了避免这样的错误，可以在表单提交后将表单提交按钮设置为禁用。

例 7-3　本示例主要用于实现限制页面中的表单只提交一次的功能。当用户单击提交按钮后，提交按钮就被禁用，这样就实现用户不可以进行重复提交表单的功能。程序代码如下：

```
<script language="javascript">
function submitone(){
    try{
        document.form1.elements[0].disabled=true;
        document.form1.submit();
    }catch(exception){
        alert(exception.message);
    }
}
</script>
<form action="test.html" name="form1" method="post" target="_blank">
<input type="button" value="提交表单" onClick="submitone()"/>
</form>
```

从上述代码中使用一般按钮的 onClick 事件调用 submitone()函数，在 submitone()函数中设置表单提交按钮禁用，然后进行表单提交。运行结果如图 7-6 所示。

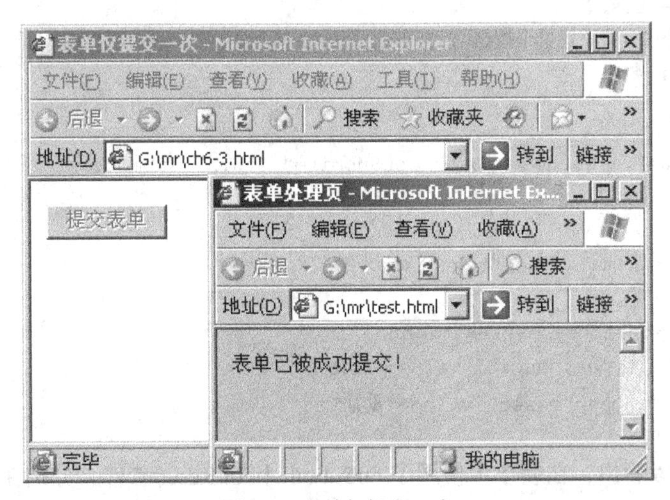

图 7-6　表单仅提交一次

3. 窗体对象事件

JavaScript 中窗体对象事件有两个，分别为 onSubmit 和 onReset，onSubmit 事件是当用户单击“提交”按钮时触发，onReset 事件是当用户单击“重置”按钮时触发。onSubmit 事件和 onReset 事件与<form>标记一起使用，并且必须放在</form>标记之前。在表单数据传给服务器之前，通常使用 onSubmit 事件来验证表单数据，当用户单击表单“重置”按钮时会触发一个 onReset 事件，可以使用这个事件来判断用户是否真的想要重置表单内容。

语法：

```
<form    action=""    method="post"    name="form1"    onsubmit="somestatements"
onReset="somestatements">
</form>
```

onSubmit：提交表单事件。

onReset：重置表单事件。

当使用 onSubmit 和 onReset 事件处理器时，需要返回 true 和 false，下面请读者看一个示例。

例 7-4 本示例主要使用窗体对象事件来验证表单提交时名字、地址文本框是否为空，以及使用重置按钮将名字与地址文本框设置为空。程序代码如下：

```
<script language="javascript">
function submittest(){
    try{
    if(document.forms[0].name.value.length==0){
        alert("姓名不能为空");
        return false;
    }
    if(document.forms[0].tel.value.length==0){
        alert("电话为空");
        return false;
    }
    }catch(exception){
        alert(exception.message);
    }
    return true;
}
function resettest(){
    alert("您确定要重置这个按钮");
    return true;
}
</script>
<form  action=""  method="post"  onSubmit="return  submittest();"  onReset="return
resettest();">    <!--定义表单，使用 onSubmit 事件-->
姓名：
  <input name="name" type="text"><br>
  电话：
  <input name="tel" type="text"><br>
<input name="" type="submit" value="提交">
<input name="" type="reset" value="重置">
</form>
```

从上述代码可以看出，在表单中使用了 onSubmit 和 onReset 事件，分别在这两个事件中调用 submittest()与 resettest()函数，在 submittest()函数中，主要实现判断名字、地址文本框是否为空的功能，如果为空，弹出相应的提示对话框，并且使用 return false 语句结束函数调用，在 resettest() 函数中，将表单中的文本框内容重置。运行结果如图 7-7 所示。

图 7-7　窗体对象事件的应用

7.2.3　窗体对象的应用

例 7-5　在设计网页时，经常会遇到注册页面，涉及用户名的验证、密码框的验证、电子邮件的验证、网址的验证、电话的验证、日期的验证、电话号码的验证、E-mail 验证等。

（1）创建表单，在表单中设置表单元素。在用于表单提交的按钮 onClick 事件中调用设置表单提交函数，在用于表单重置按钮的 onClick 事件设调用设置表单重置的函数，关键代码如下。

```
<input name="Submit" type="button" value="确认提交" onClick="return submit1();">
<input name="Submit2" type="button" value="刷新重置" onClick="return reset()">
```

（2）在提交函数中验证表单元素的必填项是否为空，如果为空，弹出相应的提示对话框。程序代码如下。

```
function submit1(){
    if(document.all.username.value.length==0){
    alert("请填写用户名!");
        return false;
    }
    if(document.all.realname.value.length==0){
        alert("请填写真实姓名!");
        return false;
    }
    if(document.all.password1.value.length==0){
        alert("请填写密码!");
        return false;
    }
    if(document.all.password2.value.length==0){
        alert("请填写密码!");
        return false;
    }
    if(document.all.tel.value.length==0){
        alert("请填写联系电话!");
        return false;
    }
    if(document.all.mail.value.length==0){
        alert("请填写电子邮件!");
```

```
        return false;
    }
    if(document.all.lxdz.value.length==0){
        alert("请填写联系地址!");
        return false;
    }
    if(document.all.password1.value!=document.all.password2.value){
        alert("两次密码输入不相符! ");
        return false;
    }
```

（3）创建"检查用户名"按钮，在该按钮的 onClick 事件中调用检验用户名的函数，要求用户名由 3-10 位的字母、数字和下划线组成，并且首字符为字母，如果不合法将弹出提示对话框。实现验证用户名是否由 3-10 位的字母、数字和下划线组成的正则表达式如下：

```
/^(\w){3,10}$/
```

验证用户名的函数代码如下。

```
function checkeusername(username){
    var str=username;
    //在 JavaScript 中，正则表达式只能使用"/"开头和结束，不能使用双引号
    var Expression=/^(\w){3,10}$/;
    var objExp=new RegExp(Expression);
    if(objExp.test(str)==true){
        return true;
    }else{
        return false;
    }
}
```

（4）为了使密码文本框更为安全，笔者对密码文本框做了设置，使密码文本框不可复制、剪切，同时使用 CSS 改变了密码文本框的遮掩符号。关键代码如下。

```
<input name="password1" type="password" size="13" maxlength="6" oncopy="return false" oncut="return false" onpaste="return false" style=" font-family:Wingdings;">
```

上述代码中使用密码文本框的 oncopy、oncut、onpaste 事件来实现密码文本框的内容禁止复制、剪切。

在修改掩饰码样式时，一定要选择 Windows 自带的字体样式，如果设置的字体样式不存在，密码文本框中的字符串将以原形显示。

（5）这时需要对输入的电话号码进行判断，需要定义电话号码文本框验证函数，使电话号码文本框输入值为数字，代码如下。

```
function checktel(tel){
    var str=tel;
    //在 JavaScript 中，正则表达式只能使用"/"开头和结束，不能使用双引号
    var Expression=/(\d{3}-)?\d{8}|(\d{4}-)(\d{7})/;
    var objExp=new RegExp(Expression);
    if(objExp.test(str)==true){
        return true;
    }else{
        return false;
    }
}
```

然后在提交按钮事件的函数中调用上述函数。关键代码如下：

```
if(!checktel(document.all.tel.value)){
    alert("电话输入不合法!电话为8位以上数字");
    return false;
}
```

（6）在数据录入页面中，经常需要对输入的 E-mail 地址进行判断，可以通过正则表达式实现。验证 E-mail 地址的正则表达式如下。

```
/\w+([-+.']\w+)*@\w+([-.]\w+)*\.\w+([-.]\w+)*/
```

笔者定义一个验证 Email 地址的函数，关键代码如下。

```
function checkemail(email){
    var str=email;
    var Expression=/\w+([-+.']\w+)*@\w+([-.]\w+)*\.\w+([-.]\w+)*/;
    var objExp=new RegExp(Expression);
    if(objExp.test(str)==true){
        return true;
    }else{
        return false;
    }
}
```

可以在提交按钮事件的处理函数中调用上述函数进行判断，关键代码如下。

```
if(!checkemail(registerForm.mail.value)){
    alert("您输入 E-mail 地址不正确!");registerForm.mail.focus();return false;
}
```

（7）可以使用正则表达式对网址进行验证，实现验证网址是否合法的正则表达式如下：

```
http(s)?://([\w-]+\.)+[\w-]+(/[\w- ./?%&=]*)?
```

然后使用 JavaScript 编写一个用于验证网址是否合法的 checkeurl ()函数，该函数只有一个参数，用于获取输入的网址，函数的返回值为 true 或 false。代码如下。

```
function checkeurl(url){
    var str=url;
    //在 JavaScript 中，正则表达式只能使用"/"开头和结束，不能使用双引号
    //判断 url 地址的正则表达式为:http(s)?://([\w-]+\.)+[\w-]+(/[\w- ./?%&=]*)?
    //下面的代码中应用了转义字符"\"输出一个字符"/"
    var Expression=/http(s)?:\/\/([\w-]+\.)+[\w-]+(\/[\w- .\/?%&=]*)?/;
    var objExp=new RegExp(Expression);
    if(objExp.test(str)==true){
        return true;
    }else{
        return false;
    }
}
```

可以在提交按钮事件的处理函数中调用上述函数进行判断，关键代码如下。

```
if(!checkeurl(document.all.grzy.value)){
    alert("个人主页地址输入不正确!");
    return false;
    }
}
```

（8）最后编写一个限制文本区域输入字符数的函数，在页面中文本区域的 onkeypress 事件中调用，关键代码如下。

```
function testTextArea(textArea){
    if(textArea.value.length>textArea.getAttribute("maxlength")){
        alert("超出最大字数");
    }
}
```

运行结果如图 7-8 所示。

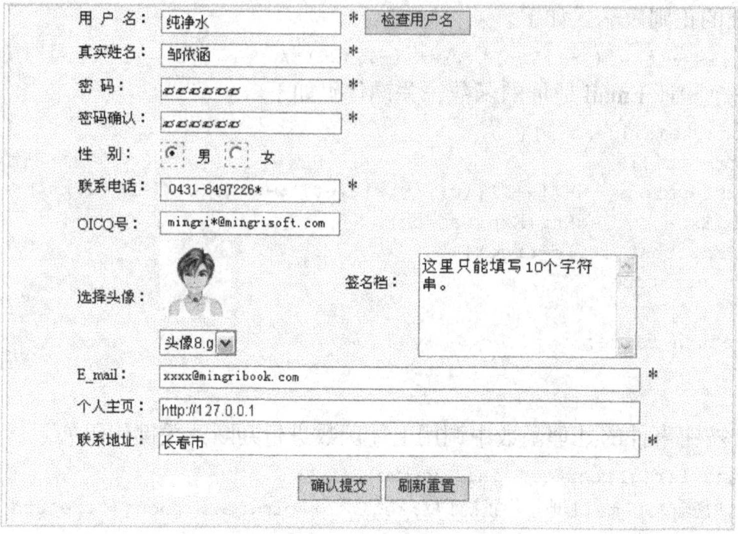

图 7-8　表单注册

7.3　锚点（anchor）与链接（link）对象

7.3.1　锚点对象

JavaScript 中的锚点对象是文档对象的一个属性，它通常以数组的形式表示网页中所有的锚点。

anchors 数组中包含了文档中定义的所有的锚点（<a>…</a>）标记，可以通过该数组来访问和查找某个锚点。anchors 数组中存储锚点的顺序是以锚点在文档中出现的顺序存储的，该数组的下标从 0 开始。anchors 数组常用的属性如下。

（1）length 属性

该属性用来获取文档中锚点的总数。

语法：

```
[number=]document.anchors.length
```

number：用来存储文档中锚点的总数，number 可选项。

（2）name 属性

该属性用来获取某一个锚点的 name 参数值。

语法：

```
[gName=]document.anchors.name
```

gName：用来存储某一个锚点 name 参数的值，gName 可选项。

（3）id 属性

该属性用来获取锚点的 id 参数值。

语法：

```
[gId=]document.anchors.id
```

gId：用来存储锚点 id 参数的值，gId 可选项。

例 7-6 本示例在页面中显示锚点的个数并显示所有锚点的 name 和 id 参数值。程序代码如下。

```
<body>
<a  id="a1"  name="编程词典网">编程词典网</a>
<a  id="a2" name="编程体验网">编程体验网</a>
<a  id="a3" name="编程资源网">编程资源网</a>
<hr />
<script language="javascript">
    <!--
        var leng=document.anchors.length;
        document.writeln("<br>网页中链接的数量"+leng+"<br>");
        var l=0;
        for(var i=0;i<leng;i++){
            l=i+1;
            document.writeln("<br>第"+l+"个锚点的name值为："+document.anchors[i].name);
            document.writeln("<br>第"+l+"个锚点的id值为："+document.anchors[i].id);
            document.writeln("<br>");
        }
    -->
</script>
</body>
```

运行结果如图 7-9 所示。

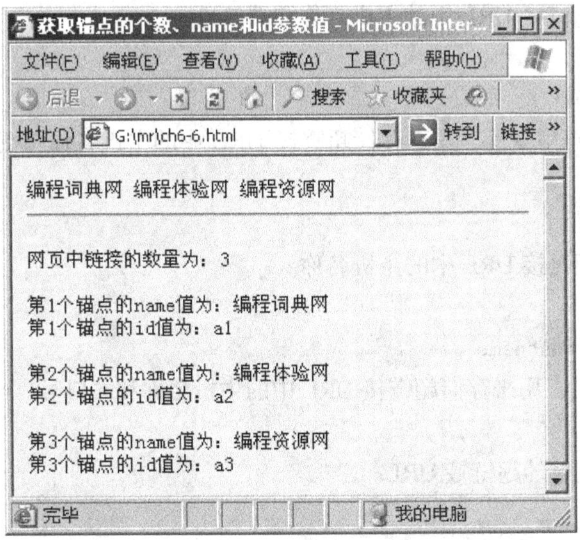

图 7-9 获取锚点的个数、name 和 id 参数值

7.3.2 链接对象

在 JavaScript 中链接对象是文档对象的一个属性。在每个文档对象中都可以定义多个链接对象，而每一个链接对象都存储在 links[]数组中。链接对象是以在页面中出现的顺序存储在 links[]数组中的。链接对象常用的属性及说明如表 7-4 所示。

表 7-4 链接对象的常用属性及说明

属　性	说　明
hash	链接 URL 中锚的部分并包括“#”符号
host	链接 URL 中的主机名称和端口号
hostname	链接 URL 中的主机名称
href	完整的链接 URL
pathname	链接 URL 中的路径名部分
port	链接 URL 中的端口号
protocol	链接 URL 中的协议部分并包括冒号
search	链接 URL 中条件部分并包括“?”符号
target	链接的目标窗口打开方式

（1）hash 属性

该属性用来获取超链接 URL 中的锚标记的部分并包含“#”符号。

语法：

```
[anchor=]links[n].hash
```

anchor：字符串变量，用来存储超链接 URL 中锚标记。anchor 是可选项。

（2）host 属性

该属性用来获取超链接 URL 中的主机名称和端口号。

语法：

```
[nameNumber=]links[n].host
```

nameNumber：字符串变量，用来存储超链接 URL 中的主机名称和端口号。nameNumber 是可选项。

（3）hostname 属性

该属性用来获取超链接 URL 中的主机名称。

语法：

```
[name=]links[n].hostname
```

name：字符串变量，用来存储超链接 URL 中的主机名称和端口号。name 是可选项。

（4）href 属性

该属性用来获取完整的超链接 URL。

语法：

```
[url=]links[n].href
```

url：字符串变量，用来存储完整的超链接 URL。url 是可选项。

（5）pathname 属性

该属性用来获取超链接 URL 中的路径名部分。

语法：

```
[urlName=]links[n].pathname
```

urlName：字符串变量，用来存储路径名的部分。urlName 是可选项。

（6）port 属性

该属性用来获取超链接 URL 中的端口号。

语法：

```
[number=]links[n].port
```

number：字符串变量，用来存储端口号。number 是可选项。

（7）protocol 属性

该属性用来获取超链接 URL 中的协议部分并包括结尾处的“:”冒号。

语法：

```
[confer=]links[n].protocol
```

confer：字符串变量，用来存储协议部分。confer 是可选项。

（8）search 属性

该属性用来获取超链接 URL 中条件部分并包括“?”问号。

语法：

```
[term=]links[n].search
```

term：字符串变量，用来存储条件部分。search 是可选项。

（9）target 属性

该属性用来获取链接的目标窗口打开方式。

语法：

```
[mode=]links[n].target
```

mode：字符串变量，用来存储窗口打开方式，其打开方式主要有 4 个属性，其属性值及说明如表 7-5 所示。

表 7-5　　target 属性值及说明

属　性　值	说　　明
_parent	表示在上一级窗口中打开。一般使用框架页时经常使用
_blank	表示在新窗口中打开
_self	表示在同一个窗口中打开
_top	表示在浏览器的整个窗口中打开，忽略任何框架

例 7-7　本示例在页面中显示了超链接的个数，并显示了超链接对象的部分属性值。程序代码如下。

```
<body>
<a href="http://www.mrbccd.com/mr.html?s=10" target="_blank">编程词典网</a>
<a href="#www.bcty365.com">编程体验网</a>
<script>
<!--
document.write("<br><b>页面中超链接的数量: </b>"+document.links.length+"<br>");
```

```
    document.write("<b>链接 URL 中锚的部分: </b>"+document.links[1].hash+"<br>");
    document.write("<b>主机名称: </b>"+document.links[0].hostname+"<br>");
    document.write("<b>主机名称和端口号: </b>"+document.links[0].host+"<br>");
    document.write("<b>完整的链接 URL: </b>"+document.links[0].href+"<br>");
    document.write("<b>链接 URL 中的路径名部分: </b>"+document.links[0].pathname+
"<br>");
    document.write("<b>链接 URL 中的端口号: </b>"+document.links[0].port+"<br>");
    document.write("<b>链接 URL 中协议部分: </b>"+document.links[0].protocol+"<br>");
    document.write("<b>链接 URL 中条件部分: </b>"+document.links[0].search+"<br>");
    document.write("<b>链接的目标窗口打开方: </b>"+document.links[0].target);
    -->
    </script>
    </body>
```

运行结果如图 7-10 所示。

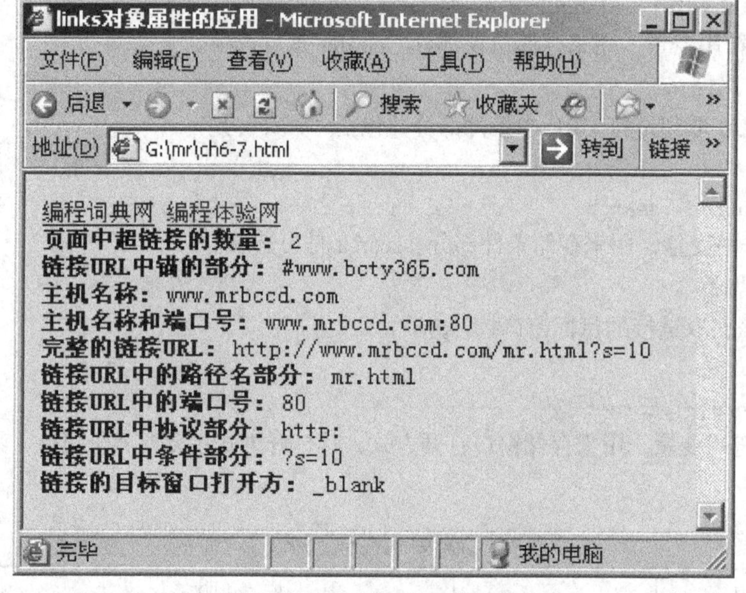

图 7-10　links 对象属性的应用

7.4　图像（image）对象

网页上视觉效果最好的部分就是图像，如果一个网页只存在文本、表格以及单一的颜色来表达是不够的，图像在网页中是不可缺少的内容。图像对象是 JavaScript 语言与网页图片进行交互的对象，下面将讲解在 JavaScript 语言中如何使用图像对象。

7.4.1　网页中的图像

在网页中使用图片非常普遍，只需要在 HTML 文件中使用<img>标签即可，并将其中的 src 特性设置为希望显示图片的 URL 即可，网页中图像的属性如表 7-6 所示。

表 7-6　　图像的属性

属　　性	说　　明
border	表示图片边界宽度，以像素为单位
height	表示图像的高度
hspace	表示图像与左边和右边的水平空间大小，以像素为单位
lowsrc	低分辨率显示候补图像的 URL
name	图片名称
src	图像 URL
vspace	表示上下边界垂直空间的大小
width	表示图片的宽度
alt	鼠标经过图片时显示的文字

7.4.2　JavaScript 中的图像对象

HTML 文件中以<img></img>标签创建了一个图像，相应的图像对象也将被创建，如果需要对网页中的图像进行操作，可以使用 JavaScript 代码控制图像对象。

document.images[] 是一个数组，它包含了所有页面中的图像对象，可以使用 document.images[0]表示页面中第一个图像对象，document.images[1]表示页面中第二图像对象，依次类推。也可以使用 document.images[imageName]来获取图像对象，其中 imageName 代表<img>标签内 name 特性定义的图像名称。

例 7-8　本示例主要根据用户在本地选择的图片以及在页面中输入的图片的大小随机显示图片。程序代码如下：

```
<div id="div1">
<form action="" method="post" enctype="multipart/form-data" name="form1" id="form1">
     上传图片：
     <input type="file" name="file" />
     <br />
     <br />
     宽：<input name="pic_w" type="text" id="pic_w" size="12" /> 
    高：<input name="pic_h" type="text" id="pic_h" size="12" /> 
    <input type="submit" name="Submit" value="预览" onclick="showpic()" />
</form>
</div>
<script language="javascript">
var str;
function showpic(){
    str = "";
    var ima = form1.file.value;
    str = str + "<table WIDTH='300' BORDER='0' ALIGN='CENTER'>";
    str = str + "<tr><td>";
    str=str+"<img src='"+ima+"' width='"+ form1.pic_w.value+"' height='"+form1.
pic_h.value+"'>";
    str = str + "</td></tr>";
    str = str + "</table>";
    div1.innerHTML = str;
```

```
}
</script>
```

从上述代码中可以看出，在函数体中主要使用字符串的连接符，动态生成一些 HTML 脚本，然后调用 innerHTML()方法在页面中输出指定大小的图片。使用 innerHTML()方法改变<div>标签内的内容，其中 div1 为页面中定义<div>标签的 id 值。使用 div1.innerHTML=str 语句代表将 str 字符串放入 id 为 div1 的<div>标签中，最后在<div>标签中显示表格与用户自定义大小的图片。

运行结果如图 7-11 和图 7-12 所示。

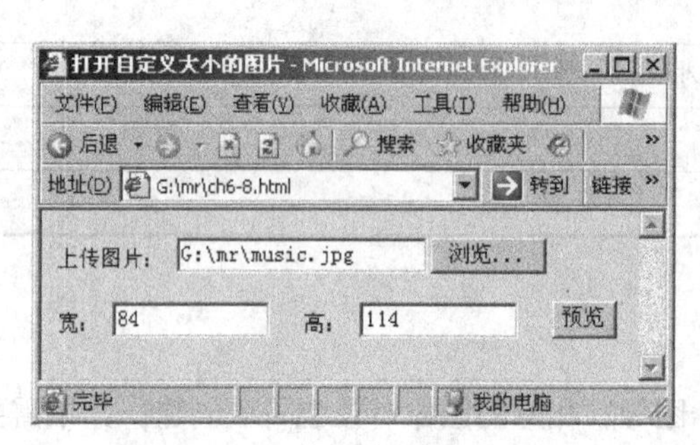

图 7-11 设置自定义大小的图片

图 7-12 打开自定义大小的图片

图像对象除了属性之外，还有自己的事件，图像对象的事件如表 7-7 所示。

表 7-7 图像对象的事件

事　件	说　明
onLoad	当一个图像被加载之后触发的事件
onAbord	当用户取消了图像加载后触发的事件
onError	当图像加载过程中发生错误时触发的事件
onClick	当单击图像时触发的事件
onMouseOver	当鼠标经过时触发的事件
onMouseOut	当鼠标离开时触发的事件

例 7-9 本示例用于实现鼠标经过图片时发生变化的功能，当用户鼠标经过图片时，原本设置为不清晰的图片变为清晰。当鼠标离开图片时，图片又回到不清晰的状态。程序代码如下：

```
<SCRIPT language="JavaScript">
function makevisible(cur,which){
if (which==0)
    cur.filters.alpha.opacity=100
else
    cur.filters.alpha.opacity=20
}
</SCRIPT>
<body>
<img  src="flower.jpg"  style="filter:alpha(opacity=30)"  onMouseOver="makevisible
(this,0)" onMouseOut="makevisible(this,1)" width="240" height="100">
</body>
```

从上述代码中可以看出，定义的函数有两个参数，分别为图像对象与判断当前图像的显示是否清晰的变量，当此变量的值为 0 时，图片为清晰效果，当此变量的值为 1 时，图片为模糊效果。为了达到鼠标经过、离开时的图片效果，在<img>标签的 onMouseOut 和 onMouseOver 事件中调用上述函数。

运行结果如图 7-13 和图 7-14 所示。

图 7-13　设置图片的默认显示效果

图 7-14　当鼠标经过图片时的显示效果

7.4.3　图像对象的应用

在一些商业网站中，通常会看到一些广告图片以多种形式在页面中显示，这样可以更加吸引浏览者。

可以使用 CSS 样式的 RevealTrans 滤镜设置图片以多种形式显示。

语法：

```
Filter:revealtrans(duration=转换的秒数, transition=转换的类型)
```

表达式中的 transition 参数的参数值有 24 种，以代号 0 ~ 23 来表示，分别代表 24 种显示类型，具体的参数值如表 7-8 所示。

表 7-8　transition 参数值

转换类型	对应代码	转换类型	对应代码
矩形从大至小	0	随机溶解	12
矩形从小至大	1	垂直向内裂开	13
圆形从大到小	2	垂直向外裂开	14
圆形从小到大	3	水平向内裂开	15
向上推开	4	水平向外裂开	16
向下推开	5	向左下剥开	17
向右推开	6	向左上剥开	18
向左推开	7	向右下剥开	19
垂直形百叶窗	8	向右上剥开	20
水平形百叶窗	9	随机水平细纹	21
水平棋盘	10	随机垂直细纹	22
垂直棋盘	11	随机选取一种特效	23

例 7-10 浏览网页时，为了突显广告，会需要将网页中的图片以各种方式在网页中进行显示，本实例将实现这一功能。具体实现过程如下。

（1）在页面中添加一个层，并对层的 filter 滤镜中的 revealTrans 属性进行相应的设置，同时需要在层中添加一个图片，代码如下。

```
    <div id="div1" style="position: absolute;  text-align:center; visibility:hidden;
filter: revealTrans(Transition=8, Duration=1)  revealTrans(Transition=9, Duration=3)
revealTrans(Transition=10,   Duration=1)       revealTrans(Transition=11, Duration=2)
revealTrans(Transition=12,   Duration=3)       revealTrans(Transition=17, Duration=2)
revealTrans(Transition=18,   Duration=3)       revealTrans(Transition=19, Duration=1)
revealTrans(Transition=20,  Duration=2)        revealTrans(Transition=21, Duration=3)">
<img id="img1"></div>
```

（2）在 JavaScript 脚本中设置广告的初始位置，代码如下。

```
<script language="javascript">
var n=0;
var n1=0;
var is=true;
document.all.div1.style.top=document.body.clientHeight-135;
document.all.div1.style.left=document.body.clientWidth-175;
```

（3）自定义 showdiv()函数用于随机设置图片，并指定样式来显示、隐藏图片，关键代码如下。

```
function showdiv(){
     n=Math.floor(Math.random()*10);
     document.all.div1.filters[n].apply();
     if (n1==4){n1=1}
     else{n1=n1+1}
          document.all.img1.src=n1+".jpg";
     if (is==true){
          document.all.div1.style.visibility="visible";
          is=false;
     }else{
          document.all.div1.style.visibility="hidden";
          is=true;
     }
     document.all.div1.filters[n].play();
     setTimeout("showdiv()",6000);
}
```

（4）自定义函数 place()，使图片总置于工作区的左下角。

```
function place(){
     window.status=String(n);
     document.all.div1.style.top=parseInt(document.body.scrollTop)+parseInt(documen
t.body.clientHeight)-135;
     document.all.div1.style.left=parseInt(document.body.scrollLeft)+parseInt(docum
ent.body.clientWidth)-175;
     setTimeout("place()",50)
}
```

（5）在载入窗体时，调用自定义函数 showdiv()和 place()。

```
showdiv();
place();
</script>
```

运行结果如图 7-15 所示。

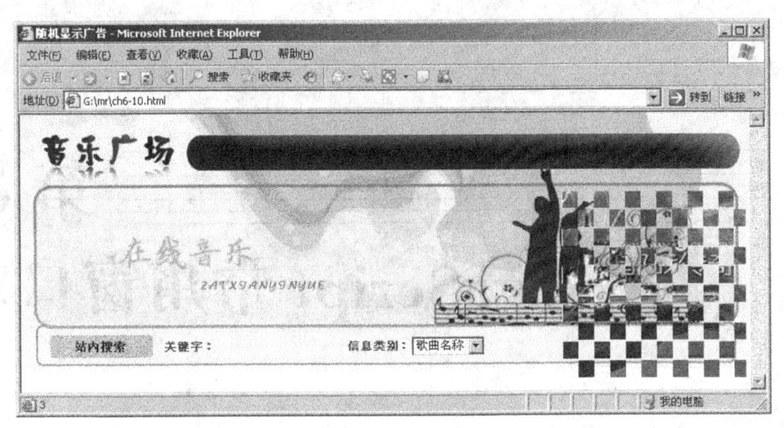

图 7-15　随机显示广告

习　　题

7-1　（　　）发生于装载网页后，（　　）发生于离开网页前。

A. onload 事件　　B. onunload 事件

C. onSubmit 事件　　D. onReset 事件

7-2　下列（　　）不是 document 对象的属性。

A. forms　　B. links　　C. location　　D. images

7-3　获取页面中超链接的数量的方法是（　　）。

A. document.links.length　　B. document.length

C. document.links[1].length　　D. document.links[0].length

7-4　某网页中有一个窗体对象 mainForm，该窗体对象的第一个元素是文本框 username，表述该按钮对象的方法是（　　）。

A. document.forms.username

B. document.mainForm.username

C. document.forms.UserName

D. document.MainForm.UserName

7-5　anchors 数组中存储锚点的顺序是以锚点在文档中出现的顺序存储的，该数组的下标是从（　　）开始。

A. 0　　B. 1

上机指导

7-1　单击图片链接打开一个个人网页窗口，并在窗口中显示静态网页内容。

7-2　设计一个商品信息添加页面，并对页面中的各个控制的格式进行验证，并且要求各控制不允许为空值。

7-3　开发一个静态的个人网页，在网页中的指定位置实现随机广告显示。

第 8 章 JavaScript 常用窗口对象

window 对象即为窗口对象，是一个全局对象，是所有对象的顶级对象，在 JavaScript 中有着举足轻重的作用。对于 window 对象的使用，主要集中在窗口的打开、关闭、窗口状态设置、定时执行程序以及各种对话框的使用等几个方面。

8.1 屏幕（screen）对象

screen 对象是 JavaScript 中的屏幕对象，反映了当前用户的屏幕设置。该对象的常用属性如表 8-1 所示。

表 8-1　　screen 对象的常用属性

属　性	说　明
width	用户整个屏幕的水平尺寸，以像素（px）为单位
height	用户整个屏幕的垂直尺寸，以像素（px）为单位
pixelDepth	显示器的每个像素的位数
colorDepth	返回当前颜色设置所用的位数，1 代表黑白；8 代表 256 色；16 代表增强色；24/32 代表真彩色。8 位颜色支持 256 种颜色，16 位颜色（通常叫做“增强色”）支持大概 64000 种颜色，而 24 位颜色（通常叫做“真彩色”）支持大概 1600 万种颜色
availHeight	返回窗口内容区域的垂直尺寸，以像素为单位
availWidth	返回窗口内容区域的水平尺寸，以像素为单位

例 8-1　使用 screen 对象设置屏幕属性，代码如下。

```
<script language="javascript">
w=window.screen.width;                          //屏幕宽度
document.writeln("屏幕宽度是："+w+"<br>");
h=window.screen.height;                         //屏幕高度
document.writeln("屏幕高度是："+h+"<br>");
cd=window.screen.colorDepth;                    //屏幕色深
document.writeln("屏幕色深是："+cd+"<br>");
aw=window.screen.availWidth;                    //可用宽度
document.writeln("屏幕可用宽度是："+aw+"<br>");
ah=window.screen.availHeight;                   //可用高度(除去任务栏的高度)
```

```
document.writeln("屏幕可用高度是: "+ah);
</script>
```

在 IE 浏览器中运行本实例，运行结果如图 8-1 所示。

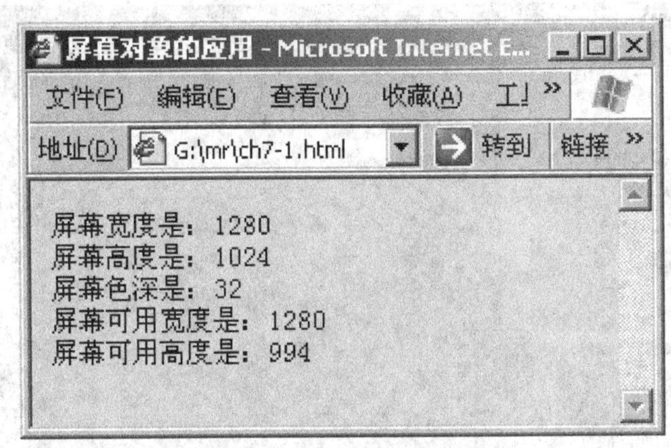

图 8-1　屏幕对象的应用

例 8-2　下面应用 screen 对象的 availWidth 和 availHeight 属性来获得当前屏幕的宽度和高度，然后判断窗口的 4 个边是否碰到屏幕的 4 个边界，如果碰到，则进行反弹。编写用于实现移动窗口的 JavaScript 代码如下。

```
<script language="JavaScript">
window.resizeTo(300,300)
window.moveTo(0,0)
inter=setInterval("go()", 1);
var aa=0
var bb=0
var a=0
var b=0
function go(){
     try{
     if (aa==0)
          a=a+2;
     if (a>screen.availWidth-300)
          aa=1;
     if (aa==1)
          a=a-2;
     if (a==0)
          aa=0;
     if (bb==0)
          b=b+2;
     if (b>screen.availHeight-300)
          bb=1;
     if (bb==1)
          b=b-2;
     if (b==0)
          bb=0;
     window.moveTo(a,b);
     }
     catch(e){}
}
</script>
```

运行本实例，在窗口打开时，将窗口置于屏幕的左上角，并将窗口从左到右以随机的角度进行移动，如图 8-2 所示；当窗口的外边框碰到屏幕四边时，窗口将进行反弹，如图 8-3 所示。

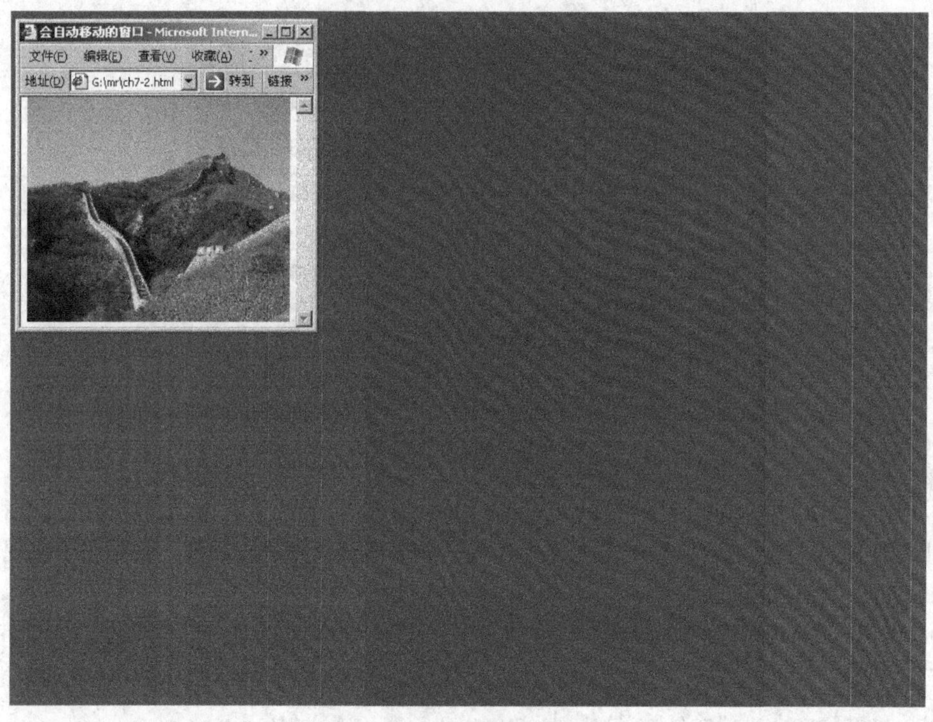

图 8-2　窗口移动前的效果

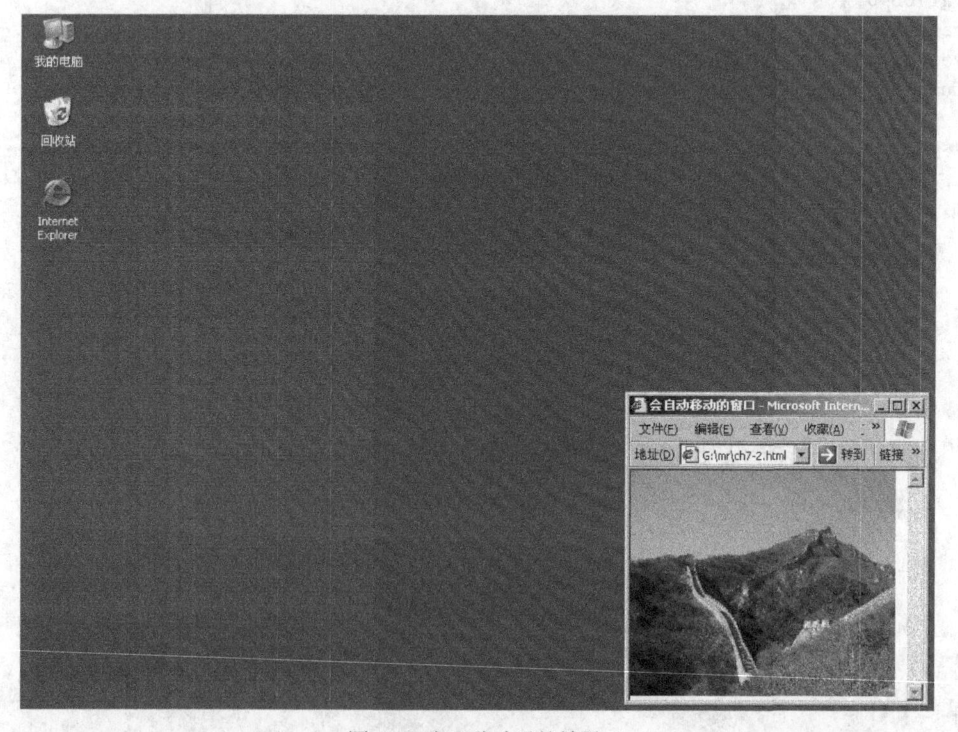

图 8-3　窗口移动后的效果

8.2 浏览器信息（navigator）对象

navigator 是存储浏览器信息的对象。浏览器信息对象主要包含了浏览器及用户使用的计算机操作系统的有关信息，这些信息也只能读取，不可以设置。使用时只要直接引用 navigator 对象即可。

navigator 对象的语法格式如下：

```
navigator.属性
```

浏览器信息对象常用属性如表 8-2 所示。

表 8-2 navigator 对象的常用属性

属　性	说　明
appCodeName	浏览器内码名称
appName	浏览器名称
appVersion	浏览器的版本号
platform	用户操作系统
userAgent	该字串包含了浏览器的内码名称及版本号，它被包含在向服务器端请求的头字符串中，用于识别用户
language	浏览器设置的语言，IE 浏览器除外
userLanguage	操作系统设置的语言，仅限于 IE 浏览器
systemLanguage	操作系统缺省设置的语言，仅限于 IE 浏览器
browserLanguage	浏览器设置的语言，仅限于 IE 浏览器

例 8-3 下面应用 navigator 对象获取浏览器信息。

```
<script language="javascript">
document.write("浏览器名称: "+navigator.appName+"<br>");
document.write("浏览器版本: "+navigator.appVersion+"<br>");
document.write("浏览器内码名称: "+navigator.appCodeName+"<br>");
</script>
```

本实例的运行结果如图 8-4 所示。

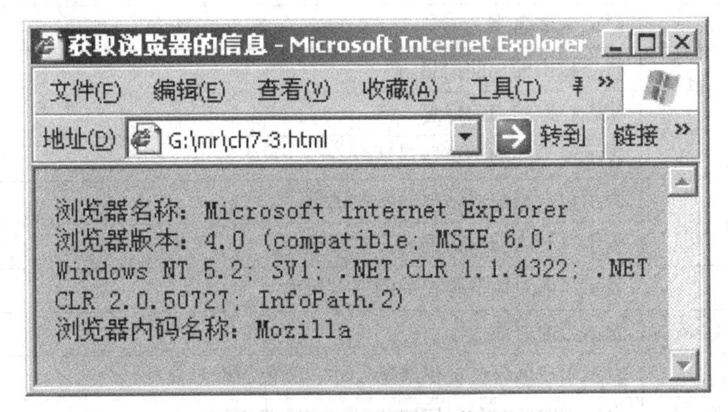

图 8-4 获取浏览器的信息

不同的浏览器其浏览器信息对象所提供的信息内容各不相同，因此不能完全依靠浏览器信息对象来识别用户所使用的浏览器。

8.3 窗口（window）对象

在 HTML 中打开对话框应用极为普遍，但也有一些缺陷。用户浏览器决定对话框的样式，设计者左右不了其对话框的大小及样式，但 JavaScript 给了程序这种控制权。在 JavaScript 中可以使用 window 对象来实现对对话框的控制。

window 对象代表的是打开的浏览器窗口。通过 window 对象可以控制窗口的大小和位置、由窗口弹出的对话框、打开窗口与关闭窗口，还可以控制窗口上是否显示地址栏、工具栏和状态栏等栏目。对于窗口中的内容，window 对象可以控制是否重载网页、返回上一个文档或前进到下一个文档。

在框架方面，window 对象可以处理框架与框架之间的关系，并通过这种关系在一个框架处理另一个框架中的文档。window 对象还是所有其他对象的顶级对象，通过对 window 对象的子对象进行操作，可以实现更多的动态效果。window 对象作为对象的一种，也有着其自己的方法和属性。

8.3.1 窗口对象的常用属性和方法

1. window 对象的属性

顶层 window 对象是所有其他子对象的父对象，它出现在每一个页面上，并且可以在单个 JavaScript 应用程序中被多次使用。

为了便于读者的学习，下面将 window 对象中的属性以表格的形式进行详细说明。window 对象的属性以及说明如表 8-3 所示。

表 8-3　window 对象的属性

属　性	说　明
document	对话框中显示的当前文档
frames	表示当前对话框中所有 frame 对象的集合
location	指定当前文档的 URL
name	对话框的名字
status	状态栏中的当前信息
defaultstatus	状态栏中的当前信息
top	表示最顶层的浏览器对话框
parent	表示包含当前对话框的父对话框
opener	表示打开当前对话框的父对话框
closed	表示当前对话框是否关闭的逻辑值
self	表示当前对话框
screen	表示用户屏幕，提供屏幕尺寸、颜色深度等信息
navigator	表示浏览器对象，用于获得与浏览器相关的信息

2. window 对象的方法

除了属性之外，window 对象还拥有很多方法。window 对象的方法以及说明如表 8-4 所示。

表 8-4 window 对象的方法

方 法	说 明
alert()	弹出一个警告对话框
confirm()	在确认对话框中显示指定的字符串
prompt()	弹出一个提示对话框
open()	打开新浏览器对话框并且显示由 URL 或名字引用的文档，并设置创建对话框的属性
close()	关闭被引用的对话框
focus()	将被引用的对话框放在所有打开对话框的前面
blur()	将被引用的对话框放在所有打开对话框的后面
scrollTo(x,y)	把对话框滚动到指定的坐标
scrollBy(offsetx,offsety)	按照指定的位移量滚动对话框
setTimeout(timer)	在指定的毫秒数过后，对传递的表达式求值
setInterval(interval)	指定周期性执行代码
moveTo(x,y)	将对话框移动到指定坐标处
moveBy(offsetx,offsety)	将对话框移动到指定的位移量处
resizeTo(x,y)	设置对话框的大小
resizeBy(offsetx,offsety)	按照指定的位移量设置对话框的大小
print()	相当于浏览器工具栏中的“打印”按钮
navigate(URL)	使用对话框显示 URL 指定的页面
status()	状态条，位于对话框下部的信息条
Defaultstatus()	状态条，位于对话框下部的信息条

8.3.2 多窗口控制

1. 新建窗口

通过窗口对象方法 window.open()可以在当前网页中弹出新的窗口。

语法：

```
窗口对象=window.open([网页地址，窗口名，窗口特性]);
```

其中，窗口名可以是有效的字串或 HTML 保留的窗口名，例如“_self”、“_top”、“_parent”和“_blank”。

窗口特性的格式为“特性名 1=特性值 1;特性名 2=特性值 2;……特性名 n=特性值 n”的字串。窗口特性名及特性值如表 8-5 所示。

表 8-5　　　　窗口特性名及特性值

特 性 名	说 明	特 性 值
weight	窗口宽度	单位为像素（px）
height	窗口高度	单位为像素（px）
top	窗口左上角至屏幕左上角的高度距离	单位为像素（px）
left	窗口左上角至屏幕左上角的宽度距离	单位为像素（px）
location	是否有网址栏	有：1；没有：0；默认值为 1
menubar	是否有菜单栏	有：1；没有：0；默认值为 1
scrollbar	是否有滚动条	有：1；没有：0；默认值为 1
toolbar	是否有工具栏	有：1；没有：0；默认值为 1
status	是否在状态栏	有：1；没有：0；默认值为 1
resizable	是否可改变窗口尺寸	可以：1；不可以：0；默认值为 1

例 8-4　通过单击当前网页上的链接，打开一个窗口，在新的窗口中打开指定地址的网页，新窗口的宽度为 640 像素，高度为 280 像素，窗口左上角距屏幕左上角的高度与宽度距离是 100 像素和 200 像素。

```
<script language="javascript">
window.open('http://www.mrbccd.com','编程词典服务网','width=600,height=300,top=100,
left=200,location=1,menubar=1,scrollbars=1,toolbar=1,status=1,resizable=1');
</script>
```

该实例将所有的窗口特性设置为 1，即在新窗口中显示所有的窗口特性。运行结果如图 8-5 所示。

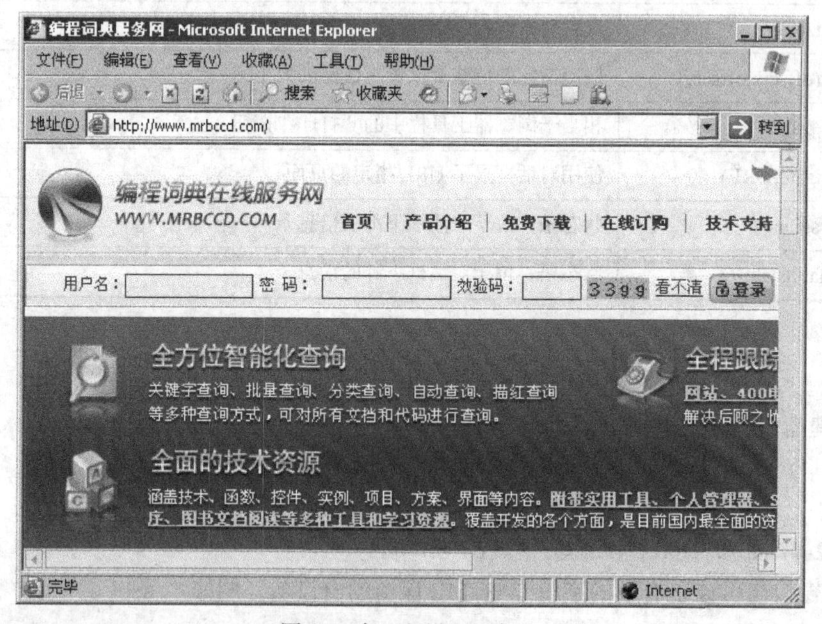

图 8-5　打开新设置的窗口

2. 滚动网页

应用 window 对象的 scroll()方法可以指定窗口的当前位置。

scroll()方法的语法格式：

```
scroll(x,y);
```

x：屏幕的横向坐标。

y：屏幕的纵向坐标。

功能：将窗口滚动坐标指定的位置。

例 8-5　本实例是在打开页面时，当页面出现纵向滚动条时，页面中的内容将从上向下进行滚动，当滚动到页面最底端时停止。编写用于实现页面自动滚动的 JavaScript 代码如下。

```
<script language="JavaScript">
var position = 0;
function scroller(){
   if(true){
     position++;
     scroll(0,position);
     clearTimeout(timer);
     var timer = setTimeout("scroller()",10);
   }
}
scroller();
</script>
```

运行结果如图 8-6 所示。

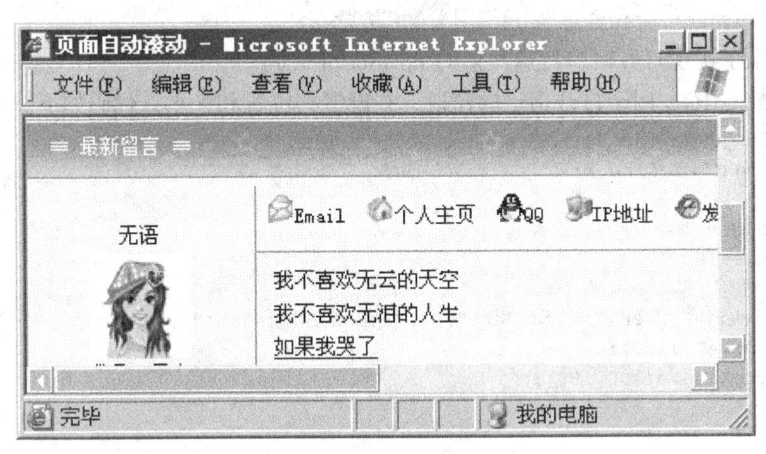

图 8-6　页面自动滚动

3. 窗口的尺寸及位置

应用 window 对象的 open 方法可以打开一个已有的窗口，用 screen 对象的 availHeight 属性来获取屏幕可工作区域的高，用 moveTo()方法和 resizeTo()来指定窗口的位置及大小，并用 resizeBy()方法使窗口逐渐变大，直到窗口大小与屏幕的工作区大小相同。

下面对 window 对象的 moveTo()、resizeTo()和 resizeBy()方法分别进行详细的说明。

（1）moveTo()方法

moveTo()方法是用来将窗口移动到指定坐标(x,y)处。

语法：

```
window.moveTo(x,y)
```

x：窗口左上角的 x 坐标。

y：窗口左上角的 y 坐标。

（2）ResizeTo()方法

ResizeTo()方法是用来将当前窗口改变成(x,y)大小，x、y 分别为宽度和高度。

语法：

```
window.resizeTo(x,y)
```

x：窗口的水平宽度。

y：窗口的垂直宽度。

（3）resizeBy()方法

resizeBy()方法是用来将当前窗口改变指定的大小(x,y)，当 x、y 的值大于 0 时为扩大，小于 0 时为缩小。

语法：

```
window.resizeBy(x,y)
```

x：放大或缩小的水平宽度。

y：放大或缩小的垂直宽度。

例 8-6 本实例在打开 index.htm 文件后，将弹出"打开窗口特殊效果"页面，在该页面中单击超链接"打开明日美食留言薄"，在屏幕的左上角会弹出一个窗口，并动态改变窗口的宽度和高度，当窗口的高度和屏幕的高度一致时，继续添加窗口的宽度，直到与屏幕大小相同为止。

（1）在页面中添加一个链接标记<a>，用于调用自定义函数 go1()，代码如下。

```
<a href="javascript:go1()">打开明日美食留言薄</a>
```

（2）编写用于实现打开窗口特殊效果的 JavaScript 代码。

自定义函数 go1()，用于打开指定的窗口，并设置其位置和大小，代码如下。

```
<script language=JavaScript>
var winheight,winsize,x;
function go1(){
    winheight=100;
    winsize=100;
    x=5;
    win2=window.open("melody.htm","","scrollbars='no'");
    win2.moveTo(0,0);
    win2.resizeTo(100,100);
    go2();
}
```

自定义函数 go2()，用于动态改变窗口的大小，代码如下。

```
function go2(){
    if (winheight>=screen.availHeight-3)
        x=0;
    win2.resizeBy(5,x);
    winheight+=5;
    winsize+=5;
    if (winsize>=screen.width-5){
        winheight=100;
        winsize=100;
        x=5;
        return;
    }
    setTimeout("go2()",50);
}
</script>
```

运行结果如图 8-7 所示。

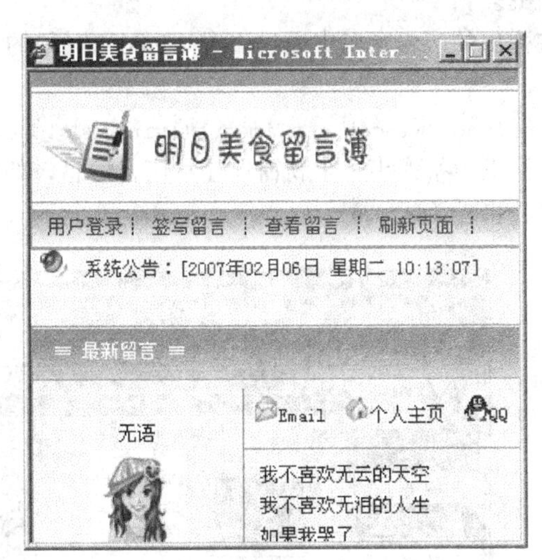

图 8-7　打开窗口特殊效果

4. 状态栏的文字设置

（1）status()方法

改变状态栏中的文字可以通过 window 对象的 status()方法实现。status()方法主要功能是设置或给出浏览器窗口中状态栏的当前显示信息。

语法：

```
window.status=str
```

str：为所显示的字符串信息。

（2）defaultstatus()方法

语法：

```
window.defaultstatus=str
```

str：为所显示的字符串信息。

status()方法与 defaultstatus()方法的区别在于信息显示时间的长短。defaultstatus()方法的值会在任何时间显示，而 status()方法的值只在某个事件发生的瞬间显示。

例如，应用 JavaScript 对象的 status()方法在状态栏中显示指定的字符串，代码如下。

```
<script language="javascript">
    window.status="你好，欢迎登录我的网页！";
</script>
```

5. 关闭窗口

应用窗口对象的 close()方法可以进行关闭窗口的操作。

例 8-7　进入网站后，很多网站都会弹出新窗口（如广告等），多数窗口需要浏览者自行关闭，为了方便浏览者对页面中信息的浏览，笔者在这里运用了一种新的方法来解决弹出窗口关闭这一问题，当用户浏览网站时，无需关闭弹出的新窗口，在页面运行超过一定的时间之后，该窗口便自动关闭，这大大方便了浏览者。

（1）在打开广告窗口的页面中添加如下代码实现打开新窗口的功能。

```
<script language="javaScript">
<!--
window.open("new.htm","new","height=230,width=250,top=10,left=20");
```

```
-->
</script>
```

（2）在弹出的广告窗口中通过设置 window 对象的 setTimeout 方法，实现窗口自动关闭，代码如下。

```
<body onload="window.setTimeout('window.close()',5000)">
```

运行本实例，将弹出一个新窗口显示广告信息，如图 8-8 所示，在页面运行 5 秒钟后，弹出的广告窗口将自动关闭。

图 8-8　自动关闭的广告窗口

8.3.3　输入/输出信息

在 window 对象中有 3 种方法，可以用来创建 3 种不同的对话框，分别为警告对话框（alert()方法）、确认对话框（confirm()方法）和提示对话框（prompt()方法）。下面将对这 3 种方法进行详细介绍。

1．警告对话框

在页面显示时弹出警告对话框主要是在<body>标签中调用 window 对象的 alert()方法实现的，下面对该方法进行详细说明。

利用 window 对象的 alert()方法可以弹出一个警告框，并且在警告框内可以显示提示字符串文本。

语法：

```
window.alert(str)
```

str：为要在警告对话框中显示的提示字符串。

也可以省略“window.”：

```
alert(str)
```

例 8-8　用户可以单击警告对话框中的“确定”按钮来关闭该警告对话框。不同浏览器的警告对话框样式可能会有些不同。在浏览器打开时，弹出警告对话框。代码如下。

```
<html>
<head>
<title>警告对话框的应用</title>
<meta http-equiv="Content-Type" content="text/html; charset=gb2312">
</head>
<body onLoad="al()">
```

```
<script language="javascript">
function al(){
    window.alert("弹出警告对话框!");
}
</script>
</body>
</html>
```

运行结果如图 8-9 所示。

图 8-9 警告对话框的应用

警告对话框是由当前运行的页面弹出的，在对该对话框进行处理之前，不能对当前页面进行操作，并且其后面的代码也不会被执行。只有将警告对话框进行处理后(如单击“确定”或者关闭对话框)，才可以对当前页面进行操作，后面的代码也才能继续执行。

2. 确认对话框

利用 window 对象的 confirm()方法可以在浏览器窗口中弹出一个确认框。在确认框内显示提示字符串，当用户单击“确定”按钮时该方法返回 true，单击“取消”时返回 false。

语法：

```
window.confirm(str)
```

str：为可选项。为字符串（String），指定在对话框内要被显示的信息。如果忽略此参数，将不显示任何信息。

显示一个包含可选信息以及“确定”和“取消”按钮的确认对话框。

确认对话框为模式对话框，其标题栏文字不可以被改变。

例 8-9 当浏览器打开时，在文本框中输入文字并单击“显示对话框”按钮，将会弹出确认对话框，如图 8-10 所示。单击“确定”按钮后，返回相应的数据，如图 8-11 所示。程序代码如下。

```
<script>
function rdl_doClick(){
var sMessage=document.all("oMessage").value;
var bConfirm=window.confirm(sMessage);
with (document.all("oMessage"))
```

```
if (bConfirm) value="用户点击了“确定”";
else value="用户点击了“取消”";
}
</script>
<input id="oMessage" type="text" size="30" value="请在此输入信息"><br><br>
<input type="button" value="显示对话框" onclick="rdl_doClick();">
```

运行结果如图 8-10、图 8-11 所示。

图 8-10　弹出确认对话框

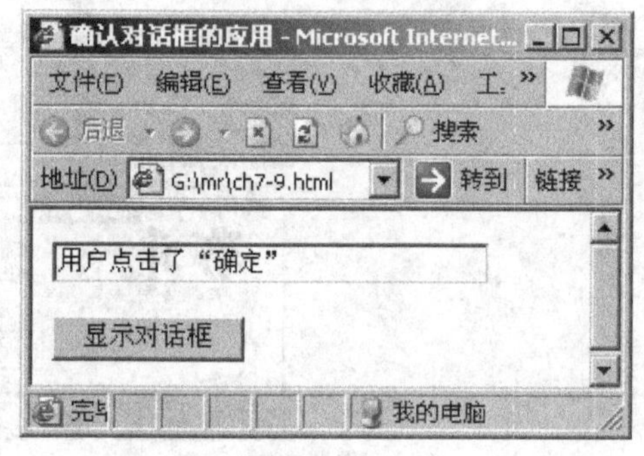

图 8-11　单击“确定”按钮后返回信息

3. 提示对话框

应用 window 对象的 prompt()方法可以在浏览器窗口中弹出一个提示框。与警告框和确认框不同，在提示框中有一个输入框。当显示输入框时，在输入框内显示提示字符串，在输入文本框显示缺省文本，并等待用户输入，当用户在该输入框中输入文字后，并单击“确定”按钮时，返回用户输入的字符串，当单击“取消”按钮时，返回 null 值。

语法：

```
window.prompt(str1, str2)
```

str1：为可选项。表示字符串（String），指定在对话框内要被显示的信息。如果忽略此参数，将不显示任何信息。

str2：为可选项。表示字符串（String），指定对话框内输入框（input）的值（value）。如果忽略此参数，将被设置为 undefined。

例 8-10　当浏览器打开时，在文本框中输入数据并单击“显示对话框”按钮，会弹出一个提示对话框，输入数据后如图 8-12 所示。然后，单击“确定”按钮后，返回相应的数据，如图 8-13 所示。

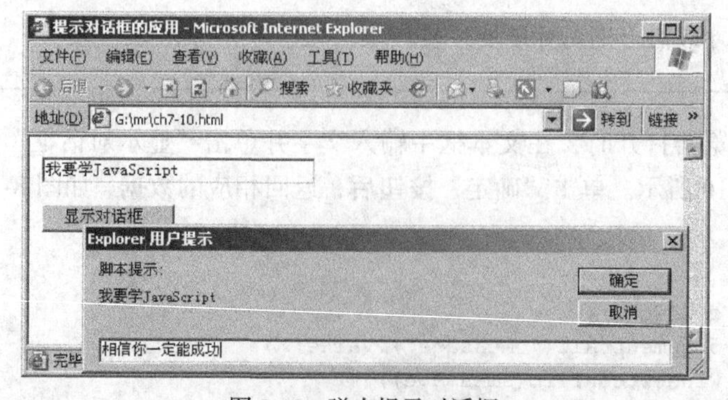

图 8-12　弹出提示对话框

图 8-13　单击“确定”按钮后返回信息

程序代码如下。

```
<script>
function rdl_doClick(){
    var oMessage=document.all("oMessage");
    oMessage.value=window.prompt(oMessage.value,"返回的信息");
}
</script>
<input id=oMessage type="text" size="30" value="请在此输入信息"><br><br>
<input type=button value="显示对话框 " onclick="rdl_doClick();">
```

8.4　网址（location）对象

8.4.1　网址对象的常用属性和方法

location 对象可以控制浏览器的走向，确定将要访问的站点。

location 对象的主要属性及说明如表 8-6 所示。

表 8-6　location 对象的主要属性

编　号	属　性	说　明
1	hash	URL 的散列参数部分
2	host	主机名
3	hostname	主机名和 domain 名
4	pathname	路径名
5	href	URL 的全名（hostname+pathname）
6	port	通信端口号
7	protocol	协议部分，例如：http、ftp 等
8	search	查询字符串部分，也就是？后传送与服务器的参数
9	reload()	刷新当前页面
10	replace()	用传送的 URL 支持的页面替代当前页面

8.4.2　网址对象的应用

本示例主要应用 Location 对象将浏览器指定到所要访问的网站上，程序代码如下。

```
<script language="javascript">
function Mycheck(){
    alert("用户添加成功!!!");
    window.location.href='index.html';
    form1.submit();
}
</script>
```

8.5　历史记录（history）对象

应用 history 对象实现访问窗口历史，history 对象是一个只读的 URL 字符串数组，该对象主要用来存储一个最近所访问网页的 URL 地址的列表。

语法：

```
[window.]history.property|method([parameters])
```

8.5.1　历史记录对象的常用属性和方法

1. history 对象的属性

history 对象的常用属性以及说明如表 8-7 所示。

表 8-7　history 对象的常用属性

属　性	说　明
length	历史列表的长度，用于判断列表中的入口数目
current	当前文档的 URL
next	历史列表的下一个 URL
previous	历史列表的前一个 URL

2. history 对象的方法

history 对象的常用方法以及说明如表 8-8 所示。

表 8-8　history 对象的常用方法

方　法	说　明
back()	退回前一页
forward()	重新进入下一页
go()	进入指定的网页

8.5.2　历史记录对象的应用

例如，应用 history 对象的中的 back()方法和 forward()来引导用户在历史记录中前后游历。代码如下：

```
<a href="javascript:window.history.forward();">forward</a>
<a href="javascript:window.history.back();">back</a>
```

还可以使用 history.go()方法指定要访问的历史记录。若参数为正数，则向前移动；若参数为负数，则向后移动。例如：

```
<a href="javascript:window.history.go(-1);">向后退一次</a>
<a href="javascript:window.history.back(2);">向后前进两次/a>
```

使用 history.length 属性能够访问 history 数组的长度，可以很容易地转移到列表的末尾。例如：

```
<a href="javascript:window.history.go(window.historylength-1);">末尾</a>
```

习　　题

8-1　window 对象即为________对象，是一个全局对象，是所有对象的顶级对象，在 JavaScript 中有着举足轻重的作用。

8-2　以下哪个选项不是 window 对象的属性（　　）。

A. document　　B. location

C. frames　　D. open

8-3　窗口对象的_________方法可以在当前网页中弹出新的窗口。

8-4　应用 window 对象的________方法可以指定窗口的当前位置。

8-5　应用 window 对象的________方法和________来指定窗口的位置及大小。

8-6　应用窗口对象的________方法可以进行关闭窗口的操作。

8-7　在 window 对象中有 3 种方法，可以用来创建 3 种不同的对话框，以下哪种方法不属于此类别的对话框（　　）。

A. 警告对话框　　B. 确认对话框

C. 提示对话框　　D. 取消对话框

8-8　history 对象的退回前一页的方法是________。

上机指导

8-1　应用 JavaScript 脚本弹出一个广告窗口。

8-2　应用 JavaScript 脚本显示历史列表中第一个网址的网页。

8-3　应用 window 对象的 resizeTo 方法来指定窗口的位置，用 window 对象的 moveTo 方法使窗口不断变大，并进行测试。

8-4　应用 JavaScript 脚本打开一个没有状态栏和工具条的网页。

第 9 章
级联样式表（CSS）技术

HTML 文档结构与显示格式的混合一直是 HTML 的一大缺陷，网页设计者需要一种新的规范，将显示格式彻底地独立于文档的结构。W3C（World Wide Web Consortium，万维网联盟）为适应这个需求，组织推出了层叠样式表（Cascading Style Sheets，CSS）。层叠样式表 CSS 是一种简单、灵活、易学的工具，可使任何浏览器都听从指令，知道该如何显示元素及其内容。掌握 CSS 样式表能更好、更快地完成网页设计，使页面具有动态效果。这一章对 CSS 样式表的基本概念和特点、类型、写法、作用的优先顺序以及 CSS 样式表的属性都做了全面的讲解，使读者能够全方位的了解和掌握 CSS 样式表，从而能够灵活的应用。

9.1 CSS 简介

CSS 就是一种叫做样式表（style sheet）的技术，也有人称之为层叠样式表（Cascading Style Sheet）。在主页制作时采用 CSS 技术，可以有效地对页面的布局、字体、颜色、背景和其他效果实现更加精确的控制。只要对相应的代码做一些简单的修改，就可以改变整个页面的风格。

CSS 样式表的特点如下。

- 将显示格式和文档结构分离

HTML 定义文档的结构和各要素的功能，而层叠样式表将定义格式的部分和定义结构的部分分离，能够对页面的布局进行灵活的控制。

- 对 HTML 处理样式的最好补充

HTML 对页面布局上的控制很有限，如精确定位、行间距或者字间距等；CSS 样式表可以控制页面中的每一个元素，从而实现精确定位，CSS 样式表控制页面布局的能力逐步增强。

- 体积更小，加快网页下载速度

样式表是简单的文本，文本不需要图像，不需要执行程序，不需要插件。这样层叠样式表就可以减少图像用量、减少表格标签及其他加大 HTML 体积的代码，从而减小文件尺寸加快网页的下载速度。

- 实现动态更新、减少工作量

定义样式表，可以将站点上的所有网页指向一个独立的 CSS 样式表文件，只要修改 CSS 样式表文件的内容，整个站点相关文件的文本就会随之更新，减轻了工作负担。

- 支持 CSS 的浏览器增多

样式表的代码有很好的兼容性，只要是识别串接样式表的浏览器就可以应用 CSS 样式表。当用户丢失了某个插件时不会发成中断；使用老版本的浏览器代码不会出现乱码的情况。

9.2 样式定义

9.2.1 样式定义的格式

定义 CSS 的语句形式如下：

```
selector {property:value;property:value;…}
```

SELECTOR：选择符。

当多个对象具有相同的样式定义时，多个对象之间可以用逗号分隔，例如：

```
tr,th{font:12px;margin:20px;font-color:#336699}
```

样式列表中的注释应写在"/*　*/"之间。

9.2.2 选择符的分类

在 CSS 样式中有 3 种选择符分别是：

- HTML 选择符

HTML 选择符就是 HTML 的标记符，例如 P、BODY、A 等。如果用 CSS 定义了它们，那么在整个网页中，该标识的属性都应用定义中的设置。HTML 选择符的定义方法如下：

```
tag{property:value}
```

例如，设置表格的单元格内的文字大小为 9pt，颜色为蓝色的 CSS 代码如下：

```
td{ font-size: 9pt; color: blue;}
```

CSS 可以在一条语句中定义多个选择符，例如：将段落文本和单元格内的文字设置为蓝色的 CSS 代码如下：

```
td,p{color: blue;}
```

- Class 选择符

Class 选择符可以分为两种，一种是相关的 class selector，它只与一种 HTML 标记有关系。它的语法格式如下：

```
Tag.Classname{property:value}
```

例如，让一部分而不是全部 H1 的颜色是红色，可以使用以下代码：

```
<style>
  H1.redone{color:red}
</style>
<h1 class=redone>吉林省明日科技有限责任公司<h1>
This is H1.
```

第二种是独立 Class 选择符，它可以被任何 HTML 标记所应用。

它的语法格式如下：

```
.Classname{property:value}
```

例如：可以将样式 blueone 应用于 H2 和 P 中的代码如下：

```
<style>
```

```
    .blueone{color:bule}
</style>
<h2 class="blueone">有雨的日子</h2>
<p class="blueone">不知是无意还是天意，有你的日子总有雨！</p>
```

显然 Class 选择符应用起来会方便得多。

- ID 选择符

ID 选择符其实与独立的 Class 选择符的功能一样，而他们的区别在于语法和用法不同。它的语法格式如下：

```
#IDname{property:value}
```

ID 选择符的用法是在 HTML 标记中应用 ID 属性引用 CSS 样式。例如：

```
<style>
  #redone{color:red}
</style>
<p id="redone">红色热情</p>
<p>黑色神秘</p>
```

由于以上代码中的“红色热情”使用 ID 标识引用 redone 样式，所以文字“红色热情”是红色的，而文字“黑色神秘”则仍采用默认颜色。

PROPERTY：就是那些将要被修改的属性，例如 color。

VALUE：PROPERTY 的值，比如 color 的属性值可以是 red。

9.3 使用样式

9.3.1 嵌入样式表

用<style>标记将样式表嵌入在 HTML 文件的头部。<style>标记的属性 type 指明样式的类别，除了 CSS 样式表外，还有 Netscape 浏览器使用的 JSS（JavaScript Style Sheets，Java 脚本样式表）样式表，其样式类别为 text/javascript；type 的默认值为 text/css。<style>标记内定义的前后加上注释符<!--……-->的作用是使不支持 CSS 的浏览器忽略样式表的定义。嵌入样式表的作用范围是在本 HTML 文件内。

9.3.2 链接外部样式表

如果多个 HTML 文件要共享样式表，可以将样式表定义为一个独立的 CSS 样式文件。HTML 文件在头部用<link>标记链接到 CSS 样式文件。

示例：

在 HEAD 标记里用<link>标记链接 CSS 样式文件，代码如下：

```
<link rel="stylesheet" href="style1.css" type="text/css">
```

9.3.3 引入外部的样式表

这种方式是在 HTML 文件的头部<style></style>标记之间，用 CSS 样式表的@import 声明引入外部样式表。

格式为：

```
<style>
    @import URL("外部样式文件名");
    …
</style>
```

例如，应用@import 声明引入外部样式表，代码如下：

```
@import URL("style1.css");
@import URL("http://www.mingrisoft.com/css/style2.css");
```

引入外部样式表的使用方式与链接到外部样式表很相似，都是将样式定义保存为单独文件。两者的本质区别是：引入方式在浏览器下载 HTML 文件时将样式文件的全部内容拷贝到@import 关键字位置，以替换该关键字；而链接到外部的样式表方式仅在 HTML 文件需要引用 CSS 样式文件中的某个样式时，浏览器才链接样式文件，读取需要的内容并不进行替换。

9.3.4　内嵌样式

这种方式是在 HTML 标记中，将定义的样式规则作为标记 style 属性的属性值。样式定义的作用范围仅限于此标记范围之内。一个内嵌样式的应用如下：

```
<body style="font-family:"宋体";font-size:12pt;background:yellow">
```

要在一个 HTML 文件中使用内联样式，必须在该文件的头部对整个文件进行单独的样式表语言声明，声明如下：

```
<meta http-equiv="Content-Type" content="text/css">
```

内嵌样式主要应用于样式仅适用于单个页面元素的情况。它将样式和要展示的内容混在一起，自然会失去一些样式表的优点。所以建议这种方式尽量少用。

9.3.5　CSS 样式的优先级

当对同一段文本应用多个层叠样式表样式时，文本中的元素将遵循样式表的作用优先顺序依次调用样式。

样式表的作用优先顺序遵循以下原则。

- 内联样式中所定义样式的优先级最高。
- 其他样式按其在 HTML 文件中出现或者被引用的顺序，遵循就近原则，靠近文本越近的优先级越高。
- 选择符的作用优先顺序为：上下文选择符、类选择符、ID 选择符，优先级依次降低。
- 未在任何文件中定义的样式，将遵循浏览器的默认样式。

依照以上原则对下面的示例进行分析。

代码中针对<p>标记定义了 3 个样式表，<body> 标记包含 3 个<p>标记。第 1 个<p>标记根据原则 1、2 条，套用的样式值为："color：#6699FF"，"font-size：16px"，"text-align：center"。样式表定义的类选择器 p.class1，只有 class 属性为 class1 的<p>标记才使用，第 2 个<p>标记套用的样式值为："color：green"，"font-size：12px"，"text-align：center"。第 3 个<p>标记中不含有 class 和 style 属性，套用的样式值为："color：red"，"font-size：16px"，"text-align：center"。程序代码如下。

```
<head>
<style type="text/css">
p{color:red;font-size:24px;}
p.class1{color:green;font-size:12px;}
```

```
p{font-size:16px;text-align:center;}
</style>
</head>
<body>
<p style="color:#6699FF">第一段文字</p>
<p class="class1">第二段文字</p>
<p>第三段文字</p>
</body>
```

样式表的作用顺序是较为复杂的，特别是同时引用多个样式文件时，应十分注意。如果希望一个属性的值不被其他样式定义中相同的属性所定义的值覆盖，可用特定参数!import，如将上例第一个 p 样式定义为：

```
p{color:red;font-size:24px !import;}
```

则浏览器显示的“第一段文字”、“第二段文字”、“第三段文字”的字号都为 24px。

9.4 Style 对象

Style 元素对象是 HTML 对象的一个属性。Style 元素对象提供了一组对应于浏览器所支持 CSS 属性的属性（如 background 、fontSize 和 borderColor 等）。每一个 HTML 对象都有一个 style 属性，可以使用这个属性访问 CSS 样式属性。

9.4.1 style 元素对象

内嵌样式是使用<style>标签属性直接为单个 HTML 元素应用的样式表(CSS)指派。而使用 style 对象可以检查这些指派，并进行新的指派或更改已有的指派。要使用 style 对象，应该在元素对象上使用 style 关键字。要获得内嵌样式的当前设置，应该在 style 对象上使用对应的 style 对象的属性。

下面的代码将给定文档中的全部绝对定位的图像都放置在文档顶部：

```
<SCRIPT>
var oImages = document. all.tags("IMG");
if (oImages.length) {
    for (var iImg = 0; iImg < oImages.length; iImg++) {
        var oImg = oImages(iImg);
        if (oImg.style.position == "absolute"){
            oImg.style.top = 0;
        }
    }
}
</SCRIPT>
```

9.4.2 style 元素对象的样式标签属性和样式属性

1. 检索样式表中的属性值

在 Netscape 6.0 以后的版本中，使用 Style 对象检索属性值。

语法：

```
document.getElementById(对象名称).style.属性
```

在 IE 浏览器中，使用 Style 对象检索属性值。

语法：

```
document.all(对象名称).style.属性
```

2. 样式标签属性和样式属性

在 Style 对象中，样式标签属性和样式属性基本上是相互对应的，两种属性的用法也基本相同，唯一的区别是样式标签属性是用于设置对象的属性值，而样式属性是用于检索或更改对象的属性值。也可以说，样式标签属性是静态属性；样式属性是动态属性。因此，在本节中将综合对样式标签属性和样式属性进行讲解。

例如，利用 style 对象改变字体的大小，代码如下：

```
<HEAD>
<STYLE>
  BODY {  background-color: white; color: black;  }
  H1 {  font: 8pt Arial bold;  }
  P  {  font: 10pt Arial; text-indent: 0.5in;  }
  A  {  text-decoration: none; color: blue;  }
</STYLE>
</HEAD>
<BODY>
<P id=pid>改变字体大小</P>
<SCRIPT>
   pid.style.fontSize = 14;
</SCRIPT>
</BODY>
```

style 元素对象的常用样式标签属性和样式属性如表 9-1 所示。

表 9-1　　style 元素对象的常用样式标签属性和样式属性

属　性	说　明
background	设置或检索对象最多 5 个独立的背景属性
backgroundColor	设置或检索对象的背景颜色
backgroundImage	设置或检索对象的背景图像
backgroundPosition	设置或检索对象背景的位置
backgroundPositionX	设置或检索 backgroundPosition 属性的 x 坐标
backgroundPositionY	设置或检索 backgroundPosition 属性的 y 坐标
behavior	设置或检索 DHTML 行为的位置
border	设置或检索对象周围边框的绘制属性
borderBottom	设置或检索对象下边框的属性
borderBottomColor	设置或检索对象下边框的颜色
borderBottomStyle	设置或检索对象下边框的样式
borderBottomWidth	设置或检索对象下边框的宽度
borderColor	设置或检索对象的边框颜色
borderLeft	设置或检索对象左边框的属性
borderLeftColor	设置或检索对象左边框的颜色
borderLeftStyle	设置或检索对象左边框的样式
borderLeftWidth	设置或检索对象左边框的宽度

续表

属　　性	说　　明
borderRight	设置或检索对象右边框的属性
borderRightColor	设置或检索对象右边框的颜色
borderRightStyle	设置或检索对象右边框的样式
borderRightWidth	设置或检索对象右边框的宽度
borderStyle	设置或检索对象上下左右边框的样式
borderTop	设置或检索对象上边框的属性
borderTopColor	设置或检索对象上边框的颜色
borderTopStyle	设置或检索对象上边框的样式
borderTopWidth	设置或检索对象上边框的宽度
borderWidth	设置或检索对象上下左右边框的宽度
bottom	设置或检索对象相对于文档层次中下一个定位对象的底部的位置
color	设置或检索对象文本的颜色
cursor	设置或检索当鼠标指针指向对象时所使用的鼠标指针
direction	设置或检索对象的阅读顺序
display	设置或检索对象是否需要渲染
font	设置或检索对象最多六个独立的字体属性
fontFamily	设置或检索对象文本所使用的字体名称
fontSize	设置或检索对象文本使用的字体大小
fontStyle	设置或检索对象的字体样式，如斜体、常规或倾斜
fontVariant	设置或检索对象文本是否以小型大写字母显示
fontWeight	设置或检索对象的字体宽度
height	设置或检索对象的高度
left	设置或检索对象相对于文档层次中下一个定位对象的左边界的位置
letterSpacing	设置或检索对象的字符间附加空间的总和
lineHeight	设置或检索对象两行间的距离
listStyle	设置或检索对象最多 3 个独立的 listStyle 属性
listStyleImage	检索要为对象应用的列表项目符号的图像
listStylePosition	检索相对于对象内容如何绘制项目符号
listStyleType	检索对象预定义的项目符号类型
margin	设置或检索对象的上下左右边距
marginBottom	设置或检索对象的下边距宽度
marginLeft	设置或检索对象的左边距宽度
marginRight	设置或检索对象的右边距宽度
marginTop	设置或检索对象的上边距宽度
padding	设置或检索要在对象和其边距（若存在的边框的话）之间要插入的全部空间
paddingBottom	设置或检索要在对象下边框和内容之间插入的空间总量

续表

属　性	说　明
paddingLeft	设置或检索要在对象左边框和内容之间插入的空间总量
paddingRight	设置或检索要在对象右边框和内容之间插入的空间总量
paddingTop	设置或检索对象上边框和内容之间插入的空间总量
right	设置或检索对象相对于文档层次中下一个已定位的对象的右边界的位置
scrollbar3dLightColor	设置或检索滚动条上滚动按钮和滚动滑块的左上颜色
scrollbarArrowColor	设置或检索滚动箭头标识的颜色
scrollbarBaseColor	设置或检索滚动条的主要颜色，其中包含滚动按钮和滚动滑块
scrollbarDarkShadowColor	设置或检索滚动条上滑槽的颜色
scrollbarFaceColor	设置或检索滚动条和滚动条的滚动箭头的颜色
scrollbarHighlightColor	设置或检索滚动框和滚动条滚动箭头的左上边缘颜色
scrollbarShadowColor	设置或检索滚动框和滚动条滚动箭头的右下边缘颜色
scrollbarTrackColor	设置或检索滚动条轨迹元素的颜色
styleFloat	设置或检索文本要绕排到对象的哪一侧
tableLayout	检索表明表格布局是否固定的字符串
textAlign	设置或检索对象中的文本是左对齐、右对齐、居中对齐还是两端对齐
textDecoration	设置或检索对象中的文本是否有闪烁、删除线、上划线或下划线的样式
top	设置或检索对象相对于文档层次中下一个定位对象的上边界的位置
verticalAlign	设置或检索对象的垂直排列
visibility	设置或检索对象的内容是否显示
whiteSpace	设置或检索对象中是否自动换行
width	设置或检索对象的宽度
wordBreak	设置或检索单词内的换行行为，特别是对象中出现多语言的情况
wordSpacing	设置或检索对象中单词间的附加空间总量
wordWrap	设置或检索当内容超过其容器边界时是否断词
zIndex	设置或检索定位对象的堆叠次序
zoom	设置或检索对象的放大比例

3. 颜色和背景属性

（1）BackgroundColor 属性

BackgroundColor 属性用于设置或检索对象的背景颜色。其对应的样式标签属性为 background-color 属性。

语法：

```
background-color: color
```

color：指定颜色。

注意

用颜色名称指定 color 可能不被一些浏览器接受。

（2）Color 属性

Color 属性用于设置或检索对象的文本颜色，无默认值。其对应的样式标签属性为 color 属性。

语法：

```
color : color
```

color：指定颜色。

例 9-1 本示例是在鼠标指向表格中的任意一个单元格时，将该单元格所在行的背景颜色及字体颜色进行改变。在本示例中，主要思想是当鼠标指向表中的单元格时将通过 onMouseOver 事件来调用自定义函数 over()来改变单元格所在行的前景色和背景色，当鼠标纵向离开单元格时将通过 onMouseOut 事件将所选行的前景色和背景色改变为初始状态。主要是通过 style 对象的 backgroundColor 和 color 属性来改变行的背景色和前景色，代码如下。

```
<!--在页面中添加一个宽为 200 的表格，并对表格中的行设置 id 名称-->
<table width="234" height="77" border="1">
  <tr align="center" id="tr1" onMouseOver="over(this.id)" onMouseOut="out(this.id)">
    <td width="52"> </td>
    <td width="65">商品</td>
    <td width="95">价格（元）</td>
  </tr>
  <tr align="center" id="tr2" onMouseOver="over(this.id)" onMouseOut="out(this.id)">
    <td>A 商场</td>
    <td>S 商品</td>
    <td>100</td>
  </tr>
  <tr align="center" id="tr3" onMouseOver="over(this.id)" onMouseOut="out(this.id)">
    <td>B 商场</td>
    <td>S 商品</td>
    <td>80</td>
  </tr>
</table>
<script language="JavaScript">
//用于实现选中行变色的 JavaScript
function over(trname){
     eval(trname).style.backgroundColor="0000FF";
     eval(trname).style.color="FFFFFF";
}
function out(trname){
     eval(trname).style.backgroundColor="FFFFFF";
     eval(trname).style.color="000000";
}
</script>
```

运行结果如图 9-1 所示。

（3）backgroundImage 属性

backgroundImage 属性用来设置或检索对象的背景图像。其对应的样式标签属性为 background-image 属性。

语法：

```
background-image : none | url (url)
```

none：无背景图。

url：使用绝对或相对地址指定背景图像。

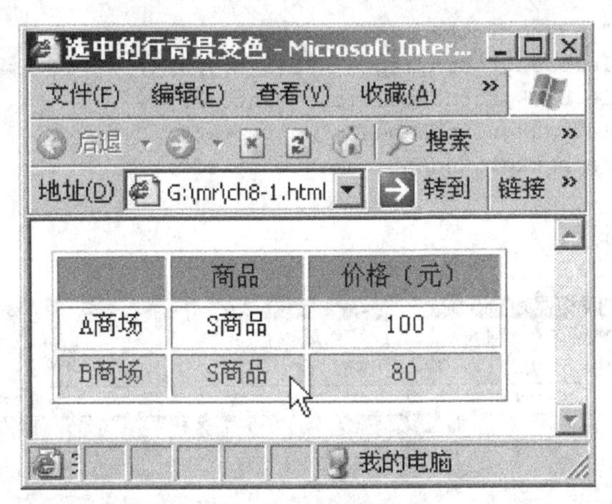

图 9-1　选中的行背景变色

（4）backgroundPosition 属性

backgroundPosition 属性用来设置或检索对象的背景图像位置。必须先指定 background-image 属性。其对应的样式标签属性为 background-position 属性。

语法：

```
background-position : length || length
background-position : position || position
```

length：百分数 | 由浮点数字和单位标识符组成的长度值。

position：top | center | bottom | left | center | right

（5）backgroundRepeat 属性

backgroundRepeat 属性用来设置或检索对象的背景图像是否及如何铺排。必须先指定对象的背景图像。其对应的样式标签属性为 background-repeat 属性。

语法：

```
background-repeat : repeat | no-repeat | repeat-x | repeat-y
```

repeat：背景图像在纵向和横向上平铺。

no-repeat：背景图像不平铺。

repeat-x ：背景图像在横向上平铺。

repeat-y：背景图像在纵向上平铺。

（6）BackgroundAttachment 属性

BackgroundAttachment 属性用来设置或检索背景图像是随对象内容滚动还是固定的。其对应的样式标签属性为 background-attachment 属性。

语法：

```
background-attachment : scroll | fixed
```

scroll：背景图像是随对象内容滚动。

Fixed：背景图像固定。

例 9-2　在制作网页时，为了使网页更加美观，在页面背景中会添加一个图片，但有时因图片过小，在页面中会重复显示图片，这样，反而破坏了页面的美观性。本示例将使页面中的背景固定居中，当页面内容过多时，无论怎样移动滚动条，背景图片始终固定居中。

在本示例中，主要通过 style 对象中的 backgroundImage、backgroundPosition、backgroundRepeat 和 backgroundAttachment 属性，在页面中添加背景图片，并对图片进行居中显示，代码如下。

```
<script language="javascript">
document.body.style.backgroundImage="URL(air.jpg)";
document.body.style.backgroundPosition="center";
document.body.style.backgroundRepeat="no-repeat";
document.body.style.backgroundAttachment="fixed";
</script>
```

运行结果如图 9-2 所示。

图 9-2 背景固定居中

4. 边框属性

（1）borderColor 属性

borderColor 属性用于设置或检索对象的边框颜色。其对应的样式标签属性为 border-color 属性。

语法：

```
border-color: color
```

例如，定义元素边框颜色属性值，代码如下：

```
border-top-color:#6666FF; border-left-color:#6666FF; border-right-color:#CCCCCC;
border-bottom-color:#CCCCCC;
```

（2）borderWidth 属性

borderWidth 属性用于设置或检索对象上下左右边框的宽度。其对应的样式标签属性为 border-width 属性。

语法：

```
border-width:border-top-width        border-left-width        border-bottom-width
border-right-width
```

- 如果提供全部 4 个参数值，将按上、右、下、左的顺序作用于四个边框。
- 如果只提供一个，将用于全部的四条边。
- 如果提供两个，第一个用于上－下，第二个用于左－右。
- 如果提供 3 个，第一个用于上，第二个用于左－右，第三个用于下。

注意

要使用该属性，必须先设定对象 height 或 width 属性，或者设定 position 属性为 absolute。如果 border-style 设置为 none，本属性将失去作用。

（3）borderStyle 属性

borderStyle 属性用于设置或检索对象上下左右边框的样式。其对应的样式标签属性为 border-style 属性。

语法：

```
border-style:none|hidden|inherit|dashed|solid|double|inset|outset|ridge|groove
```

border-style 属性值如表 9-2 所示。

表 9-2 border-style 属性参数值

border-style 属性参数值	说　明
none	无边框
hidder	隐藏边框 IE 不支持
dotted	边框由点组成
dashed	边框由短线组成
solid	边框是实线
double	边框是双实线
groove	边框带有立体感的沟槽
ridge	边框成脊形
inset	边框内嵌一个立体边框
outset	边框外嵌一个立体边框

例 9-3 在浏览网页时，经常会看到带有特殊效果的页面，本示例将通过对窗口样式的设置，使窗口具有立体效果。本示例主要应用了 style 对象的 borderWidth（边框的宽度）、borderColor（边框的颜色）和 borderStyle（边框的样式）属性，对页面的边框进行设置。编写用于实现立体窗口的 JavaScript 代码如下。

```
<script language="JavaScript">
document.body.style.borderWidth=5;
document.body.style.borderColor="#CCCCFF";
document.body.style.borderStyle="groove";
</script>
```

运行结果如图 9-3 所示。

图 9-3 立体窗口

5. 定位属性

（1）clip 属性

clip 属性检索或设置对象的可视区域。区域外的部分是透明的。必须将 postiton 的值设为 absolute，此属性方可使用。其对应的样式标签属性为 clip 属性。

语法：

```
clip : auto | rect( number number number number )
```

auto：对象无剪切。

rect（number number number number）：依据上-右-下-左的顺序提供自对象左上角为（0,0）坐标计算的 4 个偏移数值，其中任意数值都可用 auto 替换，即此边不剪切。

（2）top 属性

top 属性用于设置或检索对象相对于文档层次中下一个定位对象的上边界的位置。其对应的样式标签属性为 top 属性。

语法：

```
top : auto | length
```

auto：默认值。无特殊定位，根据 HTML 定位规则在文档流中分配。

length：由浮点数字和单位标识符组成的长度值/百分数。必须定义 position 属性值为 absolute 或者 relative 此取值方可生效。

此属性仅仅在对象的定位（position）属性被设置时可用。否则，此属性设置会被忽略。此属性对于 currentStyle 对象而言是只读的。对于其他对象而言是可读写的。对应的脚本特性为 top。其值为一字符串，所以不可用于脚本（Scripts）中的计算。

（3）left 属性

left 属性用于设置或检索对象相对于文档层次中下一个定位对象的左边界的位置。其对应的样式标签属性为 left 属性。

语法：

```
left : auto | length
```

auto：默认值。无特殊定位，根据 HTML 定位规则在文档流中分配。

length：由浮点数字和单位标识符组成的长度值|百分数。必须定义 position 属性值为 absolute 或者 relative 此取值方可生效。

此属性仅仅在对象的定位（position）属性被设置时可用。否则，此属性设置会被忽略。此属性对于 currentStyle 对象而言是只读的。对于其他对象而言是可读写的。对应的脚本特性为 left 。其值为一字符串，所以不可用于脚本（Scripts）中的计算。

（4）paddingTop 属性

paddingTop 属性用于设置对象与其最近一个定位的父对象顶部相关的位置。其对应的样式标签属性为 paddingTop 属性。

语法：

```
padding-top:length
```

length：由浮点数字和单位标识符组成的长度值或者百分数。百分数是基于父对象的宽度。

（5）position 属性

position 属性用于检索对象的定位方式，其中包括 posLeft、posRight、posTop 和 posBottom 属性，表示检索对象的 4 个不同定位方式。其对应的样式标签属性为 position 属性。

语法：

```
position : static | absolute | fixed | relative
```

static：无特殊定位，对象遵循 HTML 定位规则。

absolute：将对象从文档流中拖出，使用 left，right，top，bottom 等属性进行绝对定位。而其层叠通过 z-index 属性定义。此时对象不具有边距，但仍有补白和边框。

relative：对象不可层叠，但将依据 left，right，top，bottom 等属性在正常文档流中偏移位置。

fixed：IE5.5 及 NS6 尚不支持此属性。

6. 字体属性

（1）fontStyle 属性

fontStyle 属性用于设置或检索对象中的字体样式。其对应的样式标签属性为 font-style 属性。

语法：

```
font-style : normal | italic | oblique
```

normal：默认值。正常的字体。

italic：斜体。对于没有斜体变量的特殊字体，将应用 oblique。

oblique：倾斜的字体。

（2）fontVariant 属性

fontVariant 属性用于设置或检索对象中的文本是否为小型的大写字母。其对应的样式标签属性为 font-variant 属性。

语法：

```
font-variant : normal | small-caps
```

normal：默认值。正常的字体。

small-caps：小型的大写字母字体。

（3）fontWeight 属性

fontWeight 属性设置或检索对象中的文本字体的粗细。其作用由用户端系统安装的字体的特定字体变量映射决定，系统选择最近的匹配。也就是说，用户可能看不到不同值之间的差异。其对应的样式标签属性为 font-weight 属性。

语法：

```
font-weight : normal | bold | bolder | lighter | 100 | 200 | 300 | 400 | 500 | 600 |
700 | 800 | 900
```

font-weight 属性的参数值如表 9-3 所示。

表 9-3　　font-weight 属性的参数值

font-weight 属性参数值	说　明
normal	默认值。正常的字体。相当于 400。声明此值将取消之前任何设置
bold	粗体。相当于 700。也相当于 b 对象的作用
bolder	比 normal >粗
lighter	比 normal >细
100	字体至少像 200 那样细
200	字体至少像 100 那样粗，像 300 那样细
300	字体至少像 200 那样粗，像 400 那样细
400	相当于 normal
500	字体至少像 400 那样粗，像 600 那样细

续表

font-weight 属性参数值	说　明
600	字体至少像 500 那样粗，像 700 那样细
700	相当于 bold
800	字体至少像 700 那样粗，像 900 那样细
900	字体至少像 800 那样粗

（4）fontSize 属性

fontSize 属性设置或检索对象中的字体尺寸。其对应的样式标签属性为 font-size 属性。

语法：

```
font-size : xx-small | x-small | small | medium | large | x-large | xx-large | larger
| smaller | length
```

font-size 属性的参数值如表 9-4 所示。

表 9-4　　font-size 属性的参数值

font-size 属性参数值	说　明
xx-small	绝对字体尺寸。根据对象字体进行调整。最小
x-small	绝对字体尺寸。根据对象字体进行调整。较小
small	绝对字体尺寸。根据对象字体进行调整。小
medium	默认值。绝对字体尺寸。根据对象字体进行调整。正常
large	绝对字体尺寸。根据对象字体进行调整。大
x-large	绝对字体尺寸。根据对象字体进行调整。较大
xx-large	绝对字体尺寸。根据对象字体进行调整。最大
larger	相对字体尺寸。相对于父对像中字体尺寸进行相对增大。使用成比例的 em 单位计算
smaller	相对字体尺寸。相对于父对像中字体尺寸进行相对减小。使用成比例的 em 单位计算
length	百分数 | 由浮点数字和单位标识符组成的长度值，不可为负值。其百分比取值是基于父对象中字体的尺寸

（5）lineheight 属性

lineheight 属性检索或设置对象的行高。即字体最底端与字体内部顶端之间的距离。其对应的样式标签属性为 line-height 属性。

语法：

```
line-height : normal | length
```

normal：默认值。默认行高

length：百分比数字 | 由浮点数字和单位标识符组成的长度值，允许为负值。其百分比取值是基于字体的高度尺寸。

行高是字体下延与字体内部高度的顶端之间的距离。为负值的行高可用来实现阴影效果。假如一个格式化的行包括不止一个对象，则最大行高会被应用。在这种情况下，此属性不可以为负值。

（6）fontFamily 属性

fontFamily 属性设置或检索用于对象中文本的字体名称序列。默认值为 "Times New Roman"。其对应的样式标签属性为 font-family 属性。

语法：

```
font-family: name
font-family:ncursive | fantasy | monospace | serif | sans-serif
```

name：字体名称。按优先顺序排列。以逗号隔开。如果字体名称包含空格，则应使用引号括起。

第二种声明方式使用所列出的字体序列名称。如果使用 fantasy 序列，将提供默认字体序列。

（7）textDecoration 属性

textDecoration 属性用于设置或检索对象中的文本的装饰。其对应的样式标签属性为 text-decoration 属性。

语法：

```
text-decoration: none | underline | blink | overline | line-through
```

text-decoration 属性的参数值如表 9-5 所示。

表 9-5　text-decoration 属性的参数值

text-decoration 属性的参数值	说　明
none	无装饰
blink	闪烁
underline	下划线
line-through	贯穿线
overline	上划线

例 9-4　一般网站中都有很多超链接，有时当我们将鼠标移动到某一超链接上时，此超链接就会以不同的字体样式显示，例如超链接的字体样式显示为斜体、粗体、下划线、删除线或是粗斜体等。本示例将通过 JavaScript 改变超链接字体样式，应用了字体样式中的 fontWeight、fontStyle 以及 textDecoration 属性，通过设置其属性值，改变超链接的字体样式。代码如下：

```
<script language="javascript">
//当鼠标移动到超链接时改变指定链接的字体样式
function onmovein(v){
  if (v=="a"){
     a.style.fontWeight = "Bold";         //粗体
  }
  if (v=="b"){
     b.style.fontStyle = "Italic";        //斜体
  }
  if (v=="c"){
     c.style.textDecoration = "underline";        //下划线
  }
  if (v=="d"){
    d.style.textDecoration = "line-through";      //删除线
  }
  if (v=="e"){
    e.style.fontWeight = "Bold";          //粗体
```

```
        e.style.fontStyle = "Italic";        //斜体
    }
}
</script>
//当鼠标移出超链接时，恢复超链接的字体样式
function onmoveout(){
    a.style.fontWeight = "normal";
    b.style.fontStyle = "normal";
    c.style.textDecoration = "none";
    d.style.textDecoration = "none";
   e.style.fontStyle = "normal";
    e.style.fontWeight = "normal";
}
```

在超链接的 onmouseover 事件和 onmouseout 事件中调用自定义的 JavaScript 函数 onmovein() 和 onmoveout()，代码如下。

```
<body vlink="#FF3300" bgcolor="#CCFFFF">
<a href="#" name="a" onMouseMove="onmovein('a');" onMouseOut="onmoveout();">用户注册</a> ┆
<a href="#" name="b" onMouseMove="onmovein('b');" onMouseOut="onmoveout();">用户登录</a> ┆
 <a href="#" name="c" onMouseMove="onmovein('c');" onMouseOut="onmoveout();">查看留言</a>┆
<a href="#" name = "d" onMouseMove="onmovein('d');" onMouseOut="onmoveout();"onClick="window.location.reload(); ">刷新页面</a> ┆
<a href="#" name="e" onMouseMove="onmovein('e');" onMouseOut="onmoveout();">版主登录</a>
</body>
```

运行结果如图 9-4 所示。

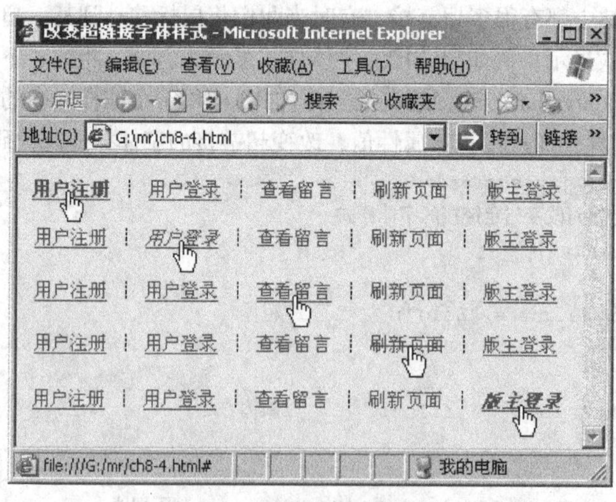

图 9-4　改变超链接字体样式

7. 其他属性

zoom 属性用于设置或检索对象的缩放比例。其对应的样式标签属性为 zoom 属性。

语法：

```
zoom : normal | number
```

normal：使用对象的实际尺寸。

number：百分数|无符号浮点实数。浮点实数值为 1.0 或百分数为 100%时相当于此属性的 normal 值。

例 9-5 本示例实现了使用鼠标滚轮放大缩小图片，当用户将鼠标移动到图片上时，图片将会检索焦点，然后用户可以滚动鼠标滚轮来改变图片的大小。在本示例中，主要是通过 Event 对象的 wheelDelta 属性（用于检索鼠标的滑轮键的值）控制图片的放大或缩小的倍数，再根据检索的值改变图片的 style 对象的 zoom 属性来实现。代码如下：

```
<script language="javascript">
//自定义滚动鼠标滚轮改变图片大小函数。
function bigimg(i){
    var zoom = parseInt(i.style.zoom,10)||100;
    zoom += event.wheelDelta / 12;
    if(zoom > 0 )
        i.style.zoom=zoom+'%';
        return false;
}
</script>
```

添加页面设计代码，并将图片的 OnMouseWheel 事件设置为 bigimg(this)函数，以触发在图片上滚动鼠标滚轮时改变图片大小。代码如下：

```
<body>
<table width="100%">
  <tr>
    <td><span class="style1">请滚动鼠标滚轮</span></td>
  </tr>
</table>
<center>
<a href="http://www.mingrisoft.com">
<img  src="flower.jpg"  width="461"  height="277"  border="1"  onmousewheel="return
bigimg(this)">
</a>
</center>
</body>
```

运行结果如图 9-5 所示。

图 9-5　通过鼠标滚轮放大缩小图片

9.5 CSS 属性

9.5.1 字体属性

字体属性主要包括字体综合设置、字体族科、字体大小、字体风格、字体加粗、字体英文大小写转换等，如表 9-6 所示。

表 9-6 字体属性

字 体 属 性	说 明
font	设置或者检索对象中文本特性的复合属性
font-family	一个指定的字体名或者一个种类的字体族科
font-size	字体显示的大小
font-style	以 3 个方式中的一个来显示字体：normal（普通），italic（斜体）或者 oblique（倾斜）
font-weight	使字体加粗或者变细
font-variant	设置英文大小写转换

下面对以上字体属性进行详细讲解。

● font 复合字体属性

语法：

```
font : font-style || font-variant || font-weight || font-size || line-height ||
font-family
```

该属性是复合属性。声明方式中的参数必须按照如上的排列顺序。每个参数仅允许有一个值。忽略的将使用其参数对应的独立属性默认值。

● font-family 指定字体

语法：

```
font-family：字体 1，字体 2，字体 3……
```

可以设置多种字体。按优先顺序排列，以逗号隔开。如果字体名称包含空格，则应使用引号括起。当浏览器找不到第一种字体，将使用第二种字体替代，以此类推。

● font-size 设定字号

语法：

```
font-size：<absolute-size>|<relative-size>
```

<absolute-size>：指的是绝对长度。使用时应谨慎地考虑到其在不同浏览器上浏览时可能出现的不同效果。对于一个用户来说，绝对长度的字体有可能会很大或者很小，如 xx-small | x-small | small | medium | large | x-large | xx-large 等。

<relative-size>：指的是相对长度，一般使用百分比实现，其百分比取值是基于父对象中字体的尺寸。

● font-style 设定样式

语法：

```
font-style: normal | italic |oblique
```

normal：正常值。

italic：斜体。

oblique：偏斜体。

● font-weight 设定字体粗细

语法：

```
font-weight: normal | bold | bolder | lighter |100-900
```

字体粗细属性值如表 9-7 所示。

表 9-7　字体粗细属性值

字体粗细属性值	说　明
normal	正常值
old	粗体，字体粗细约为 700
bolder	粗体再加粗，字体粗细约为 900
lighter	比默认字体还细
100-900	有 100 至 900 九个级别，数字越小字体越细，数字越大字体越粗

下面示例中<h1>标记的文本字体粗细是 bolder，<p>标记文本字体粗细是 200，程序代码如下。

```
<head>
<style type="text/css">
<!--
h1{font-family:"黑体"; font-size:xx-large; font-style:italic; font-weight:bolder}
p{font-family:" 宋 体 "," 楷 体 _GB2312";  font-size:120%;  font-style:oblique;
font-weight:200}
-->
</style>
</head>
```

9.5.2　文本属性

文本属性设置文字之间的显示特性。CSS 文本属性主要包括字母间隔、文字修饰、文本排列、行高、文字大小写等，如表 9-8 所示。

表 9-8　文本属性

文 本 属 性	说　明
letter-spacing	定义一个附加在字符之间的间隔数量
word-spacing	定义一个附加在单词之间的间隔数量
text-decoration	有 5 个文本修饰属性，选择其中之一来修饰文本
text-align	设置文本的水平对齐方式，包括左对齐、右对齐、居中、两端对齐
vertical-align	设置文本的垂直对齐方式，包括垂直向上对齐、垂直向下对齐、垂直居中、文字向上对齐、文字向下对齐等
text-indent	文字的首行缩进
line-height	文本基线之间的间隔值
text-transform	控制英文文字大小写

下面是对文本属性的详细讲解。

- letter-spacing 设定字符间距

语法：

```
letter-spacing: normal | length
```

normal：正常值。

length：指定长度，包含长度单位。

- word-spacing 设定单词间距

语法：

```
word-spacing: normal | length
```

normal：正常值。

length：指定长度，包含长度单位。

- text-decoration 设定文字修饰

语法：

```
text-decoration: underline | overline | line-through | blink | none
```

文字修饰属性值如表 9-9 所示。

表 9-9　文字修饰属性值

文字修饰属性值	说　明
underline	文字加下划线
overline	文字加上划线
line-through	文字加删除线
blink	闪烁文字，只有 Netscape 浏览器支持
none	默认值

- text-align 设定横向文字对齐方式

语法：

```
text-align: left | right | center | justity
```

横向文字对齐方式属性值如表 9-10 所示。

表 9-10　横向文字对齐方式属性值

横向文字对齐方式属性值	说　明
left	居左对齐
right	居右对齐
center	居中对齐
justify	两端对齐

- vertical-align 设定纵向文字对齐方式

语法：

```
vertical-align: super | sub | top | middle | bottom | text-top | text-bottom
```

纵向文字对齐方式属性值如表 9-11 所示。

表 9-11　　纵向文字对齐方式属性值

纵向文字对齐方式属性值	说　明
super	垂直对齐文本的上标
sub	垂直对齐文本的下标
top	垂直向上对齐
middle	垂直居中
bottom	垂直向下对齐
text-top	文字向上对齐
text-bottom	文字向下对齐

● text-indent 设定文字首行缩进

语法：

```
text-indent: value
```

使用 text-indent 属性可以设定页面文字首行缩进。

● line-height 设定文字行高

语法：

```
line-height: value
```

使用 line-height 属性可以设定页面文字行高。

下面通过具体的 CSS 样式设置文本文字的常用属性。程序代码如下：

```
<head>
<style type="text/css">
<!-
a:link{font-family:"黑体"; text-decoration:none;}
a:visited{font-family:"黑体"; text-decoration:none;}
a:hover{font-family:"楷体_GB2312"; text-decoration:underline;}
h1{font-family:"黑体"; word-spacing:6px; }
td{font-family:"黑体"; vertical-align:bottom}
p{font-family:" 宋 体 "," 楷 体 _GB2312";font-size:14px;word-spacing:6px;
text-transform:uppercase; text-align:left; text-indent:20px; line-height:24px;
letter-spacing:3px }
-->
</style>
</head>
```

9.5.3　颜色和背景属性

CSS 的颜色属性允许设计者指定页面元素的颜色，背景属性用于指定页面的背景颜色或者背景图像的属性。颜色和背景属性如表 9-12 所示。

表 9-12　　颜色和背景属性

颜色和背景属性	说　明
color	设定页面元素的前景色
background-color	设定页面元素的背景色
background-image	设定页面元素的背景图像

续表

颜色和背景属性	说　明
background-repeat	设定一个指定的背景图像被重复的方式
background-attachment	设定背景图像是否跟随页面内容滚动
background- position	设定水平和垂直方向上的位置
background	背景属性的综合设定

下面是对颜色和背景属性的详细讲解。

● color 设定颜色

语法：

```
color: color-value
```

HTML 使用十六进制的 RGB 颜色值对颜色进行控制，即颜色可以通过英文名称或者十六进制来表现。如标准的红色，可以用 RED 作为名称来表现，也可以用#FF0000 作为十六进制来表现。能够使用的预设颜色命名总共有 140 种，常用的有 16 种：Black、Olive、Teal、Red、Blue、Maroon、Navy、Gray、Lime、Fuchsia、White、Green、Purple、Silver、Yellow 和 Aqua。

● background-color 设定背景颜色

语法：

```
background-color: color-value
```

● background-image 设定背景图像

语法：

```
background-image: none | url(url)
```

none：无背景图。

url(url)：使用绝对或相对地址指定背景图像。不仅可以输入本地图像文件的路径和文件名称，也可以用 URL 的形式输入其他位置的图像名称。

页面中可以用 JPG 或者 GIF 图片作为背景图，这与向网页中插入图片不同，背景图像放在网页的最底层，文字和图片等都位于其上。

● background-repeat 设定背景图像平铺

语法：

```
background-repeat: repeat | repeat-x | repeat-y | no-repeat
```

背景图像平铺属性值如表 9-13 所示。

表 9-13　　　　背景图像平铺属性值

背景图像平铺属性值	说　明
repeat	背景图像在横向和纵向平铺
repeat-x	背景图像以 x 轴方向平铺
repeat-y	背景图像以 y 轴方向平铺
no-repeat	背景图像不平铺

● background-attachment 设定背景图像是否跟随页面内容滚动

语法：

```
background-attachment: scroll | fixed
```

scroll：背景图像跟随页面内容滚动。

fixed：背景图像固定。

● background- position 设定背景图像位置

语法：

```
background- position: [value] | [top| center| bottom] | [left| center| right]
```

背景图像位置属性可以确定背景图像的绝对位置，这是 HTML 标记不具备的功能。该属性只能用于块级元素和替换元素（包括 img，input，textarea，select 和 object）。背景图像位置属性值如表 9-14 所示。

表 9-14　　背景图像位置属性值

背景图像位置属性值	说　明
value	以百分比形式（x% y%）或者绝对单位形式（x y）设定背景图像的位置
top	背景图像垂直居顶
center	背景图像垂直居中
bottom	背景图像垂直居底
left	背景图像水平居左
center	背景图像水平居中
right	背景图像水平居右

● background 设定背景综合属性

语法：

```
background: background-color ||background-image ||background-repeat ||background-attachment ||background- position
```

如果使用该复合属性定义其单个参数，则其他参数的默认值将无条件覆盖各自对应的单个属性设置。默认值为：transparent none repeat scroll 0% 0%。

CSS 颜色和背景属性的应用非常广泛，弥补 HTML 显示属性的不足，使页面显示更加完美。

例 9-6　下面的示例是颜色和背景属性的综合应用，读者会看到 CSS 属性美化页面的效果，程序代码如下。

```
<html>
<head>
<meta http-equiv="Content-Type" content="text/html; charset=gb2312">
<title>CSS 颜色和背景属性的应用</title>
<style type="text/css">
<!--
body{background-image:url(air.jpg); background-attachment:scroll}
p{color:#000000;    background-color:#C4ECFD    ;    background-image:url(mr.jpg);
background-repeat:no-repeat; background-position:60% 8px}
body,td,th,caption {font-size: 12px;}
.style2 {color: #000000}
-->
</style>
</head>
<body leftmargin="30px" topmargin="10px">
<p style="width:400 ">
从 60% 8px 处开始显示<br>
```

```
有一条路<br>
走过了总会想起<br>
有一个人<br>
经历了就再难忘记<br>
<br></p>
<table width="400"  border="1">
<caption align="center">
在单元格标记的 style 属性中设置背景图的摆放位置
</caption>
  <tr>
    <td  height="200"  style="color:#6666FF;  text-align:center;  background-repeat:
no-repeat; background-image:url(book.jpg); background-position:bottom left">本单元格背景
图在[0% 100%]处</td>
    <td height="200" style="color:#6666FF; text-align:center; background-repeat:no-
repeat; background-image:url(book.jpg); background-position:top right">本单元格背景图在
[100% 0%]处</td>
  </tr>
</table>
</body>
</html>
```

运行结果如图 9-6 所示。

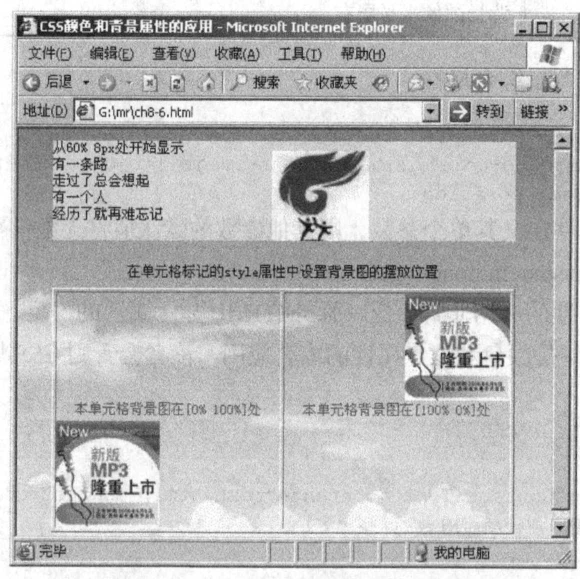

图 9-6　CSS 颜色和背景属性的应用

9.5.4　容器属性

在设计页面时，CSS 可以将元素放置在一个容器中。容器属性如表 9-15 所示。

表 9-15　容器属性

容 器 属 性	说　明
width	设定元素的宽度
height	设定元素的高度

续表

容器属性	说　明
float	允许文字环绕在一个元素的周围
clear	指定在某一个元素的某一边是否允许有环绕的文字或者元素
padding	设定在边框与内容之间插入的空间距离，有 4 个属性值分别用于设定上下左右的填充距离。
margin	设定一个元素在 4 个方向与浏览器窗口边界或者上一级元素边界的距离，有 4 个属性值：top、right、bottom、left，分别控制 4 个方向

例 9-7　下面示例定义 CSS 的容器属性，将元素存放在一个容器中，方便对元素的操作，程序代码如下：

```
<html>
<head>
<meta http-equiv="Content-Type" content="text/html; charset=gb2312">
<title>CSS 区块属性的应用</title>
<style type="text/css">
.class1{width:400px; height:100px; margin-top:20px; margin-right:30px; margin-bottom:20px; margin-left:20px; float:left;border-left-style:groove; border-left-width:3px; border-left-color:#FF9900; border-bottom-style:double; border-bottom-width:4px; border-bottom-color:#FF9900; padding-left:3px; padding-bottom:3px; letter-spacing:3px; line-height:20px}
</style>
</head>
<body>
<h3 style="margin-left:50px ">CSS 样式的概念</h3>
<p class="class1">
<img src="air.jpg">
CSS（Cascading Style Sheets,层叠样式表）是 W3C 协会为弥补 HTML 在显示属性设定上的不足而制定的一套扩展样式标准。CSS 标准中重新定义了 HTML 中原来的文字显示样式，增加了一些新概念，如类、层等，可以对文字重叠、定位等。所谓“层叠”，实际上就是将显示样式独立于显示的内容，进行分类管理，例如分为字体样式、颜色样式等，需要使用样式的 HTML 文件进行套用。</p>
</body>
</html>
```

运行结果如图 9-7 所示。

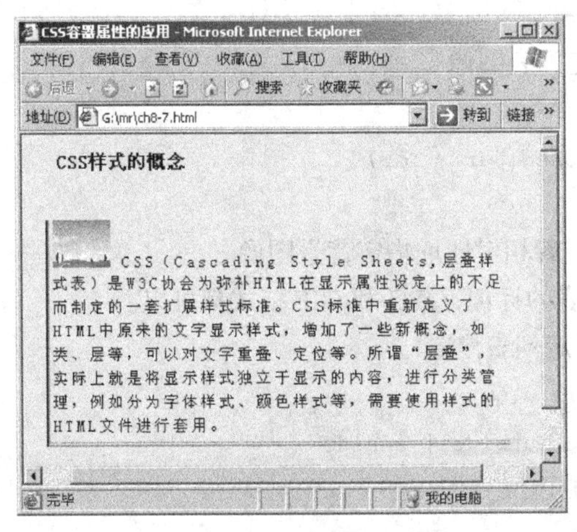

图 9-7　CSS 容器属性的应用

9.5.5 列表属性

CSS 中列表的设定丰富了列表的外观。列表属性用于设置列表标记（ol 和 ul）的显示特性，其属性如表 9-16 所示。

表 9-16 列表属性

列 表 属 性	说 明
list-style-type	设定引导列表项目的符号类型
list-style-image	选择图像作为项目的引导符号
list-style-position	决定列表项目所缩进的程度
list-style	综合设定列表项目属性

下面是对列表属性的详细讲解。

- list-style-type 设定列表样式

语法：

```
list-style-type: value
```

list-style-type 属性可以设定多种符号类型，如表 9-17 所示。

表 9-17 列表符号类型属性值

列表符号类型属性值	说 明
disc	在文本前加“●”实心圆
circle	在文本前加“○”空心圆
square	在文本前加“■”实心方块
decimal	在文本前加普通的阿拉伯数字
lower-roman	在文本前加小写罗马数字
rpper-roman	在文本前加大写罗马数字
lower-alpha	在文本前加小写英文字母
rpper-alpha	在文本前加大写英文字母
none	不显示任何列表项目或者编号

- list-style-image 设定列表图像

语法：

```
list-style-image: none | url(url)
```

none：不指定图像。

url（url）：使用绝对或者相对地址指定背景图像。

可以使用图像作为列表的标记，JPG 和 GIF 格式都可以。

- list-style-position 设定列表位置

语法：

```
list-style-position: outside | inside
```

outside：列表贴近左侧边框。

inside：列表缩进。

例 9-8　下面示例设置 CSS 列表位置属性值，程序代码如下。

```
<html>
<head>
<title>CSS 列表图像属性的应用</title>
<style type="text/css">
<!--
ol{list-style-image:url(User_Login.gif);font-size:18px;}
li.li1{list-style-image:url(icon_up_gray.gif);list-style-position:inside}
li.li2{list-style-image:url(User_Reg.gif)}
-->
</style>
</head>
<body>
<h1>CSS 样式表属性</h1>
<ol>
<li class="li2">字体属性</li>
<li class="li2">文本属性</li>
<li class="li2">颜色和背景属性</li><br>
<li class="li1">边框属性</li>
<li class="li1">鼠标光标属性</li>
<li class="li1">定位属性</li><br>
<li>区块属性</li>
<li>列表属性</li>
</ol>
</body>
</html>
```

运行结果如图 9-8 所示。

图 9-8　CSS 列表图像属性的应用

● list-style 设定综合属性

语法：

```
list-style: list-style-image || list-style-position || list-style-type
```

下面应用 list-style 可以设置列表项目的综合属性，代码如下：

```
ul { list-style: url("bg.gif"), inside, circle; }
```

9.5.6 鼠标属性

通过设置 CSS 样式表鼠标光标属性，当将鼠标移动到链接上时，可以看到多种不同的效果。

语法：

```
cursor: value
```

具体的 cursor 属性值如表 9-18 所示。

表 9-18 鼠标光标属性值

鼠标光标属性值	说明
hand	手
crosshair	交叉十字
text	文本选择符号
wait	Windows 的沙漏形状
default	默认的鼠标形状
help	带问号的鼠标
e-resize	向东的箭头
ne-resize	向东北的箭头
n-resize	向北的箭头
nw-resize	向西北的箭头
w-resize	向西的箭头
sw-resize	向西南的箭头
s-resize	向南的箭头
Se-resize	向东南的箭头

下面示例定义了鼠标光标属性值。程序代码如下：

```
<head>
<style type="text/css">
<!--
h1{cursor:ne-resize}
p{cursor:crosshair; letter-spacing:2px; line-height:20px; text-indent:20px}
img{cursor:help}
-->
</style>
</head>
```

9.5.7 定位和显示

CSS 提供用于定义元素二维、三维空间定位以及可见性的定位属性。设置定位属性可以将元素定位于相对其他元素的相对位置或者绝对位置。可以使用表 9-19 所示的属性来定位网页的元素位置。

表 9-19　　定位属性

定 位 属 性	说　明
position	static：无特殊定位，元素遵循 HTML 定位规则 absolute：绝对定位 relative：相对位置，元素不可重叠
top	距离顶点纵坐标的距离
left	距离顶点横坐标的距离
width	元素的宽度
height	元素的高度
z-index	决定元素的先后顺序和覆盖关系，值高的元素覆盖值低的元素
clip	限定只显示剪切出来的区域，剪切出来的区域为矩形剪切设定两个点：一个是矩形左上角的顶点，由 Top 和 Right 两项设置；另一个是右下角的顶点，由 Bottom 和 Right 两项设置
overflow	当元素内的内容超出元素所能容纳的范围时 visible：无论元素容纳范围的大小，内容都会显示出来 hidden：隐藏超出元素范围的内容 scroll：不管内容是否超出范围，选中此项都会添加滚动条 auto：只在内容超出范围时才显示滚动条
visibility	这一项是针对嵌套元素的设置。嵌套的元素称为子层，被嵌套的元素称为父层 inherit：子层继承父层的可见性。父层可见，子层也可见；父层不可见，子层也不可见 visible：无论父层可见与否，子层都可见 hidden：无论父层可见与否，子层都隐藏

例 9-9　下面的示例定义元素的定位属性，可以呈现出元素的二维和三维空间定位的效果，程序代码如下。

```
<html>
<head>
<meta http-equiv="Content-Type" content="text/html; charset=gb2312">
<title>CSS 定位属性的应用</title>
<style type="text/css">
<!--
p{font-size:14px; color:#6666FF}
div.block1{position:absolute;  top:80px;  left:30px;  width:200px;  height:200px;
background-color:#f3f4f8; border:dashed}
img.pos1{position:relative; top:20px; left:20px; width:80px; height:80px}
div.block2{position:absolute;  top:80px;  left:280px;  width:200px;  height:200px;
background-color:#f3f4f8 ;overflow:scroll}
img.pos2{position:absolute; top:35px; left:20px; width:120px; height:80px;}
p.lev1{position:absolute;   top:80px;   left:20px;   z-index:2;   font-size:22px;
color:#6699FF;}
p.lev2{position:absolute;   top:75px;   left:20px;   z-index:1;   font-size:18px;
color:#FF9900; font-weight:bold}
body {background-color: #FFCCCC;}
-->
</style>
</head>
<body>
<div class="block1"><img src="flower.jpg" width="600" height="480" class="pos2"><br>
```

```
<p>    这是一幅花卉图!</p>
</div>
<h3 align="center">CSS 定位属性的应用</h3>
<div class="block2">
<p class="lev1">文字的重叠显示</p>
<p class="lev2">文字的重叠显示</p>
</div>
</body>
</html>
```

运行结果如图 9-9 所示。

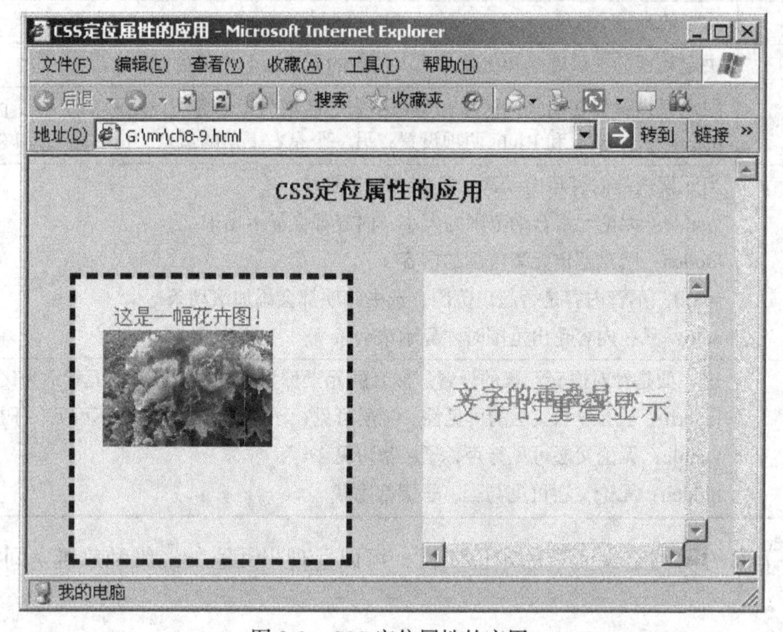

图 9-9 CSS 定位属性的应用

9.5.8 CSS 滤镜

使用滤镜属性可以把可视化的滤镜和转换效果添加到一个标准的 HTML 元素上（例如图片、文本等），从而使页面的视觉效果更加鲜亮。滤镜属性如表 9-20 所示。

表 9-20 滤镜

滤　镜	说　明
Alpha	透明的层次效果
Blur	模糊效果
Chroma	特定颜色的透明效果
Dropshadow	阴影效果
FlipH	沿水平方向翻转效果
FlipV	沿垂直方向翻转效果
Glow	边缘光晕效果
Gray	灰度效果

续表

滤　镜	说　明
Invert	将颜色的饱和度及亮度值完全反转
Mask	遮罩效果
Shadow	渐变阴影效果
Wave	波浪变形效果
Xray	X 射线效果

下面对常用滤镜进行详细讲解。

- Alpha 滤镜设置透明层次

语法：

```
{filter： Alpha （ Opacity=value ， Finishopacity=value ， Style=value ， Startx=value ，
Starty=value, Finishx=value, Finishy=value）}
```

Alpha 属性是把一个目标元素与背景混合。可以通过指定数值来控制混合的程度。Alpha 滤镜属性值如表 9-21 所示。

表 9-21　　Alpha 滤镜属性值

Alpha 滤镜属性值	说　明
Opacity	代表透明水准。默认的范围是 0 至 100，0 代表完全透明，100 代表完全不透明
Finishopacity	是一个可选参数。设置渐变的透明效果时，就用这个参数来指定结束时的透明度，范围是 0 至 100
Style	参数指定透明区域的形状特征，0 代表统一形状、1 代表线形、2 代表放射状、3 代表长方形
Startx	渐变透明效果的开始 X 坐标
Starty	渐变透明效果的开始 Y 坐标
Finishx	渐变透明效果的结束 X 坐标
Finishy	渐变透明效果的结束 Y 坐标

例 9-10　使用 CSS 滤镜会更快捷地对 HTML 页面中的元素进行特效处理。下面示例是几种 CSS 滤镜的应用。程序代码如下：

```
<html>
<head>
<meta http-equiv="Content-Type" content="text/html; charset=gb2312">
<title>CSS 滤镜的应用</title>
<style type="text/css">
<!--
.lvjing{filter: DropShadow(Color=#17274c, OffX=5, OffY=5, Positive=1);}
body,td{font-size:14px}
-->
</style>
</head>
<body topmargin="5px">
<!--阴影效果-->
<table width="300"  border="0"  align="center"  cellpadding="2"  cellspacing="0"
bgcolor="#F7D9A5">
```

```
    <tr>
      <td height="32" align="center" class="lvjing">CSS 滤镜效果</td>
    </tr>
  </table><br>
  <table width="550"  border="0" align="center" cellpadding="2" cellspacing="0">
    <tr align="center" valign="top">
      <td><img  src="shuicai.jpg"  width="230"  height="200"  style="  filter:
Alpha(Opacity=70, Style=1);"><br>
      Alpha 滤镜</td>
      <td> </td>
      <td><img  src="shuicai.jpg"  width="230"  height="200"  style="  filter:
Blur(Add=true, Direction=135, Strength=15); "><br>
      Blur 滤镜</td>
    </tr>
    <tr align="center" valign="top">
      <td><img src="shuicai.jpg" width="230" height="200" style=" filter: Wave(Add=add,
LightStrength=50, Phase=2, Strength=5)"><br>
      Wave 滤镜</td>
      <td> </td>
      <td><img src="shuicai.jpg" width="230" height="200" style=" filter: Gray; "><br>
      Gray 滤镜</td>
    </tr>
  </table>
  </body>
  </html>
```

运行结果如图 9-10 所示。

图 9-10　CSS 滤镜的应用

习　　题

9-1　以下哪个选项不属于 CSS 样式的特点（　　）。

A. 将显示格式和文档结构分离　　B. 体积更小加快网页下载速度

C. 对 HTML 语言处理样式的最好补充　　D. 实现动态更新、增强工作量

9-2　在 CSS 样式中以下哪个选项（　　）不属于选择符的分类。

A. HTML 选择符　　B. Class 选择符

C. ID 选择符　　D. #选择符

9-3　若要在网页中实现两个 DIV 对象重叠效果，需要应用样式表定义中的（　　）。

A. z-index 属性　　B. 容器属性

C. 绝对位置与相对位置属性　　D. CSS 滤镜

上机指导

9-1　应用 CSS 样式定义网页中的滚动条样式。

9-2　应用 CSS 样式统一网页的超级链接默认样式、指向超级链接时的样式、单击超级链接后的样式。

9-3　应用 CSS 样式统一个人网页的整体布局。

第10章 JavaScript中的XML

在Web站点中,XML被广泛应用于数据的结构化组织。在本章中主要介绍JavaScript与XML的应用。

10.1 XML简介

The Extensible Markup Language（XML）可扩展标记语言，是一种用于描述数据的标记语言，XML很容易使用而且可以定制。XML只描述数据的结构以及数据之间的关系。它是一种纯文本的语言，用于在计算机之间共享结构化数据。与其他文档格式相比，XML的优点在于它定义了一种文档自我描述的协议。例如：首先是一个标题，然后是内容摘要，接着是多个小节：每一节都有一个节标题，后面跟一个或多个段落。

10.2 创建XML

为了更好地理解XML文档，先来看一个简单的示例，通过该示例对XML文档的创建以及结构进行详细的讲解。

例10-1 在本示例中创建一个简单的XML文档，以软件管理系统为例，包括用户名、编号和电话，程序代码如下。

```
<?xml version="1.0" encoding="GB2312"?>
<!-- 这是XML文档的注释 -->
<软件管理系统>
   <管理员1>
       <用户名>明日科技</用户名>
        <编号>0001</编号>
        <电话>84978981</电话>
   </管理员1>
   <管理员2>
       <用户名>明日软件</用户名>
        <编号>0002</编号>
        <电话>84972266</电话>
```

```
    </管理员 2>
</软件管理系统>
```

运行结果如图 10-1 所示。

```
  <?xml version="1.0" encoding="GB2312" ?>
  <?xml-stylesheet type= "text/css" href= "style.css" ?>
  <!-- 这是XML文档的注释 -->
- <软件管理系统>
  - <管理员1>
      <用户名>明日科技</用户名>
      <编号>0001</编号>
      <电话>84978981</电话>
    </管理员1>
  - <管理员2>
      <用户名>明日软件</用户名>
      <编号>0002</编号>
      <电话>84972266</电话>
    </管理员2>
  </软件管理系统>
```

图 10-1　XML 文档的创建

XML 文档的结构主要由两部分组成：序言和文档元素。

（1）序言

序言中包含 XML 声明、处理指令和注释。序言必须出现在 XML 文件的开始处。本示例代码中的第 1 行是 XML 声明，用于说明这是一个 XML 文件，并且指定 XML 的版本号。代码中的第 2 行是一条处理指令，引用处理指令的目的是提供有关 XML 应用的程序信息，示例中处理指令告诉浏览器使用 CSS 样式表文件 style.css。代码中的第 3 行为注释语句。

（2）文档元素

XML 文件中的元素是以树型分层结构排列的，元素可以嵌套在其他元素中。文档中必须只有一个顶层元素，称为文档元素或者根元素，类似于 HTML 语言中的 BODY 标记，其他所有元素都嵌套在根元素中。XML 文档中主要包含各种元素、属性、文本内容、字符和实体引用、CDATA 区等。

本示例代码中，文档元素是“软件管理系统”，其起始和结束标记分别是<软件管理系统>、</软件管理系统>。在文档元素中定义了标记<管理员>，又在<管理员>标记中定义了<用户名>、<编号>、<电话>。

了解了 XML 文档的基本格式，还要熟悉创建 XML 文档的规则，要知道什么样的 XML 文档才具有良好的结构。文档的编写规则如下。

（1）XML 元素名是区分大小写的，而且开始和结束标记必须准确匹配。

（2）文档只能包含一个文档元素。

（3）元素可以是空的，也可以包含其他元素、简单的内容或元素和内容的组合。

（4）所有的元素必须有结束标记，或者是简写形式的空元素。

（5）XML 元素必须正确嵌套，不允许元素相互重叠或跨越。

（6）元素可以包含属性，属性必须放在单引号或双引号中。在一个元素结点中，具有给定名称的属性只能有一个。

（7）XML 文档中的空格被保留。空格是节点内容的一部分，如果要删除空格，可以手动进行删除。

10.3 载入 XML

10.3.1 在 IE 中创建 DOM 并载入 XML

（1）创建 XML DOM 对象的实例

Microsoft 在 JavaScript 中引入了用于创建 ActiveX 对象的 ActiveXObject 类，通过该类可以创建 XML DOM 对象的实例，代码如下：

```
var xmldoc = new ActiveXObject("Microsoft.XMLDOM");
```

（2）载入 XML

Microsoft 的 XML DOM 有两种载入 XML 的方法：load()和 loadXML()。

load()方法用于从服务器上载入 XML 文件，load()方法的语法格式如下：

```
xmldoc.load(url);
```

xmldoc：为 XML DOM 对象的实例。

url：为 XML 文件的名称。

load()方法只可以载入同包含 JavaScript 的页面存储于同一服务器上的文件。

在载入时还可以采用同步或异步两种模式，默认情况下，文件是按照异步模式载入，如果需要进行同步载入，可以设置 async 属性为 false。

在异步载入文件时，还需要使用 readyState 属性和 onreadystatechange 事件处理函数，这样可以保证在 DOM 完全载入后执行其他操作。

loadXML()方法可直接向 XML DOM 输入 XML 字符串，例如：

```
xmldoc.loadXML("<root><son/></root>");
```

例 10-2 下面通过 IE 实现对 XML 文档的内容进行读取、输出、添加和删除的操作。首先通过 ActiveXObject 创建一个 Microsoft 解析器实例，然后将 XML 文档载入到内存中，接着应用 DOM 对 XML 文档中的数据进行处理。通过 deleteLastElement()函数实现对 XML 文档中的最后一条记录进行删除；通过 addElement()函数实现对文本框中的内容进行连接，添加到 XML 文档的记录列表中；通过 display()函数对 XML 文档中的元素进行判断，将数据输出到文本区中。

本例主要由两个文件组成，一个是 index.xml 文件，用于创建 XML 文档，这里就不再赘述；另一个是 index.html 文件，通过该文件实现 XML 文档中内容的显示、输出、添加和删除的操作。程序代码如下。

```
<script type="text/javascript">
var xmldoc = new ActiveXObject("Microsoft.XMLDOM");
    xmldoc.async = false;
    xmldoc.load("index.xml");
function deleteLastElement(){                    //查找根元素，并删除其最后一个根节点
    var rootElement = xmldoc.documentElement;
    if (rootElement.hasChildNodes()) rootElement.removeChild(rootElement.lastChild);
}
function addElement(){
```

```
    var rootElement = xmldoc.documentElement;
    var newemploye = xmldoc.createElement('employe');    // 创建雇员元素
    /* 创建子元素及其文本并进行拼接 */
    var newName = xmldoc.createElement('name');
    var newNameText = xmldoc.createTextNode(document.myform.namefield.value);
        //添加文本、名称
        newName.appendChild(newNameText);
        newemploye.appendChild(newName);
    var newage = xmldoc.createElement('age');
    var newageText = xmldoc.createTextNode(document.myform.agefield.value);
        //添加年龄、名称
        newage.appendChild(newageText);
        newemploye.appendChild(newage);
    var newPhone = xmldoc.createElement('phone');
    var newPhoneText = xmldoc.createTextNode(document.myform.phonefield.value);
        //添加电话、名称
        newPhone.appendChild(newPhoneText);
        newemploye.appendChild(newPhone);
    var newaddress = xmldoc.createElement('address');
    var newaddressText = xmldoc.createTextNode(document.myform.addressfield.value);
        //添加地址、名称
        newaddress.appendChild(newaddressText);
        newemploye.appendChild(newaddress);
    rootElement.appendChild(newemploye);                   // 向文档中追加全部记录
}
function dump(string){                                     //字符串处理与拼接
    var currentvalue=document.myform.look_xml.value;
        currentvalue+=string;
    document.myform.look_xml.value = currentvalue;
}
function display(node){
    var type = node.nodeType;
    if(type == 1){  //打开标签
        dump("\<" + node.tagName);
        attributes = node.attributes;
        if(attributes){
            var countAttrs = attributes.length;
            var index = 0;
            while(index < countAttrs){
                att = attributes[index];
                if(att)
                    dump(" " + att.name + "=" + att.value); //如果有多个属性，则输出
                    index++;
            }
        }
        if(node.hasChildNodes()){
            dump(">\n");                           //关闭标签
            var children = node.childNodes;        //获得子节点
            var length = children.length;
            var count = 0;
            while(count < length){
                child = children[count];
```

```
                display(child);        //递归遍历子结点
                count++;
            }
            dump("</" + node.tagName + ">\n");
        }else{
            dump("/>\n");
        }
    }else if(type == 3){                    //调用 dump()，对文本进行拼接
        dump(node.data+"\n");
    }
}
</script>
<form id="myform" name="myform" action="#" method="get">
<table width="750" border="0" align="center" cellpadding="0" cellspacing="0">
    <!--通过 onclick 调用函数实现添加和删除指定的记录-->
  <tr>
    <td colspan="2" align="center"><input name="button2" type="button" onClick=
"addElement();document.myform.look_xml.value='';display(xmldoc.documentElement);"value
= "添加记录" />  
      <input name="button3" type="button" onClick="deleteLastElement();document.
myform.look_xml.value='';display(xmldoc.documentElement);" value="删除最后一条记录" />
        <input name="button" type="button" onClick="document.myform.look_
xml.value='';display(xmldoc.documentElement);" value="重新加载" /></td>
    </tr>
</table>
</form>
<script type="text/javascript">
  display(xmldoc.documentElement);     //显示 XML 文档
</script>
```

运行结果如图 10-2 所示。

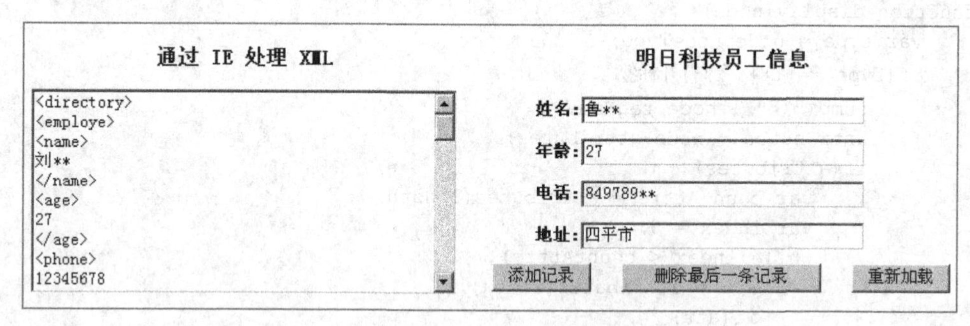

图 10-2　通过 IE 实现对 XML 文档的处理

10.3.2　在 Mozilla 中创建 DOM 并载入 XML

（1）创建 XML DOM 对象的实例

DOM 标准指出，使用 document.implementation 对象的 createDocument()方法可以创建 XML DOM 对象的实例，代码如下：

```
var xmldoc = document.implementation.createDocument("", "", null);
```

createDocument()方法包括 3 个参数，第一个参数用于指定文件的命名空间 URL；第二个参数

用于指定文件元素的标签名；第 3 个参数用于指定文档类型对象（因为 Mozilla 中还没有对文档类型对象的支持，所以总是 null）。

（2）载入 XML

Mozilla 只支持一个载入 XML 的方法：load()。Mozilla 中的 load()方法和 IE 中的 load()方法工作方式一样，只要指定载入的 XML 文件即可。

Mozilla 的 XML DOM 会在文件完全载入后触发 load 事件，也就是说必须使用 onload 事件处理函数来判断 DOM 何时完全载入，这样可以保证在 DOM 完全载入后执行其他操作（例如本例，调用自定义的 JavaScript 函数 createTable()将载入到 DOM 中的 XML 取出来并以表格的形式显示在页面中），代码如下：

```
xmldoc.onload=function(){
    xmldoc.onload =  createTable(xmldoc);
}
```

例 10-3　在本示例中实现 XML、DOM 和 JavaScript 的整合应用，首先应用 ActiveXObject 创建一个 Microsoft 解析器实例，然后将 XML 文档载入到内存中，接着应用 DOM 对象获取 XML 文档中的根节点（var rootElement = xmldoc.documentElement;），最后输出根节点。程序代码如下。

```
<html>
<head>
<title>获取 XML 文档的根节点</title>
<meta http-equiv="Content-Type" content="text/html; charset=gb2312" />
</head>
<body>
<script type="text/jscript">
 var xmldoc = new ActiveXObject("Microsoft.XMLDOM");      //创建 Microsoft 解析器实例
 xmldoc.async = false;
 xmldoc.load("index.xml");  //载入指定的 XML 文档
var rootElement = xmldoc.documentElement;  //访问元素根节点
</script>
<form action="#" method="get">
<!--应用 rootElement.nodeName 获取元素的根节点-->
 <input type="button" value="获取根节点" onclick="alert(rootElement.nodeName);" />
</form>
</body>
</html>
```

通过 JavaScript 访问 XML 文档中数据的方法很多，其根本的思路就是：在后台加载 XML 文档，然后通过 JavaScript 获取文档中所需的数据，最后应用 HTML 展示获取的数据。运行结果如图 10-3 所示。

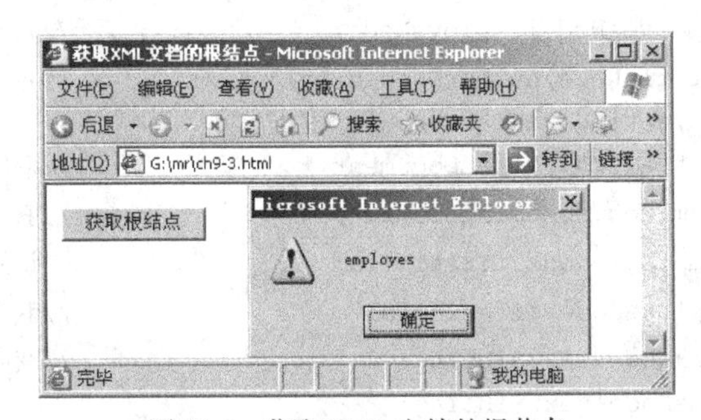

图 10-3　获取 XML 文档的根节点

10.4 读取 XML

10.4.1 获取 XML 元素的属性值

在 XML 元素中，同样也可以像 HMTL 元素那样为指定的元素定义属性，而且还可以获取到属性的值。下面就介绍一种获取 XML 元素中属性值的方法。该方法主要是通过 attributes 属性获取到元素的属性集合，然后再应用 getNamedItem()方法得到指定属性的值。

例 10-4 下面应用 attributes 属性和 getNamedItem()方法获取一个指定的 XML 文档中的属性值。

首先创建一个 XML 文档，并且为指定的元素设置属性，程序代码如下：

```
<?xml version="1.0" encoding="GB2312"?>
<employes>
<employe id='1' attendence='经理'>
<number>1001</number>
<name>李**</name>
<object>PHP</object>
<tel>84978981</tel>
<address>长春市</address>
<e_mail>li**@sina.com</e_mail>
</employe>
</employes>
```

然后创建一个 index.html 文件，实现 XML 元素中数据和属性值的输出。在该文件中首先通过数据岛来调用指定的 XML 文档；然后创建变量，实现 XML 文档中各个结点的引用，并且应用 all 属性获取 id（1）所指定的 XML 文档的引用，将其赋值给 xmldoc；接着获取 employe 元素的引用，通过 attributes 获取 employe 元素的属性集合，接着应用 getNamedItem()方法获取集合 attributes 中 attendence 对象的引用，并将其赋值给变量 attendenceperson；最后通过字符串的拼接实现 XML 文档中数据和属性值的输出，这里获取的属性值为“经理”。程序代码如下：

```
<html>
<head>
<meta http-equiv="Content-Type" content="text/html; charset=gb2312">
<title>获取 XML 元素的属性值</title>
</head>
<xml id="1" src="index.xml"></xml>
<script>
function get_xml(){
    var xmldoc,employesNode,employeNode;                    //定义变量
    var nameNode,titleNode,numberNode,displayText;          //定义变量
    var attributes,attendenceperson
    xmldoc=document.all("1").XMLDocument                    //获取指定的 XML 文档
    employesNode=xmldoc.documentElement;                    //获取根节点
    employeNode=employesNode.firstChild;                    //访问根元素下的第一个节点
    numberNode=employeNode.firstChild;                      //获取 number 元素
    nameNode=numberNode.nextSibling;                        //获取 name 元素
    objectNode=nameNode.nextSibling;
    telNode=objectNode.nextSibling;
```

```
    attributes=employeNode.attributes;                    //获取 employe 节点的属性集合
    attendenceperson=attributes.getNamedItem("attendence")  //获取集合指定对象的引用
    //实现字符串的拼接,输出 XML 文档中的数据
   displayText="员工信息:"+numberNode.firstChild.nodeValue+','+nameNode.firstChild.
nodeValue+','+objectNode.firstChild.nodeValue+','+telNode.firstChild.nodeValue+"<br> 职
务:"+attendenceperson.value;
    div.innerHTML=displayText;  //指定在 ID 标识为 div 的<div>标签中输出字符串 displayText
的信息
  }
  </script>
  <body>
  <h1>输出 XML 元素中的数据和属性值</h1>
  <!--应用 onClick 事件调用函数 get_xml()-->
  <input type="button" value="获取 XML 元素的属性值" onClick="get_xml()">
  <div id="div"></div>
  </body>
  </html>
```

运行结果如图 10-4 所示。

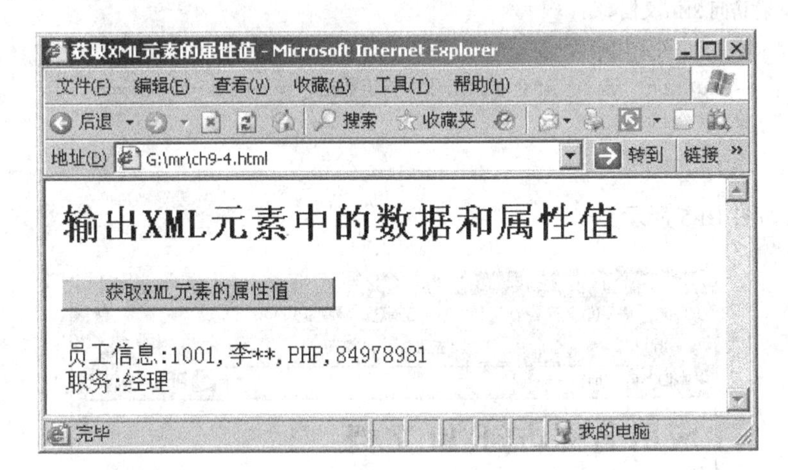

图 10-4　获取 XML 元素的属性值

10.4.2　应用名称访问 XML 文档

例 10-5　在本示例中首先应用 ActiveXObject 创建一个 Microsoft 解析器实例，然后将 XML 文档载入到内存中；接着应用 getElementsByTagName()方法获取 number 元素、name 元素和 object 元素的引用，返回结果为一个数组，数组中每个元素都对应 XML 文档中一个元素，并且次序相同；接着获取对应元素所包含文字的值，并且对字符串进行拼接。下面通过表达式 nameNode(2).firstChild.nodeValue 获取 name 元素所包含文字的值，程序代码如下。

```
<html>
<head>
<meta http-equiv="Content-Type" content="text/html; charset=gb2312">
<title>应用名称访问 XML 文档</title>
</head>
<script>
```

```
function get_xml(){
    var xmldoc,employesNode,employeNode,peopleNode;      //定义变量
    var nameNode,titleNode,numberNode,displayText;       //定义变量
    xmldoc = new ActiveXObject("Microsoft.XMLDOM");      //创建Microsoft解析器实例
    xmldoc.async = false;
    xmldoc.load("index.xml");                            //载入指定的XML文档
    numberNode=xmldoc.getElementsByTagName("number");    //获取number元素的引用
    nameNode=xmldoc.getElementsByTagName("name");        //获取name元素的引用
    objectNode=xmldoc.getElementsByTagName("object");
    telNode=xmldoc.getElementsByTagName("tel");
    //实现字符串的拼接,输出XML文档中的数据
    displayText=" 员 工 信 息 :"+numberNode(1).firstChild.nodeValue+','+nameNode(1).
firstChild.nodeValue+','+objectNode(1).firstChild.nodeValue+','+telNode(1).firstChild.
nodeValue;
    div.innerHTML=displayText; //指定在ID标识为div的<div>标签中输出字符串displayText
的信息
}
</script>
<body>
<h1>应用名称访问XML文档</h1>
<!--应用onClick事件调用函数get_xml()-->
<input type="button" value="获取XML中的指定数据" onClick="get_xml()">
<div id="div"></div>
</body>
</html>
```

运行结果如图 10-5 所示。

图 10-5　应用名称访问 XML 文档

在 JavaScript 的数组的下标中从 0 开始计数。FirstChild 属性说明要访问 name 元素所包含的文字，而不是访问 name 元素本身；nodeValue 属性获取节点的值。

10.4.3　通过 JavaScript 读取 XML 文档中的数据

例 10-6　在本示例中通过 JavaScript 脚本语句获取 XML 文档中的数据。创建一个 get_xml()函数，首先定义变量用于输出 XML 文档中的数据，然后创建 Microsoft 解析器实例，加载指定的 XML 文档，最后应用 Microsoft.XMLDOM 对象的 documentElement 元素访问 XML 文档的根元素，

并按照树形结构的特点应用 DOM 模型访问 XML 文档的其他元素和数据。

```
<html>
<head>
<meta http-equiv="Content-Type" content="text/html; charset=gb2312">
<title>获取 XML 文档中的数据</title>
</head>
<script>
function get_xml(){
    var xmldoc,employesNode,employeNode,peopleNode;      //定义变量
    var nameNode,titleNode,numberNode,displayText;       //定义变量
    xmldoc = new ActiveXObject("Microsoft.XMLDOM");      //创建 Microsoft 解析器实例
    xmldoc.async = false;
    xmldoc.load("index.xml");                            //载入指定的 XML 文档
    employesNode=xmldoc.documentElement;                 //获取根节点
    employeNode=employesNode.firstChild;                 //访问根元素下的第一个节点
    numberNode=employeNode.firstChild;                   //获取 number 元素
    nameNode=numberNode.nextSibling;                     //获取 name 元素
    objectNode=nameNode.nextSibling;
    telNode=objectNode.nextSibling;
    //实现字符串的拼接,输出 XML 文档中的数据
   displayText="员工信息:"+numberNode.firstChild.nodeValue+','+nameNode.firstChild.
nodeValue+','+objectNode.firstChild.nodeValue+','+telNode.firstChild.nodeValue;
    div.innerHTML=displayText; //指定在 ID 标识为 div 的<div>标签中输出字符串 displayText
的信息
}
</script>
<body>
<h1>获取 XML 文档中的数据</h1>
<!--应用 onClick 事件调用函数 get_xml()-->
<input type="button" value="获取 XML 中的指定数据" onClick="get_xml()">
<div id="div"></div>
</body>
</html>
```

运行结果如图 10-6 所示。

图 10-6　获取 XML 文档中的数据

10.4.4　使用 XML DOM 对象读取 XML 文件

例 10-7　在本实例中首先编写自定义函数 readXML()，用于读取指定的 XML 文档并显示在页面中。在该函数中，首先实现在 IE 或 Mozilla 浏览器中创建 DOM，然后把指定 XML 文档载入到 DOM 中，最后调用自定义函数 createTable()在页面的指定位置显示 XML 文档的内容，代码如下：

```
<script language="javascript">
function readXML() {
    var url = "index.xml";
    if(window.ActiveXObject) {      //IE
        var xmldoc = new ActiveXObject("Microsoft.XMLDOM");
        xmldoc.onreadystatechange = function() {
            if(xmldoc.readyState == 4) createTable(xmldoc);
        }
        xmldoc.load(url);
    }
    else if(document.implementation&&document.implementation.createDocument) {    //
Mozilla......
        var xmldoc = document.implementation.createDocument("", "", null);
            xmldoc.onload=function(){
            xmldoc.onload =  createTable(xmldoc);
        }
        xmldoc.load(url);
    }
}
</script>
```

然后编写自定义函数 createTable()，用于将载入到 DOM 中的 XML 取出并以表格的形式显示在页面中。该函数只包括一个参数 xmldoc，用于指定载入到 DOM 中的 XML，无返回值。程序代码如下：

```
<script language="javascript">
function createTable(xmldoc) {
    var table = document.createElement("table");
    table.setAttribute("width","100%");
    table.setAttribute("border","1");
    table.borderColor="#FFFFFF";
    table.cellSpacing="0";
    table.cellpadding="0";
    table.borderColorDark="#FFFFFF";
    table.borderColorLight="#AAAAAA";
    parentTd.appendChild(table);     //在指定位置创建表格
    var header = table.createTHead();
    header.bgColor="#EEEEEE";  //设置表头背景
    var headerrow = header.insertRow(0);
    headerrow.height="27";  //设置表头高度
    headerrow.insertCell(0).appendChild(document.createTextNode("商品名称"));
    headerrow.insertCell(1).appendChild(document.createTextNode("类别"));
    headerrow.insertCell(2).appendChild(document.createTextNode("单位"));
    headerrow.insertCell(3).appendChild(document.createTextNode("单价"));
    var goodss = xmldoc.getElementsByTagName("goods");
    for(var i=0;i<goodss.length;i++) {
```

```
            var g = goodss[i];
            var name = g.getAttribute("name");
            var type = g.getElementsByTagName("type")[0].firstChild.data;
            var goodsunit = g.getElementsByTagName("goodsunit")[0].firstChild.data;
            var price = g.getElementsByTagName("price")[0].firstChild.data;
            var row = table.insertRow(i+1);
            row.height="27";      //设置行高
            row.insertCell(0).appendChild(document.createTextNode(name));
            row.insertCell(1).appendChild(document.createTextNode(type));
            row.insertCell(2).appendChild(document.createTextNode(goodsunit));
            row.insertCell(3).appendChild(document.createTextNode(price));
        }
    }
    </script>
```

最后将用于显示新创建表格的单元格的 ID 属性设置为 parentTd，并在<body>标记中应用 onLoad 事件调用自定义函数 readXML()读取 XML 文件并显示在页面中，关键代码如下：

```
<body onLoad="readXML()">
<td valign="top" id="parentTd"> </td>
</body>
```

运行结果如图 10-7 所示。

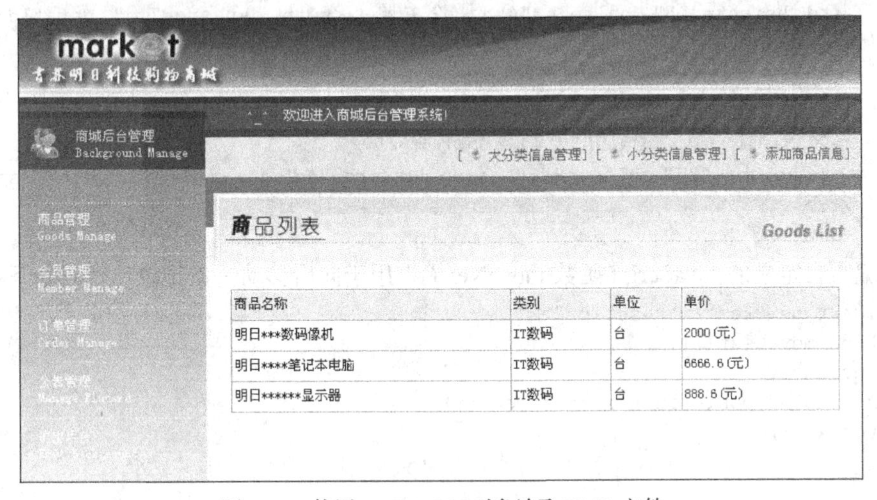

图 10-7　使用 XML DOM 对象读取 XML 文件

10.5　通过 JavaScript 操作 XML 实现分页

例 10-8　本实例主要应用 JavaScript 操作 XML 文档分页显示。其中主要通过 XML 数据岛的 recordset 对象的 absoluteposition 属性、recordcount 属性、movenext()方法和 moveprevious()方法实现数据的分页导航功能。各个属性或方法的功能如表 10-1 所示。

表 10-1　　recordset 对象的属性和方法说明

属性/方法	说　明
absoluteposition 属性	返回当前记录的记录号
recordcount 属性	返回总记录数

续表

属性/方法	说　明
movenext()方法	将记录指针移动到下一条记录
moveprevious()方法	将记录指针向前移动一条记录

（1）首先使用一个 XML 数据岛（id=d）载入 index.xml 文档，然后使用<span>标记的 datasrc 属性与 id 为 d 的 XML 数据岛进行绑定，再使用<span>标记的 datafld 属性与 XML 文档对应的 XML 元素进行绑定，关键代码如下：

```
<xml id="d" src="index.xml" async="false"></xml>
    <table width="90%" border="1" cellpadding="0" cellspacing="0" bordercolor=
"#FFFFFF"    bordercolordark="#FFFFFF" bordercolorlight="#999999">
      <tr>
        <td height="25" colspan="2">评论员 ID 号：<span datasrc="#d" datafld="id">
</span></td>
        <td width="35%">作者：<span datasrc="#d" datafld="author"></span></td>
        <td width="43%">发表日期：<span datasrc="#d" datafld="datetime"></span></td>
      </tr>
      <tr>
        <td height="25" colspan="4">评论主题：<span datasrc="#d" datafld="topic">
</span></td>
      </tr>
      <tr>
        <td width="11%" height="25">评论内容</td>
        <td height="25" colspan="3"><span datasrc="#d" datafld="content"></span></td>
      </tr>
    </table>
```

（2）编写自定义的 JavaScript 函数 moveNext()，用于向后移动一条记录，代码如下：

```
<script type="text/javascript">
function moveNext(){
x=d.recordset;
if (x.absoluteposition < x.recordcount){
x.movenext();
    }
}
```

（3）编写自定义的 JavaScript 函数 movePrevious()，用于向前移动一条记录，代码如下：

```
function movePrevious(){
x=d.recordset;
if (x.absoluteposition > 1){
x.moveprevious();
    }
}
</script>
```

（4）在页面的适当位置添加“上一篇”和“下一篇”超链接，并应用 onClick 事件调用相应方法，代码如下：

```
<a href="#" onClick="movePrevious()">上一篇</a> 
<a href="#" onClick="moveNext()">下一篇</a>
```

运行结果如图 10-8 所示，在页面中将显示第一篇从 XML 文档中获取的评论，单击“下一篇”超链接，即可查看下一篇评论，单击“上一篇”超链接，即可查看上一篇评论。

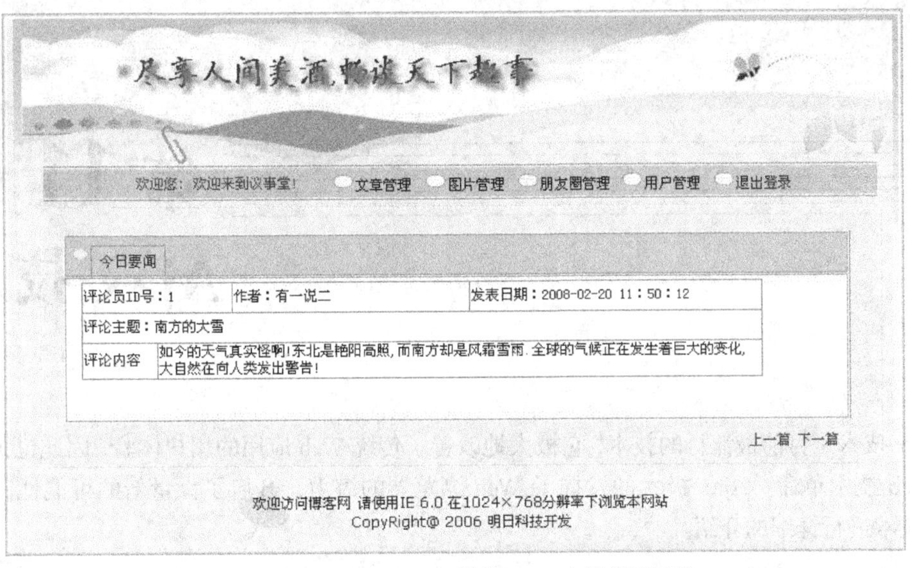

图 10-8　通过 JavaScript 操作 XML 文档分页显示

习　　题

10-1　XML 文档的结构主要由两部分组成：________和________。

10-2　XML 文件中的元素是以________结构排列的。

10-3　文档中必须只有一个顶层元素，称为________。

10-4　下列（　　）不属于文档的编写规则。

A. XML 元素名是区分大小写的，而且开始和结束标记必须准确匹配

B. 文档只能包含一个文档元素

C. 元素可以包含属性，属性必须放在括号中。

D. XML 元素必须正确的嵌套，不允许元素相互重叠或跨越。

10-5　默认情况下，文件是按照异步模式载入，如果需要进行同步载入，可以设置 async 属性为（　　）。

A. true　　　　　　B. false

10-6　Mozilla 只支持一个载入 XML 的方法________。

上机指导

10-1　通过 IE 浏览器实现对 XML 文档的内容（学生信息）进行读取、输出、添加和删除的操作。

10-2　应用 JavaScript 操作 XML 实现学生信息分页显示。

第11章 Ajax 技术

Ajax 技术是目前最流行的技术，它极大地改善了传统 Web 应用的用户体验，因此也被称为传统的 Web 技术革命。Ajax 极大的发掘了 Web 浏览器的潜力，开启了大量新的可能性。本章对 AJAX 技术进行详细的介绍。

11.1 Ajax 介绍

Ajax 是由 Jesse James Garrett 创造的，是 Asynchronous JavaScript And XML 的缩写，即异步 JavaScript 和 XML 技术。Ajax 并不是一门新的语言或技术，它是 JavaScript、XML、CSS、DOM 等多种已有技术的组合，它可以实现客户端的异步请求操作。这样可以实现在不需要刷新页面的情况下与服务器进行通信，从而减少了用户的等待时间。

在传统的 Web 应用模式中，页面中用户的每一次操作都将触发一次返回 Web 服务器的 HTTP 请求，服务器进行相应的处理（获得数据、运行与不同的系统会话）后，返回一个 HTML 页面给客户端，如图 11-1 所示。而在 Ajax 应用中，页面中用户的操作将通过 Ajax 引擎与服务器端进行通信，然后将返回结果提交给客户端页面的 Ajax 引擎，再由 Ajax 引擎来决定将这些数据插入到页面的指定位置，如图 11-2 所示。

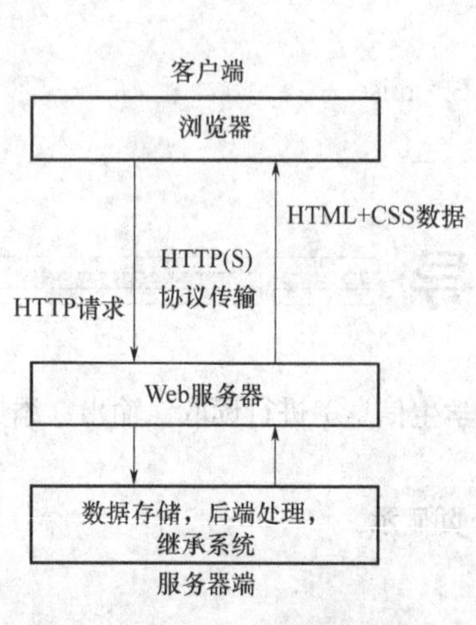

图 11-1　传统的 Web 开发模式

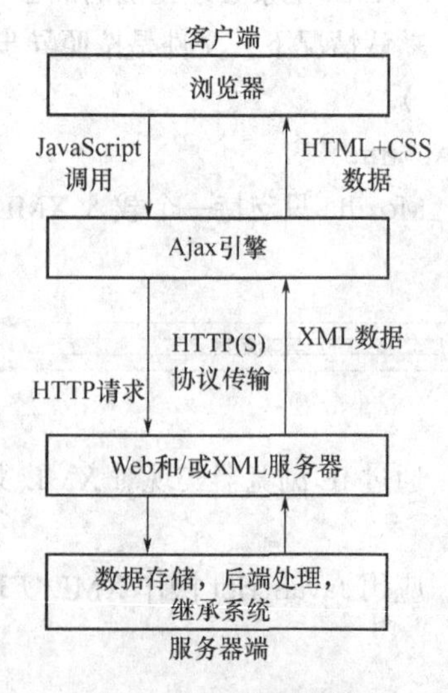

图 11-2　Ajax 的开发模式

从图 11-1 和图 11-2 中可以看出，对于每个用户的行为，在传统的 Web 应用模式中，将生成一次 HTTP 请求，而在 Ajax 应用开发模式中，将变成对 Ajax 引擎的一次 JavaScript 调用。在 Ajax 应用开发模式中通过 JavaScript 实现在不刷新整个页面的情况下，对部分数据进行更新，从而降低了网络流量，给用户带来了更好的体验。

与传统的 Web 应用不同，Ajax 在用户与服务器之间引入一个中间媒介（Ajax 引擎），Web 页面不用打断交互流程进行重新加载，就可以动态地更新，从而消除了网络交互过程中的“处理—等待—处理—等待”的缺点。

使用 Ajax 的优点具体表现在以下几方面。

（1）减轻服务器的负担。Ajax 的原则是“按需求获取数据”，可以最大程度的减少冗余请求和响应对服务器造成的负担。

（2）可以把一部分以前由服务器负担的工作转移到客户端，利用客户端闲置的资源进行处理，减轻服务器和带宽的负担，节约空间和宽带租用成本。

（3）无刷新更新页面，从而使用用户不用再像以前一样在服务器处理数据时，只能在处于处理状态的白屏前焦急的等待。Ajax 使用 XMLHttpRequest 对象发送请求并得到服务器响应，在不需要重新载入整个页面的情况下，就可以通过 DOM 及时将更新的内容显示在页面上。

（4）可以调用 XML 等外部数据，进一步促进 Web 页面显示和数据的分离。

（5）基于标准化的并被广泛支持的技术，不需要下载插件或者小程序。

11.2 Ajax 技术的组成

11.2.1 JavaScript

JavaScript 是一种在 Web 页面中添加动态脚本代码的解释性程序语言，其核心已经嵌入到目前主流的 Web 浏览器中。虽然平时应用最多的是通过 JavaScript 实现一些网页特效及表单数据验证等功能，其实 JavaScript 可以实现的功能远不止这些。JavaScript 是一种具有丰富的面向对象特性的程序设计语言，利用它能执行许多复杂的任务，例如，Ajax 就是应用 JavaScript 将 DOM、XHTML（或 HTML）、XML 以及 CSS 等技术综合起来，并控制它们的行为的。因此，要开发一个复杂高效的 Ajax 应用程序，就必须对 JavaScript 有深入的了解。

11.2.2 XMLHttpRequest

Ajax 技术之中，最核心的技术就是 XMLHttpRequest，它是一个具有应用程序接口的 JavaScript 对象，能够使用超文本传输协议（HTTP）连接一个服务器，是微软公司为了满足开发者的需要，于 1999 年在 IE 5.0 浏览器中率先推出的。现在许多浏览器都对其提供了支持，不过实现方式与 IE 有所不同。

通过 XMLHttpRequest 对象，Ajax 可以像桌面应用程序一样只同服务器进行数据层面的交换，而不用每次都刷新页面，也不用每次都将数据处理的工作交给服务器来做，这样既减轻了服务器负担又加快了响应速度、缩短了用户等待的时间。

在使用 XMLHttpRequest 对象发送请求和处理响应之前，首先需要初始化该对象，由于 XMLHttpRequest 不是一个 W3C 标准，所以对于不同的浏览器，初始化的方法也是不同的。

- IE 浏览器

IE 浏览器把 XMLHttpRequest 实例化为一个 ActiveX 对象。具体方法如下：

```
var http_request = new ActiveXObject("Msxml2.XMLHTTP");
```

或者

```
var http_request = new ActiveXObject("Microsoft.XMLHTTP");
```

在上面语法中的 Msxml2.XMLHTTP 和 Microsoft.XMLHTTP 是针对 IE 浏览器的不同版本而进行设置的，目前比较常用的是这两种。

- Mozilla、Safari 等其他浏览器

Mozilla、Safari 等其他浏览器把它实例化为一个本地 JavaScript 对象。具体方法如下：

```
var http_request = new XMLHttpRequest();
```

为了提高程序的兼容性，可以创建一个跨浏览器的 XMLHttpRequest 对象。方法很简单，只需要判断一下不同浏览器的实现方式，如果浏览器提供了 XMLHttpRequest 类，则直接创建一个实例，否则使用 IE 的 ActiveX 控件。具体代码如下：

```
if (window.XMLHttpRequest) {                          //Mozilla、Safari 等浏览器
    http_request = new XMLHttpRequest();
}
else if (window.ActiveXObject) {                      //IE 浏览器
    try {
        http_request = new ActiveXObject("Msxml2.XMLHTTP");
    } catch (e) {
        try {
            http_request = new ActiveXObject("Microsoft.XMLHTTP");
        } catch (e) {}
    }
}
```

说明　由于 JavaScript 具有动态类型特性，而且 XMLHttpRequest 对象在不同浏览器上的实例是兼容的，所以可以用同样的方式访问 XMLHttpRequest 实例的属性的方法，不需要考虑创建该实例的方法。

下面分别介绍 XMLHttpRequest 对象的常用方法和属性。

1. XMLHttpRequest 对象的常用方法

下面对 XMLHttpRequest 对象的常用方法进行详细介绍。

（1）open()方法

open()方法用于设置进行异步请求目标的 URL、请求方法以及其他参数信息，具体语法如下：

```
open("method","URL"[,asyncFlag[,"userName"[, "password"]]])
```

在上面的语法中，method 用于指定请求的类型，一般为 get 或 post；URL 用于指定请求地址，可以使用绝对地址或者相对地址，并且可以传递查询字符串；asyncFlag 为可选参数，用于指定请求方式，同步请求为 true，异步请求为 false，默认情况下为 true；userName 为可选参数，用于指定求用户名，没有时可省略；password 为可选参数，用于指定请求密码，没有时可省略。

（2）send()方法

send()方法用于向服务器发送请求。如果请求声明为异步，该方法将立即返回，否则将等到接收到响应为止。具体语法格式如下：

```
send(content)
```

在上面的语法中，content 用于指定发送的数据，可以是 DOM 对象的实例、输入流或字符串。

如果没有参数需要传递可以设置为 null。

（3）setRequestHeader()方法

setRequestHeader()方法为请求的 HTTP 头设置值。具体语法格式如下：

```
setRequestHeader("label", "value")
```

在上面的语法中，label 用于指定 HTTP 头；value 用于为指定的 HTTP 头设置值。

setRequestHeader()方法必须在调用 open()方法之后才能调用。

（4）abort()方法

abort()方法用于停止当前异步请求。

（5）getAllResponseHeaders()方法

getAllResponseHeaders()方法用于以字符串形式返回完整的 HTTP 头信息，当存在参数时，表示以字符串形式返回由该参数指定的 HTTP 头信息。

2. XMLHttpRequest 对象的常用属性

XMLHttpRequest 对象的常用属性如表 11-1 所示。

表 11-1 XMLHttpRequest 对象的常用属性

属　性	说　明
onreadystatechange	每个状态改变时都会触发这个事件处理器，通常会调用一个 JavaScript 函数
readyState	请求的状态。有以下 5 个取值： 0 = 未初始化 1 = 正在加载 2 = 已加载 3 = 交互中 4 = 完成
responseText	服务器的响应，表示为字符串
responseXML	服务器的响应，表示为 XML。这个对象可以解析为一个 DOM 对象
status	返回服务器的 HTTP 状态码，如： 200="成功" 202="请求被接受，但尚未成功" 400="错误的请求" 404="文件未找到" 500="内部服务器错误"
statusText	返回 HTTP 状态码对应的文本

11.2.3 CSS

CSS 是 Cascading Style Sheet（层叠样式表）的缩写，用于控制网页样式并允许将样式信息与网页内容分离的一种标记性语言。在 Ajax 中，通常使用 CSS 进行页面布局，并通过改变文档对象的 CSS 属性控制页面的外观和行为。CSS 是一种 AJAX 开发人员所需要的重要武器，CSS 提供了从内容中分离应用样式和设计的机制。虽然 CSS 在 AJAX 应用中扮演至关重要的角色，但他也是构建创建跨浏览器应用的一大阻碍，因为不同的浏览器厂商支持各种不同的 CSS 级别。

11.2.4 DOM

DOM 是 Document Object Model（文档对象模型）的简称，它为 XML 文档的解析定义了一组接口。解析器读入整个文档，然后构建一个驻留内存的树结构，最后通过 DOM 可以遍历树以获取来自不同位置的数据，可以添加、修改、删除、查询和重新排列树及其分支。另外，还可以根据不同类型的数据源来创建 XML 文档。在 Ajax 应用中，通过 JavaScript 操作 DOM，可以达到在不刷新页面的情况下实时修改用户界面的目的。

11.2.5 XML

XML 是 Extensible Markup Language（可扩展的标记语言）的缩写，它提供了用于描述结构化数据的格式。XMLHttpRequest 对象与服务器交换的数据，通常采用 XML 格式，但也可以是基于文本的其他格式。

11.3 应用 Ajax 读取 XML 文档

下面应用 Ajax 中的核心技术 XMLHttpRequest 对象读取指定的 XML 文档，在页面中以表格的形式显示 XML 文档中的数据。

通过 XMLHttpRequest 对象的调用可以实现像桌面应用程序一样的与服务器进行数据层面的交换，而不需要每次请求都刷新整个页面，也不需要将每次的数据操作都交付给服务器去完成。在应用 XMLHttpRequest 对象进行异步处理之前，需要对该对象进行初始化操作。在 IE 浏览器和 Mozilla 浏览器中初始化 XMLHttpRequest 对象的方法如下。

在 IE 浏览器中初始化 XMLHttpRequest 对象的代码如下：

```
try{
    http_request=new ActiveXObject("Msxml2.XMLHTTP");
}catch(e){
try{
    http_request=new ActiveXObject("Microsoft.XMLHTTP");
}catch(e){}
}
```

在 Mozilla 浏览器中初始化 XMLHttpRequest 对象的代码如下：

```
http_request=new XMLHttpRequest();
if(http_request.overrideMimeType){
http_request.overrideMimeType("text/xml");
}
```

在本实例中首先创建自定义函数 createRequest()和 dealresult()，实现对象的初始化、发出 XMLHttpRequest 请求和处理服务器返回的信息，其中主要应用的属性如下：

（1）readystate 属性

readystate 属性用于返回当前的请求状态，请求状态共有 5 种，如表 11-2 所示。

（2）status 属性

status 属性用于返回 Http 状态码，常用 Http 状态码如表 11-3 所示。

表 11-2　readystate 属性值

属 性 值	描　　述
0	表示尚未初始化，即未调用 open()方法
1	建立请求，但还未调用 send()方法发送请求
2	发送请求
3	处理请求
4	完成响应，返回数据

表 11-3　Http 状态码

属 性 名	描　　述
200	操作成功
404	没有发现文件
500	服务器内部错误
505	服务器不支持或拒绝请求中指定的 HTTP 版本

（3）responseXML 属性

responseXML 属性用于将响应的 domcoment 对象解析成 XML 文档并返回。

（4）open 方法

open 方法用于初始化一个新的请求。

语法：

```
open(String method, String url, Boolean asyn, String user, String password)
```

其中，method 和 url 是必选参数，asyn、user、和 password 是可选参数。open 方法各参数如表 11-4 所示。

表 11-4　open 方法参数

参 数 名 称	说　　明
method	此参数指明了新请求的调用方法，其取值有 get 和 post
url	表示要请求页面的 url 地址。格式可以是相对路径、绝对路径或者是网络路径
asyn	说明该请求是异步传输还是同步传输，默认值为 true（允许异步传输）
user	服务器验证时的用户名
password	服务器验证时的密码

（5）send 方法

send 方法用于发送请求到服务器。

语法：

```
send(body)
```

如果没有要发送的内容，则 body 可以省略或为 Null。

例 11-1　通过 Ajax 读取 XML 文档的程序代码如下。

```
<script language="javascript">
var http_request = false;
function createRequest(url) {
    //初始化对象并发出 XMLHttpRequest 请求
```

```
    http_request = false;
    if (window.XMLHttpRequest) { // Mozilla......
        http_request = new XMLHttpRequest();
        if (http_request.overrideMimeType) {
            http_request.overrideMimeType("text/xml");
        }
    } else if (window.ActiveXObject) { // IE 浏览器
        try {
            http_request = new ActiveXObject("Msxml2.XMLHTTP");
        } catch (e) {
            try {
                http_request = new ActiveXObject("Microsoft.XMLHTTP");
            } catch (e) {}
        }
    }
    if (!http_request) {
        alert("不能创建 XMLHTTP 实例!");
        return false;
    }
    http_request.onreadystatechange = dealresult;        //指定响应方法
    //发出 HTTP 请求
    http_request.open("GET", url, true);
    http_request.send(null);
}
function dealresult() {                                  //处理服务器返回的信息
    if (http_request.readyState == 4) {
        if (http_request.status == 200) {
            var xmldoc = http_request.responseXML;
            createTable(xmldoc);
        } else {
            alert('您请求的页面发现错误');
        }
    }
}
</script>
```

然后在创建自定义函数 createTable()，用于将载入到 DOM 中的 XML 数据取出并以表格的形式进行输出。在该函数中只包含一个参数 xmldoc，用于指定载入到 DOM 中的 XML，无返回值。程序代码如下：

```
<script language="javascript">
function createTable(xmldoc) {
    var table = document.createElement("table");
    table.setAttribute("width","620");
    table.setAttribute("border","1");
    table.borderColor="#FF0000";
    table.cellSpacing="0";
    table.cellpadding="0";
    table.borderColorDark="#FFFFFF";
    table.borderColorLight="#000000";
    parentTd.appendChild(table);                          //在指定位置创建表格
    var header = table.createTHead();
    header.bgColor="#EEEEEE";                             //设置表头背景
    var headerrow = header.insertRow(0);
```

```
        headerrow.height="27";                                    //设置表头高度
        headerrow.insertCell(0).appendChild(document.createTextNode("客户名称"));
        headerrow.insertCell(1).appendChild(document.createTextNode("联系地址"));
        headerrow.insertCell(2).appendChild(document.createTextNode("电话"));
        headerrow.insertCell(3).appendChild(document.createTextNode("邮政编码"));
        headerrow.insertCell(4).appendChild(document.createTextNode("开户银行"));
        headerrow.insertCell(5).appendChild(document.createTextNode("银行账号"));
        var customers = xmldoc.getElementsByTagName("customer");
        for(var i=0;i<customers.length;i++) {
            var cus = customers[i];
            var name = cus.getAttribute("name");
            var address = cus.getElementsByTagName("address")[0].firstChild.data;
            var tel = cus.getElementsByTagName("tel")[0].firstChild.data;
            var postcode = cus.getElementsByTagName("postcode")[0].firstChild.data;
            var bank = cus.getElementsByTagName("bank")[0].firstChild.data;
            var bankcode = cus.getElementsByTagName("bankcode")[0].firstChild.data;

            var row = table.insertRow(i+1);
            row.height="27";                                      //设置行高
            row.insertCell(0).appendChild(document.createTextNode(name));
            row.insertCell(1).appendChild(document.createTextNode(address));
            row.insertCell(2).appendChild(document.createTextNode(tel));
            row.insertCell(3).appendChild(document.createTextNode(postcode));
            row.insertCell(4).appendChild(document.createTextNode(bank));
            row.insertCell(5).appendChild(document.createTextNode(bankcode));
        }
    }
</script>
```

最后将用于显示新创建表格的单元格的 ID 属性设置为 parentTd，并在<body>标记中应用 onLoad 事件调用自定义函数 createRequest()读取 XML 文件并显示在页面中，关键代码如下。

```
<body onLoad="createRequest('index.xml')">
<!--省略了部分代码-->
<td width="96%" id="parentTd">
```

运行结果如图 11-3 所示。

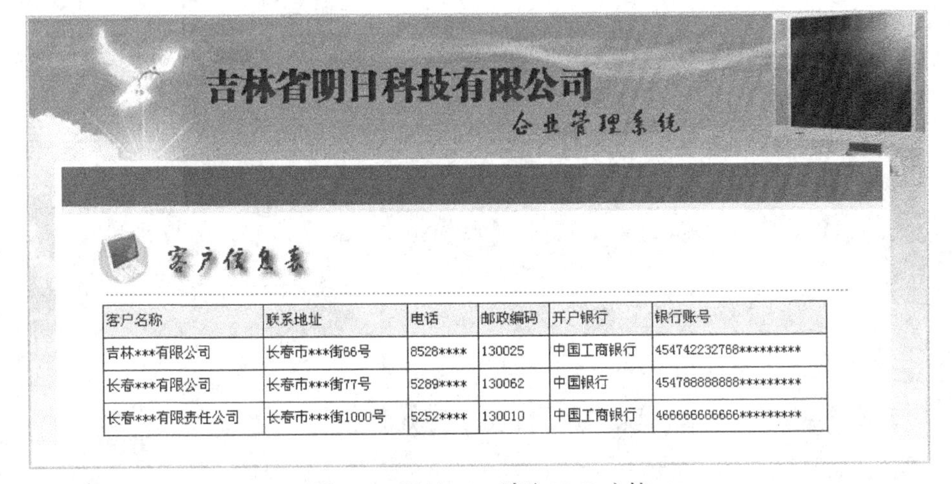

图 11-3　通过 Ajax 读取 XML 文档

习　题

11-1　Ajax 技术可以实现客户端的（　　）请求操作。

A. 同步　　B. 异步

11-2　Ajax 的优点具体表现在（　　）。

A. 减轻服务器的负担　　B. 无刷新更新页面

C. 调用 XML 等外部数据，进一步促进 Web 页面显示和数据的分离

D. 以上都正确

11-3　Ajax 技术之中，最核心的技术就是（　　）。

A. XMLHttpRequest　　B. XML

C. JavaScript　　D. DOM

上机指导

11-1　应用 Ajax 技术实现为页面换肤，并进行测试。

11-2　应用 Ajax 技术添加公告信息并在页面上进行无刷新显示。

第 12 章 JQuery 技术

随着近年互联网的快速发展，陆续涌现了一批优秀的 JS 脚本库，例如 ExtJs、prototype、Dojo 等，这些脚本库让开发人员从复杂繁琐的 JavaScript 中解脱出来，将开发的重点从实现细节转向功能需求上，提高了项目开发的效率。其中 JQuery 是继 prototype 之后又一个优秀的 JavaScript 脚本库。本章将对 JQuery 的特点，以及 JQuery 常用技术进行介绍。

12.1 JQuery 概述

JQuery 是一套简洁、快速、灵活的 JavaScript 脚本库，它是由 John Resig 于 2006 年创建的，它帮助简化了 JavaScript 代码。JavaScript 脚本库类似于 Java 的类库，将一些工具方法或对象方法封装在类库中，方便用户使用。JQuery 因为它的简便易用，已被大量的开发人员推崇。

JQuery 是脚本库，而不是框架。“库”不等于“框架”，例如“System 程序集”是类库，而 Spring MVC 是框架。

脚本库能够帮助完成编码逻辑，实现业务功能。使用 JQuery 将极大地提高编写 JavaScript 代码的效率，让写出来的代码更加简洁，更加健壮。同时网络上丰富的 JQuery 插件也让开发人员的工作变得更为轻松，让项目的开发效率有了质的提升。

JQuery 除了为开发人员提供了灵活的开发环境外，它还是开源的，在其背后有许多强大的社区和程序爱好者的支持。

12.1.1 JQuery 能做什么

过去只有 Flash 才能实现的动画效果，JQuery 也可以做到，而且丝毫不逊色于 Flash，让开发人员感受到了 Web 2.0 时代的魅力。而且 JQuery 也广受著名网站的青睐，例如，中国网络电视台、CCTV、京东网上商城和人民网等许多网站都应用了 JQuery。下面就让我们来看看网络上 JQuery 实现的绚丽的效果。

- 中国网络电视台应用的 JQuery 效果

访问中国网络电视台的电视直播页面后，在央视频道栏目中就应用了 JQuery 实现鼠标移入移出效果。将鼠标移动到某个频道上时，该频道内容将添加一个圆角矩形的灰背景，如图 12-1 所示，用于突出显示频道内容，将鼠标移出该频道后，频道内容将恢复为原来的样式。

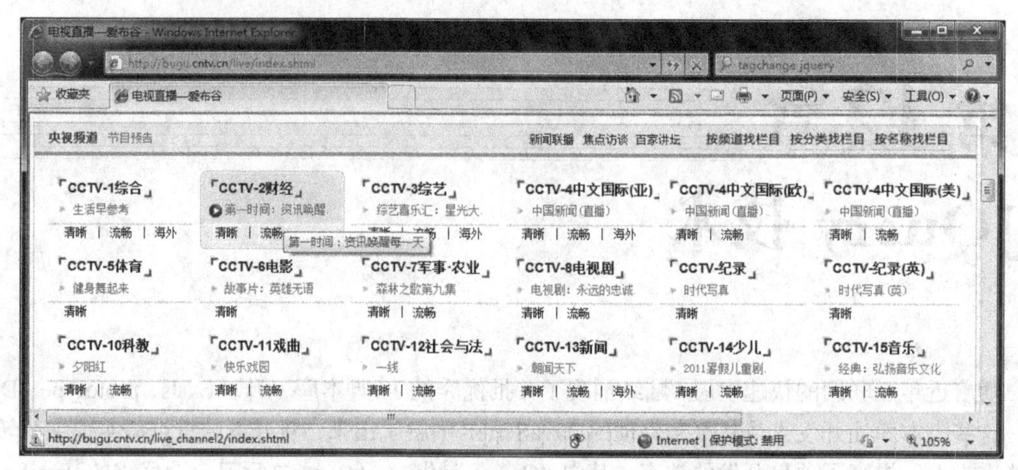

图 12-1　中国网络电视台应用的 JQuery 效果

- 京东网上商城应用的 JQuery 效果

访问京东网上商城的首页时，在右侧有一个为手机和游戏充值的栏目，这里应用了 JQuery 实现了标签页的效果，将鼠标移动到“手机充值”栏目上时，标签页中将显示为手机充值的相关内容，如图 12-2 所示，将鼠标移动到“游戏充值”栏目上时，将显示为游戏充值的相关内容。

- 人民网应用的 JQuery 效果

访问人民网的首页时，有一个以幻灯片轮播形式显示的图片新闻，如图 12-3 所示，这里就是应用 JQuery 的幻灯片轮播插件实现的。

图 12-2　京东网上商城应用的 JQuery 效果

图 12-3　人民网应用的 JQuery 效果

说明　JQuery 不仅适合于网页设计师、开发者以及编程爱好者，而且适合用于商业开发，可以说 JQuery 适合任何应用 JavaScript 的地方。

12.1.2 JQuery 的特点

JQuery 是一个简洁快速的 JavaScript 脚本库，它能让用户在网页上简单地操作文档、处理事件、运行动画效果或者添加异步交互。JQuery 的设计会改变写 JavaScript 代码的方式，提高我们的编程效率。JQuery 主要特点如下。

- 代码精致小巧

JQuery 是一个轻量级的 JavaScript 脚本库，其代码非常小巧，最新版本的 JQuery 库文件压缩之后只有 20K 左右。在网络盛行的今天，提高网站用户的体验性显得尤为重要，小巧的 JQuery 完全可以做到这一点。

- 强大的功能函数

过去在写 JavaScript 代码时，如果没有良好的基础，是很难写出复杂的 JavaScript 代码的，而且 JavaScript 是不可编译的语言，在复杂的程序结构中调试错误是一件非常痛苦的事情，大大降低了开发效率。使用 JQuery 的功能函数，能够帮助开发人员快速地实现各种功能,而且会让代码优雅简洁，结构清晰。

- 跨浏览器

关于 JavaScript 代码的浏览器兼容问题一直是 Web 开发人员的噩梦，经常一个页面在 IE 浏览器下运行正常，但在 Firefox 下却莫名奇妙地出现问题，往往开发人员要在一个功能上针对不同的浏览器编写不同的脚本代码，这对于开发人员来讲是一件非常痛苦的事情。JQuery 将开发人员从这个噩梦中解脱出来，JQuery 具有良好的兼容性，它兼容各大主流浏览器，支持的浏览器包括 IE 6.0+, Firefox 1.5+, Safari 2.0+, Opera 9.0+。

- 链式的语法风格

JQuery 可以对元素的一组操作进行统一的处理，不需要重新获取对象。也就是说可以基于一个对象进行一组操作，这种方式精简了代码量，减小了页面体积，有助于浏览器快速加载页面，提高用户的体验性。

- 插件丰富

除了 JQuery 本身带有的一些特效外，可以通过插件实现更多的功能，如表单验证、拖放效果、Tab 导航条、表格排序、树型菜单以及图像特效等。网上的 JQuery 插件很多，可以直接下载下来使用，而且插件将 JS 代码和 HTML 代码完全分离，便于维护。

12.2 JQuery 下载与配置

要在自己的网站中应用 JQuery 库，需要下载并配置它，下面将介绍如何下载与配置 JQuery。

12.2.1 下载 JQuery

JQuery 是一个开源的脚本库，我们可以从它的官方网站（http://jquery.com）中下载到。下面介绍具体的下载步骤。

（1）在浏览器的地址栏中输入 http://jquery.com，并按下〈Enter〉键，将进入到 JQuery 官方网站的首页，如图 12-4 所示。

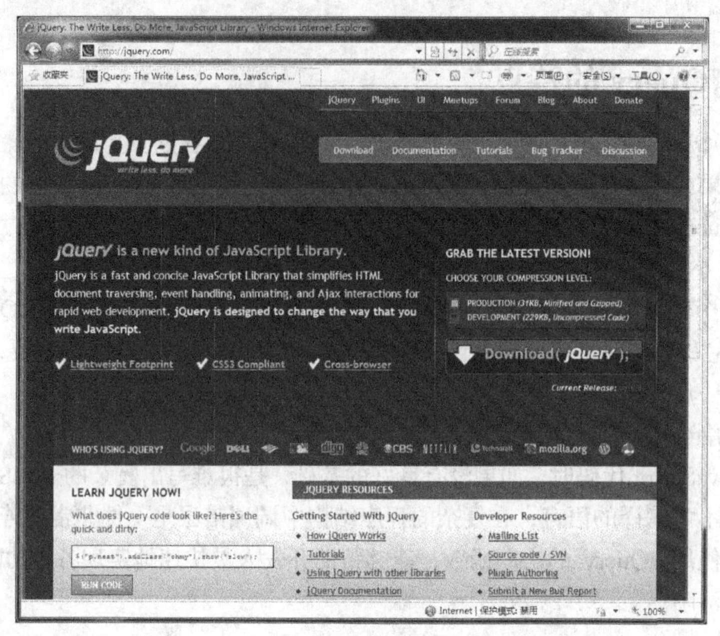

图 12-4 JQuery 官方网站的首页

（2）在 JQuery 官方网站的首页中，可以下载最新版本的 JQuery 库，选中 PRODUCTION 单选按钮，单击 Download 按钮，将弹出如图 12-5 所示的下载对话框。

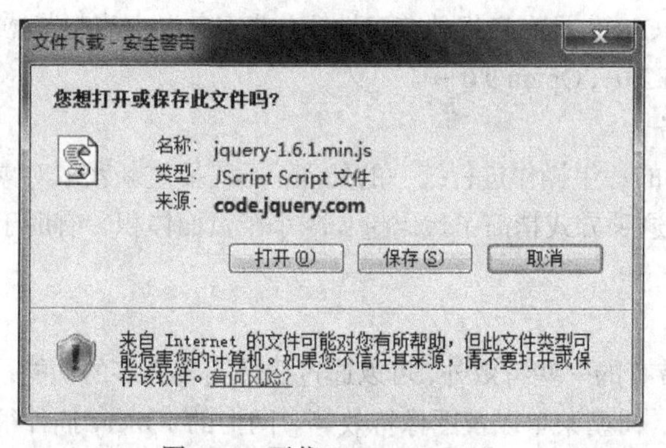

图 12-5 下载 jquery 1.6.1 min

（3）单击“保存”按钮，将 jquery 库下载到本地计算机上。下载后的文件名为 jquery-1.6.1.min.js。

此时下载的文件为压缩后的版本（主要用于项目与产品）。如果想下载完整不压缩的版本，可以在图 12-4 中，选中 DEVELOPMENT 单选按钮，并单击 Download 按钮。下载后的文件名为 jquery-1.6.1.js。

在项目中通常使用压缩后的文件，即 jquery-1.6.1.min.js。

12.2.2 配置 JQuery

将 JQuery 库下载到本地计算机后，还需要在项目中配置 JQuery 库。即将下载后的 jquery-1.6.1.min.js 文件放置到项目的指定文件夹中，通常放置在 JS 文件夹中，然后在需要应用

JQuery 的页面中使用下面的语句，将其引用到文件中。

```
<script language="javascript" src="JS/jquery-1.6.1.min.js"></script>
```

或者

```
<script src="JS/jquery-1.6.1.min.js" type="text/javascript"></script>
```

引用 JQuery 的<script>标签，必须放在所有的自定义脚本文件的<script>之前，否则在自定义的脚本代码中应用不到 JQuery 脚本库。

12.3　JQuery 的插件

JQuery 具有强大的扩展能力，允许开发人员使用或是创建自己的 JQuery 插件来扩展 JQuery 的功能，这些插件可以帮助开发人员提高开发效率，节约项目成本。而且一些比较著名的插件也受到了开发人员的追捧，插件又将 JQuery 的功能提升到了一个新的层次。下面我们就来介绍插件的使用和目前比较流行的插件。

12.3.1　插件的使用

JQuery 插件的使用比较简单，首先将要使用的插件下载到本地计算机中，然后按照下面的步骤操作，就可以使用插件实现想要的效果了。

（1）把下载的插件包含到<head>标记内，并确保它位于主 JQuery 源文件之后。

（2）包含一个自定义的 JavaScript 文件，并在其中使用插件创建或扩展的方法。

12.3.2　流行的插件

在 JQuery 官方网站中，有一个 Plugins（插件）超链接，单击该超链接，将进入到 JQuery 的插件分类列表页面，如图 12-6 所示。

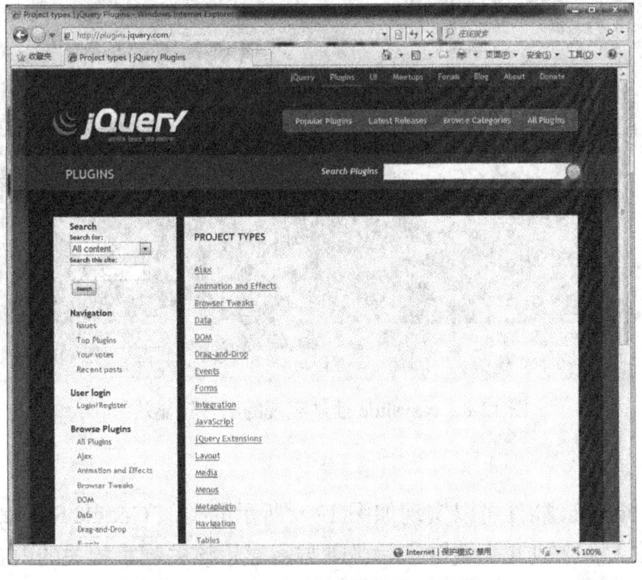

图 12-6　JQuery 的插件分类列表页面

在该页面中，单击分类名称，可以查看每个分类下的插件概要信息及下载超链接。用户也可以在上面的搜索（Search Plugins）文本框中输入指定的插件名称，搜索所需插件。

下面对比较常用的插件进行简要介绍。

❑ jcarousel 插件

使用 JQuery 的 jcarousel 插件可以实现如图 12-7 所示的图片传送带效果。单击左、右两侧的箭头可以向左或向右翻看图片。当到达第一张图片时，左侧的箭头将变为不可用状态，当到达最后一张图片时，右侧的箭头变为不可用状态。

图 12-7　jcarousel 插件实现的图片传送带效果

❑ easyslide 插件

使用 JQuery 的 easyslide 插件实现如图 12-8 所示的图片轮显效果。当页面运行时，要显示的多张图片，将轮流显示，同时显示所对应的图片说明内容。在新闻类的网站中，可以使用该插件显示图片新闻。

图 12-8　easyslide 插件实现的图片轮显效果

❑ Facelist 插件

使用 JQuery 的 Facelist 插件可以实现如图 12-9 所示的类似 Google Suggest 的自动完成效果。当用户在输入框中输入一个或几个关键字后，下方将显示该关键字相关的内容提示。这时用户可以直接选择所需的关键字，方便输入。

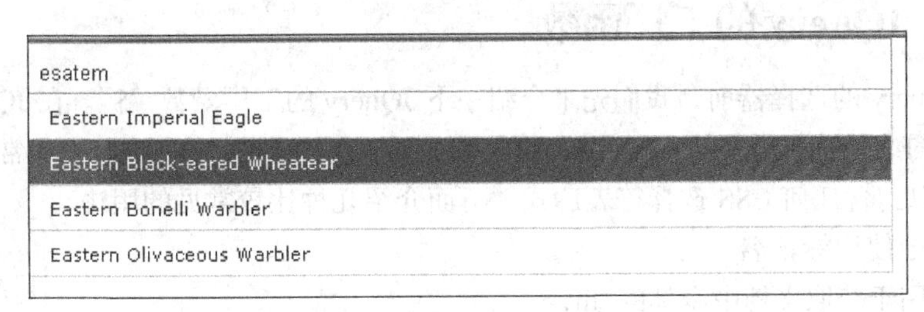

图 12-9　Facelist 插件实现类似 Google Suggest 的自动完成效果

❑ mb menu 插件

使用 JQuery 的 mb menu 插件可以实现如图 12-10 所示的多级菜单。当用户将鼠标指向或单击某个菜单项时，将显示该菜单项的子菜单。如果某个子菜单项还有子菜单，将鼠标移动到该子菜单项时，将显示它的子菜单。

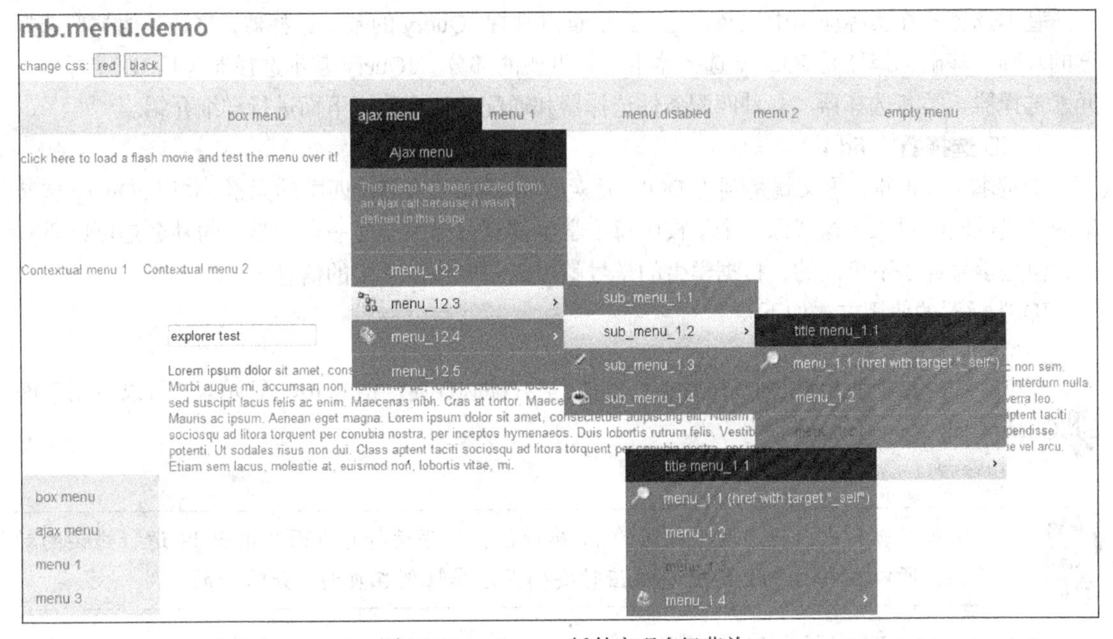

图 12-10　mb menu 插件实现多级菜单

12.4　JQuery 选择器

开发人员在实现页面的业务逻辑时，必须操作相应的对象或是数组，这时候就需要利用选择器选择匹配的元素，以便进行下一步的操作，所以选择器是一切页面操作的基础，没有它开发人员将无所适从。在传统的 JavaScript 中，只能根据元素的 id 和 TagName 来获取相应的 DOM 元素。但是在 JQuery 中却提供了许多功能强大的选择器帮助开发人员获取页面上的 DOM 元素，获取到的每个对象都将以 JQuery 包装集的形式返回。本节将介绍如何应用 JQuery 的选择器选择匹配的元素。

12.4.1 JQuery 的工厂函数

在介绍 JQuery 的选择器前，我们先来介绍一下 JQuery 的工厂函数“$”。在 JQuery 中，无论使用哪种类型的选择符都需要从一个“$”符号和一对“()”开始。在“()”中通常使用字符串参数，参数中可以包含任何 CSS 选择符表达式。下面介绍几种比较常见的用法。

- 在参数中使用标记名

$("div")：用于获取文档中全部的<div>。

- 在参数中使用 ID

$("#username")：用于获取文档中 ID 属性值为 username 的一个元素。

- 在参数中使用 CSS 类名

$(".btn_grey")：用于获取文档中使用 CSS 类名为 btn_grey 的所有元素。

12.4.2 基本选择器

基本选择器在实际应用中比较广泛，建议重点掌握 JQuery 的基本选择器，它是其他类型选择器的基础，基础选择器是 JQuery 选择器中最为重要的部分。JQuery 基本选择器包括 ID 选择器、元素选择器、类名选择器、多种匹配条件选择器和通配符选择器。下面进行详细介绍。

1. ID 选择器（#id）

ID 选择器#id 顾名思义就是利用 DOM 元素的 id 属性值来筛选匹配的元素，并以 JQuery 包装集的形式返回给对象。这就像一个学校中每个学生都有自己的学号一样，学生的姓名是可以重复的，但是学号却是不可以的，根据学生的学号就可以获取指定学生的信息。

ID 选择器的使用方法如下：

```
$("#id");
```

其中，id 为要查询元素的 ID 属性值。例如，要查询 ID 属性值为 user 的元素，可以使用下面的 JQuery 代码：

```
$("#user");
```

注意

如果页面中出现了两个相同的 id 属性值，程序运行时页面会报出 JS 运行错误的对话框，所以在页面中设置 id 属性值时要确保该属性值在页面中是唯一的。

例 12-1 在页面中添加一个 ID 属性值为 testInput 的文本输入框和一个按钮，通过单击按钮来获取在文本输入框中输入的值。

（1）创建一个名称为 index.html 的文件，在该文件的<head>标记中应用下面的语句引入 JQuery 库。

```
<script type="text/javascript" src="JS/jquery-1.6.1.min.js"></script>
```

（2）在页面的<body>标记中，添加一个 ID 属性值为 testInput 的文本输入框和一个按钮，代码如下：

```
<input type="text" id="testInput" name="test" value=""/>
<input type="button" value="输入的值为"/>
```

（3）在引入 JQuery 库的代码下方编写 JQuery 代码，实现单击按钮来获取在文本输入框中输入的值，代码如下：

```
<script type="text/javascript">
  $(document).ready(function(){
```

```
        $("input[type='button']").click(function(){            //为按钮绑定单击事件
            var inputValue = $("#testInput").val();            //获取文本输入框的值
            alert(inputValue);
        });
    });
</script>
```

在上面的代码中，第 3 行使用了 JQuery 中的属性选择器匹配文档中的按钮，并为按钮绑定单击事件。关于属性选择器的详细介绍请参见 12.4.5 小节；为按钮绑定单击事件，请参见 12.6.3 小节。

说明　ID 选择器是以“#id”的形式获取对象的，在这段代码中用$("#testInput")获取了一个 id 属性值为 testInput 的 JQuery 包装集，然后调用包装集的 val()方法取得文本输入框的值。

在 IE 浏览器中运行本示例，在文本框中输入“JavaScript”，如图 12-11 所示，单击“输入的值为”按钮，将弹出提示对话框显示输入的文字，如图 12-12 所示。

图 12-11　在文本框中输入文字

图 12-12　弹出的提示对话框

JQuery 中的 ID 选择器相当于传统的 JavaScript 中的 document.getElementById()方法，JQuery 用更简洁的代码实现了相同的功能。虽然两者都获取了指定的元素对象，但是两者调用的方法是不同的。利用 JavaScript 获取的对象只能调用 DOM 方法，而 JQuery 获取的对象既可以使用 JQuery 封装的方法也可以使用 DOM 方法。但是 JQuery 在调用 DOM 方法时需要进行特殊的处理，也就是需要将 JQuery 对象转换为 DOM 对象。

2. 元素选择器（element）

元素选择器是根据元素名称匹配相应的元素。通俗地讲元素选择器指向的是 DOM 元素的标记名，也就是说元素选择器是根据元素的标记名选择的。可以把元素的标记名理解成学生的姓名，在一个学校中可能有多个姓名为“刘伟”的学生，但是姓名为“吴语”的学生也许只有一个，所以通过元素选择器匹配到的元素可能有多个，也可能是一个。多数情况下，元素选择器匹配的是一组元素。

元素选择器的使用方法如下：

```
$("element");
```

其中，element 为要查询元素的标记名。例如，要查询全部 div 元素，可以使用下面的 JQuery 代码：

```
$("div");
```

例 12-2　在页面中添加两个<div>标记和一个按钮，通过单击按钮来获取这两个<div>，并修改它们的内容。

（1）创建一个名称为 index.html 的文件，在该文件的<head>标记中应用下面的语句引入

JQuery 库。

```
<script type="text/javascript" src="JS/jquery-1.6.1.min.js"></script>
```

（2）在页面的<body>标记中，添加两个<div>标记和一个按钮，代码如下：

```
<div><img src="images/strawberry.jpg"/>这里种植了一棵草莓</div>
<div><img src="images/fish.jpg"/>这里养殖了一条鱼</div>
<input type="button" value="若干年后" />
```

（3）在引入 JQuery 库的代码下方编写 JQuery 代码，实现单击按钮来获取全部<div>元素，并修改它们的内容，具体代码如下：

```
<script type="text/javascript">
    $(document).ready(function(){
        $("input[type='button']").click(function(){        //为按钮绑定单击事件
            $("div").eq(0).html("<img src='images/strawberry1.jpg'/>这里长出了一片草莓");
                                                            //获取第一个 div 元素
            //获取第二个 div 元素
            $("div").get(1).innerHTML="<img src='images/fish1.jpg'/>这里的鱼没有了";
        });
    });
</script>
```

在上面的代码中，使用元素选择器获取了一组 div 元素的 JQuery 包装集，它是一组 Object 对象，存储方式为[Object Object]，但是这种方式并不能显示出单独元素的文本信息，需要通过索引器来确定要选取哪个 div 元素，在这里分别使用了两个不同的索引器 eq()和 get()。这里的索引器类似于房间的门牌号，所不同的是，门牌号是从 1 开始计数的，而索引器是从 0 开始计数的。

eq()方法返回的是一个 JQuery 包装集，所以它只能调用 JQuery 的方法，而 get()方法返回的是一个 DOM 对象，所以它只能用 DOM 对象的方法。eq()方法与 get()方法默认都是从 0 开始计数。

`$("#test").get(0)`等效于`$("#test")[0]`。

在 IE 浏览器中运行本示例，首先显示如图 12-13 所示的页面，单击“若干年后”按钮，将显示如图 12-14 所示的页面。

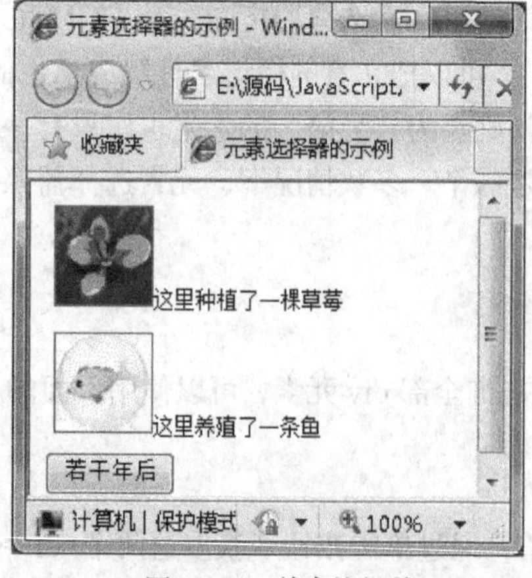

图 12-13　单击按钮前

图 12-14　单击按钮后

3. 类名选择器（.class）

类名选择器是通过元素拥有的 CSS 类的名称查找匹配的 DOM 元素。在一个页面中，一个元素可以有多个 CSS 类，一个 CSS 类又可以匹配多个元素，如果有元素中有一个匹配的类的名称就可以被类名选择器选取到。

类名选择器很好理解，在大学的时候大部分人一定都选过课，可以把 CSS 类名理解为课程名称，元素理解成学生，学生可以选择多门课程，而一门课程又可以被多名学生所选择。CSS 类与元素的关系既可以是多对多的关系，也可以是一对多或多对一的关系。简单地说类名选择器就是以元素具有的 CSS 类名称查找匹配的元素。

类名选择器的使用方法如下：

```
$(".class");
```

其中，class 为要查询元素所用的 CSS 类名。例如，要查询使用 CSS 类名为 word_orange 的元素，可以使用下面的 JQuery 代码：

```
$("word_orange");
```

例 12-3　在页面中，首先添加两个<div>标记，并为其中的一个设置 CSS 类，然后通过 JQuery 的类名选择器选取设置了 CSS 类的<div>标记，并设置其 CSS 样式。

（1）创建一个名称为 index.html 的文件，在该文件的<head>标记中应用下面的语句引入 JQuery 库。

```
<script type="text/javascript" src="JS/jquery-1.6.1.min.js"></script>
```

（2）在页面的<body>标记中，添加两个<div>标记，一个使用 CSS 类 myClass，另一个不设置 CSS 类，代码如下：

```
<div class="myClass">注意观察我的样式</div>
<div>我的样式是默认的</div>
```

（3）在引入 JQuery 库的代码下方编写 JQuery 代码，实现按 CSS 类名选取 DOM 元素，并更改其样式（这里更改了背景颜色的文字颜色），具体代码如下：

```
<script type="text/javascript">
    $(document).ready(function() {
        var myClass = $(".myClass");                      //选取 DOM 元素
        myClass.css("background-color","#C50210");        //为选取的 DOM 元素设置背景颜色
        myClass.css("color","#FFF");                      //为选取的 DOM 元素设置文字颜色
    });
</script>
```

在上面的代码中，只为其中的一个<div>标记设置了 CSS 类名称，但是由于程序中并没有名称为 myClass 的 CSS 类，所以这个类是没有任何属性的。类名选择器将返回一个名为 myClass 的 JQuery 包装集，利用 css()方法可以为对应的 div 元素设定 CSS 属性值，这里将元素的背景颜色设置为深红色，文字颜色设置为白色。

在 IE 浏览器中运行本示例，将显示如图 12-15 所示的页面。其中，左面的 DIV 为更改样式后的效果，右面的 DIV 为默认的样式。由于使用了$(document).ready()方法，所以选择元素并更改样式在 DOM 元素加载就绪时就已经自动执行完毕。

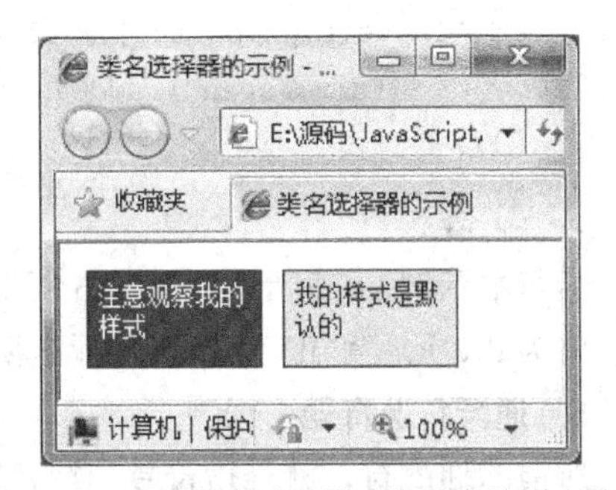

图 12-15　通过类名选择器选择元素并更改样式

4. 复合选择器（selector1,selector2,selectorN）

复合选择器将多个选择器（可以是 ID 选择器、元素选择或是类名选择器）组合在一起，两个选择器之间以逗号“,”分隔，只要符合其中的任何一个筛选条件就会被匹配，返回的是一个集合形式的 JQuery 包装集，利用 JQuery 索引器可以取得集合中的 JQuery 对象。

多种匹配条件的选择器并不是匹配同时满足这几个选择器的匹配条件的元素，而是将每个选择器匹配的元素合并后一起返回。

复合选择器的使用方法如下：

```
$(" selector1,selector2,selectorN");
```

- selector1：为一个有效的选择器，可以是 ID 选择器、元素选择器或是类名选择器等。
- selector2：为另一个有效的选择器，可以是 ID 选择器、元素选择器或是类名选择器等。
- selectorN：（可选择）为任意多个选择器，可以是 ID 选择器、元素选择器或是类名选择器等。

例如，要查询文档中的全部的<span>标记和使用 CSS 类 myClass 的<div>标记，可以使用下面的 JQuery 代码：

```
$(" span,div.myClass");
```

例 12-4 在页面添加 3 种不同元素并统一设置样式。使用复合选择器筛选<div>元素和 id 属性值为 span 的元素，并为它们添加新的样式。

（1）创建一个名称为 index.html 的文件，在该文件的<head>标记中应用下面的语句引入 JQuery 库。

```
<script type="text/javascript" src="JS/jquery-1.6.1.min.js"></script>
```

（2）在页面的<body>标记中，添加一个<p>标记、一个<div>标记、一个 ID 为 span 的<span>标记和一个按钮，并为除按钮以为外的 3 个标记指定 CSS 类名，代码如下：

```
<p class="default">p 元素</p>
<div class="default">div 元素</div>
<span class="default" id="span">ID 为 span 的元素</span>
<input type="button" value="为 div 元素和 ID 为 span 的元素换肤" />
```

（3）在引入 JQuery 库的代码下方编写 JQuery 代码，实现单击按钮来获取全部<div>元素，并修改它们的内容，具体代码如下：

```
<script type="text/javascript">
$(document).ready(function() {
    $("input[type=button]").click(function(){          //绑定按钮的单击事件
        $("div,#span").addClass("change");             //添加所使用的 CSS 类
    });
});
</script>
```

运行本示例，将显示如图 12-16 所示的页面，单击“为 div 元素和 ID 为 span 的元素换肤”按钮，将为 div 元素和 ID 为 span 的元素换肤，如图 12-17 所示。

5. 通配符选择器（*）

所谓的通配符，就是指符号“*”，它代表着页面上的每一个元素，也就是说如果使用$("*")将取得页面上所有的 DOM 元素集合的 JQuery 包装集。

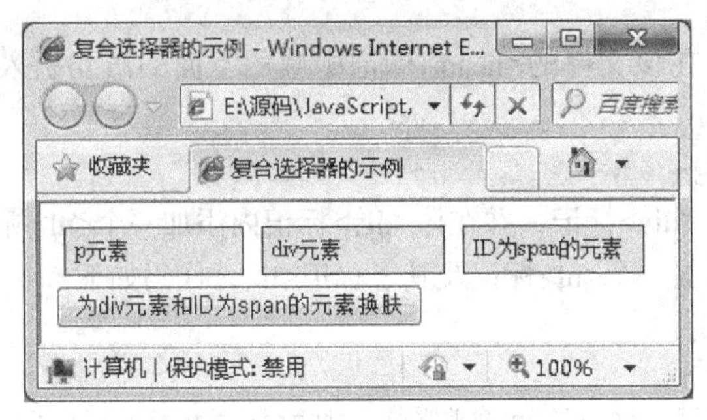

图 12-16　单击按钮前

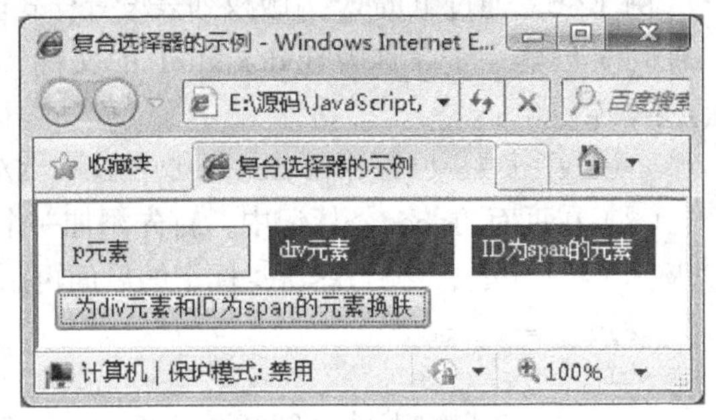

图 12-17　单击按钮后

12.4.3　层级选择器

所谓的层级选择器，就是根据页面 DOM 元素之间的父子关系作为匹配的筛选条件。首先我们来看什么是页面上元素的关系？例如，下面的代码是最为常用也是最简单的 DOM 元素结构。

```
<html>
    <head>   </head>
    <body>   </body>
</html>
```

在这段代码所示的页面结构中，html 元素是页面上其他所有元素的祖先元素，那么 head 元素就是 html 元素的子元素，同时 html 元素也是 head 元素的父元素。页面上的 head 元素与 body 元素就是同辈元素。也就是说 html 元素是 head 元素和 body 元素的“爸爸”，head 元素和 body 元素是 html 元素的“儿子”，head 元素与 body 元素是“兄弟”。具体关系如图 12-18 所示。

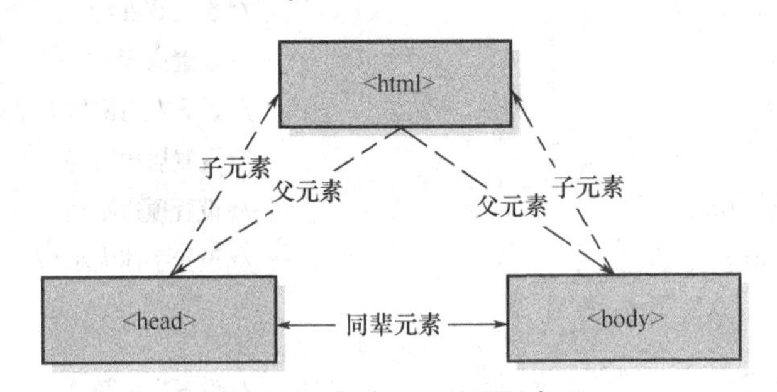

图 12-18　元素层级关系示意图

在了解了页面上元素的关系后，我们再来介绍 JQuery 提供的层级选择器。JQuery 提供了 Ancestor descendan 选择器、parent > child 选择器、prev + next 选择器和 prev ~ siblings 选择器，下面进行详细介绍。

1. ancestor descendan 选择器

ancestor descendan 选择器中的 ancestor 代表祖先，descendant 代表子孙，用于在给定的祖先元素下匹配所有的后代元素。ancestor descendan 选择器的使用方法如下：

```
$("ancestor descendant");
```

- ancestor：指任何有效的选择器。
- descendant：用以匹配元素的选择器，并且它是 ancestor 所指定元素的后代元素。

例如，要匹配 ul 元素下的全部 li 元素，可以使用下面的 JQuery 代码：

```
$("ul li");
```

例 12-5 通过 JQuery 为版权列表设置样式。

（1）创建一个名称为 index.html 的文件，在该文件的<head>标记中应用下面的语句引入 JQuery 库。

```
<script type="text/javascript" src="JS/jquery-1.6.1.min.js"></script>
```

（2）在页面的<body>标记中，首先添加一个<div>标记，并在该<div>标记内添加一个<ul>标记及其子标记<li>，然后在<div>标记的后面再添加一个<ul>标记及其子标记<li>，代码如下：

```
<div id="bottom">
<ul>
    <li>技术服务热线：400-675-1066 传真：0431-84972266 企业邮箱：mingrisoft@mingrisoft.
com</li>
    <li>Copyright &copy; www.mrbccd.com All Rights Reserved! </li>
</ul>
</div>
<ul>
    <li>技术服务热线：400-675-1066 传真：0431-84972266 企业邮箱：mingrisoft@mingrisoft.
com</li>
    <li>Copyright &copy; www.mrbccd.com All Rights Reserved! </li>
</ul>
```

（3）编写 CSS 样式，通过 ID 选择符设置<div>标记的样式，并且编写一个类选择符 copyright，用于设置<div>标记内的版权列表的样式，关键代码如下：

```
<style type="text/css">
#bottom{
    background-image:url(images/bg_bottom.jpg); /*设置背景*/
    width:800px;                                /*设置宽度*/
    height:58px;                                /*设置高度*/
    clear: both;                                /*设置左右两侧无浮动内容*/
    text-align:center;                          /*设置居中对齐*/
    padding-top:10px;                           /*设置顶边距*/
    font-size:9pt;                              /*设置字体大小*/
}
.copyright{
    color:#FFFFFF;                              /*设置文字颜色*/
    list-style:none;                            /*不显示项目符号*/
    line-height:20px;                           /*设置行高*/
}
</style>
```

（4）在引入 JQuery 库的代码下方编写 JQuery 代码，匹配 div 元素的子元素 ul，并为其添加 CSS 样式，具体代码如下：

```
<script type="text/javascript">
$(document).ready(function(){
  $("div ul").addClass("copyright");           //为 div 元素的子元素 ul 添加样式
});
</script>
```

运行本示例，将显示如图 12-19 所示的效果，其中上面的版权信息是通过 JQuery 添加样式的效果，下面的版权信息为默认的效果。

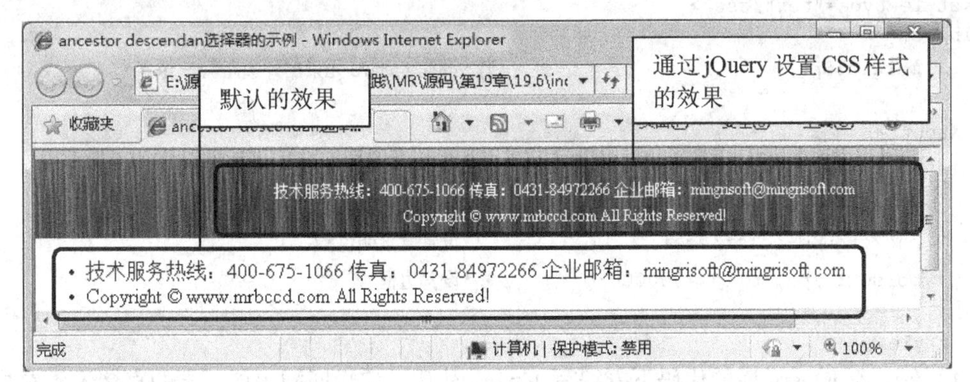

图 12-19　通过 JQuery 为版权列表设置样式

2. parent > child 选择器

parent > child 选择器中的 parent 代表父元素，child 代表子元素，用于在给定的父元素下匹配所有的子元素。使用该选择器只能选择父元素的直接子元素。parent > child 选择器的使用方法如下：

```
$("parent > child");
```

- parent：指任何有效的选择器。
- child：用以匹配元素的选择器，并且它是匹配元素的选择器，并且它是 parent 元素的子元素。

例如，要匹配表单中所有的子元素 input，可以使用下面的 JQuery 代码：

```
$("form > input");
```

例 12-6　为表单的直接子元素 input 换肤。

（1）创建一个名称为 index.html 的文件，在该文件的<head>标记中应用下面的语句引入 JQuery 库。

```
<script type="text/javascript" src="JS/jquery-1.6.1.min.js"></script>
```

（2）在页面的<body>标记中，添加一个表单，并在该表单中添加 6 个 input 元素，并且将“换肤”按钮用<span>标记括起来，关键代码如下：

```
<form id="form1" name="form1" method="post" action="">
  姓  名：<input type="text" name="name" id="name" />
  <br />
  籍  贯：<input name="native" type="text" id="native" />
  <br />
  生  日：<input type="text" name="birthday" id="birthday" />
  <br />
  E-mail：<input type="text" name="email" id="email" />
  <br />
  <span>
  <input type="button" name="change" id="change" value="换肤"/>
  </span>
  <input type="button" name="default" id="default" value="恢复默认"/>
  <br />
</form>
```

（3）编写 CSS 样式，用于指定 input 元素的默认样式，并且添加一个用于改变 input 元素样式的 CSS 类，具体代码如下：

```
<style type="text/css">
input{
    margin:5px;                              /*设置 input 元素的外边距为 5 像素*/
}
.input {
    font-size: 12pt;                         /*设置文字大小*/
    color: #333333;                          /*设置文字颜色*/
    background-color:#cef;                   /*设置背景颜色*/
    border: 1px solid #000000;               /*设置边框*/
}
</style>
```

（4）在引入 JQuery 库的代码下方编写 JQuery 代码，实现匹配表单元素的直接子元素并为其添加和移除 CSS 样式，具体代码如下：

```
<script type="text/javascript">
$(document).ready(function(){
    $("#change").click(function(){                  //绑定"换肤"按钮的单击事件
        $("form > input").addClass("input");    //为表单元素的直接子元素 input 添加样式
    });
    $("#default").click(function(){                 //绑定"恢复默认"按钮的单击事件
        $("form > input").removeClass("input");//移除为表单元素直接子元素添加的样式
    });
});
</script>
```

在上面的代码中，addClass()方法用于为元素添加 CSS 类，removeClass()方法用于为移除为元素添加的 CSS 类。

运行本实例，将显示如图 12-20 所示的效果，单击“换肤”按钮，将显示如图 12-21 所示的效果，单击“恢复默认”按钮，将再次显示如图 12-20 所示的效果。

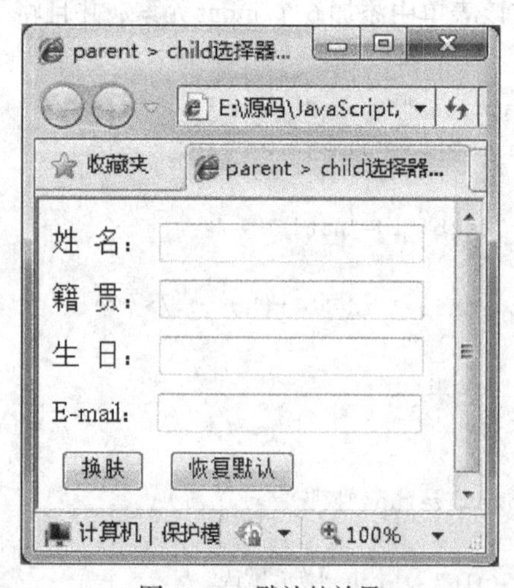

图 12-20　默认的效果

图 12-21　单击“换肤”按钮之后的效果

在图 12-21 中，虽然“换肤”按钮也是 form 元素的子元素 input，但由于该元素不是 form 元素的直接子元素，所以在执行换肤操作时，该按钮的样式并没有改变。如果将步骤（4）中的第

4 行和第 7 行的代码中的$("form > input")修改为$("form input")，那么单击“换肤”按钮后，将显示如图 12-22 所示的效果，即“换肤”按钮也将被添加 CSS 类。这也就是 parent > child 选择器和 ancestor descendan 选择器的区别。

图 12-22　为“换肤”按钮添加 CSS 类的效果

3. prev + next 选择器

prev + next 选择器用于匹配所有紧接在 prev 元素后的 next 元素。其中，prev 和 next 是两个相同级别的元素。prev + next 选择器的使用方法如下：

```
$("prev + next");
```

- prev：指任何有效的选择器。
- next：一个有效选择器并紧接着 prev 选择器。

例如，要匹配<div>标记后的<img>标记，可以使用下面的 JQuery 代码：

```
$("div + img");
```

例 12-7　筛选紧跟在<lable>标记后的<p>标记并改变匹配元素的背景颜色为淡蓝色。

（1）创建一个名称为 index.html 的文件，在该文件的<head>标记中应用下面的语句引入 JQuery 库。

```
<script type="text/javascript" src="JS/jquery-1.6.1.min.js"></script>
```

（2）在页面的<body>标记中，首先添加一个<div>标记，并在该<div>标记中添加两个<label>标记和<p>标记，其中第二对<label>标记和<p>标记用<fieldset>括起来，然后在<div>标记的下方再添加一个<p>标记，关键代码如下：

```
<div>
    <label>第一个 label</label>
    <p>第一个 p</p>
    <fieldset>
        <label>第二个 label</label>
        <p>第二个 p</p>
    </fieldset>
</div>
<p>div 外面的 p</p>
```

（3）编写 CSS 样式，用于设置 body 元素的字体大小，并且添加一个用于设置背景的 CSS 类，具体代码如下：

```
<style type="text/css">
    .background{background:#cef}
    body{font-size:12px;}
</style>
```

（4）在引入 JQuery 库的代码下方编写 JQuery 代码，实现匹配 label 元素的同级元素 p，并为其添加 CSS 类，具体代码如下：

```
<script type="text/javascript" charset="GBK">
    $(document).ready(function() {
        $("label+p").addClass("background");          //为匹配的元素添加 CSS 类
});
</script>
```

运行本实例，将显示如图 12-23 所示的效果。在图中可以看到“第一个 p”和“第二个 p”的段落被添加了背景，而“div 外面的 p”由于不是 label 元素的同级元素，所以没有被添加背景。

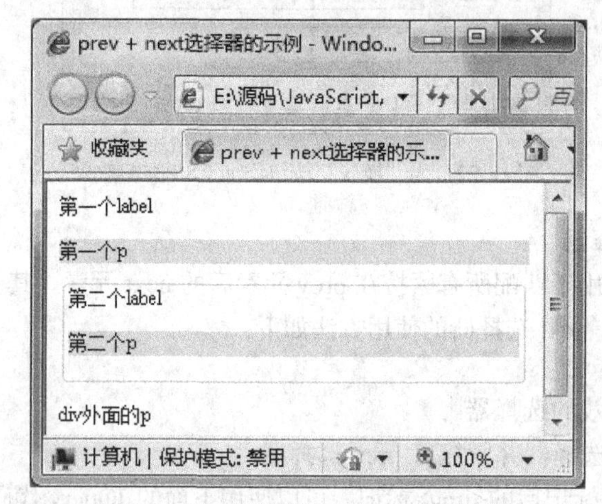

图 12-23　将 label 元素的同级元素 p 的背景设置为淡蓝色

4. prev ~ siblings 选择器

prev ~ siblings 选择器用于匹配 prev 元素之后的所有 siblings 元素。其中，prev 和 siblings 是两个相同辈元素。prev ~ siblings 选择器的使用方法如下：

```
$("prev ~ siblings");
```

- prev：指任何有效的选择器。
- siblings：一个有效选择器并紧接着 prev 选择器。

例如，要匹配 div 元素的同辈元素 ul，可以使用下面的 JQuery 代码：

```
$("div ~ ul");
```

例 12-8　筛选页面中 div 元素的同辈元素。

（1）创建一个名称为 index.html 的文件，在该文件的<head>标记中应用下面的语句引入 JQuery 库。

```
<script type="text/javascript" src="JS/jquery-1.6.1.min.js"></script>
```

（2）在页面的<body>标记中，首先添加一个<div>标记，并在该<div>标记中添加两个<p>标记，然后在<div>标记的下方再添加一个<p>标记，关键代码如下：

```
<div>
    <p>第一个 p</p>
```

```
    <p>第二个 p</p>
</div>
<p>div 外面的 p</p>
```

（3）编写 CSS 样式，用于设置 body 元素的字体大小，并且添加一个用于设置背景的 CSS 类，具体代码如下：

```
<style type="text/css">
    .background{background:#cef}
    body{font-size:12px;}
</style>
```

（4）在引入 JQuery 库的代码下方编写 JQuery 代码，实现匹配 div 元素的同辈元素 p，并为其添加 CSS 类，具体代码如下：

```
<script type="text/javascript" charset="GBK">
    $(document).ready(function() {
        $("div~p").addClass("background");          //为匹配的元素添加 CSS 类
    });
</script>
```

运行本实例，将显示如图 12-24 所示的效果。在图中可以看到“div 外面的 p”被添加了背景，而“第一个 p”和“第二个 p”的段落由于它不是 div 元素的同辈元素，所以没有被添加背景。

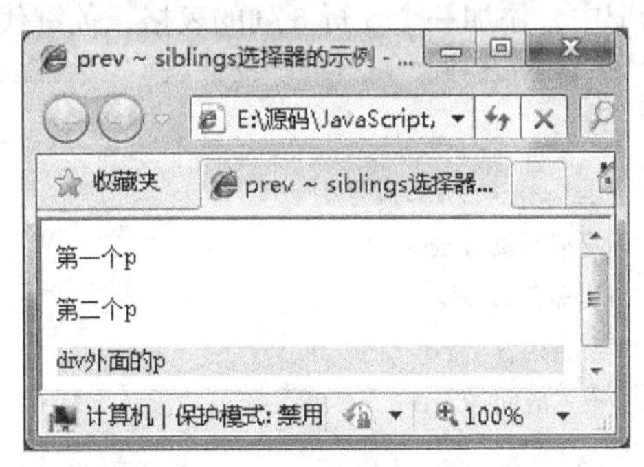

图 12-24　为 div 元素的同辈元素设置背景

12.4.4　过滤选择器

过滤选择器包括简单过滤器、内容过滤器、可见性过滤器、表单对象属性过滤器和子元素选择器等。下面进行详细介绍。

1. 简单过滤器

简单过滤器是指以冒号开头，通常用于实现简单过滤效果的过滤器。例如，匹配找到的第一个元素等。JQuery 提供的过滤器如表 12-1 所示。

表 12-1　JQuery 的简单过滤器

过　滤　器	说　　明	示　　例
:first	匹配找到的第一个元素，它是与选择器结合使用的	$("tr:first")　　//匹配表格的第一行
:last	匹配找到的最后一个元素，它是与选择器结合使用的	$("tr:last")　　//匹配表格的最后一行
:even	匹配所有索引值为偶数的元素，索引值从 0 开始计数	$("tr:even")　　//匹配索引值为偶数的行

续表

过 滤 器	说 明	示 例
:odd	匹配所有索引值为奇数的元素，索引从 0 开始计数	$("tr:odd") //匹配索引值为奇数的行
:eq(index)	匹配一个给定索引值的元素	$("tr:eq(1)") //匹配第二个 div 元素
:gt(index)	匹配所有大于给定索引值的元素	$("tr:gt(0)") //匹配第二个及以上的 div 元素
:lt(index)	匹配所有小于给定索引值的元素	$("tr:lt(2)") //匹配第二个及以下的 div 元素
:header	匹配如 h1, h2, h3……之类的标题元素	$(":header") //匹配全部的标题元素
:not(selector)	去除所有与给定选择器匹配的元素	$("input:not(:checked)") //匹配没有被选中的 input 元素
:animated	匹配所有正在执行动画效果的元素	$(":animated ") //匹配所有正在执行的动画

例 12-9 实现一个带表头的双色表格。

（1）创建一个名称为 index.html 的文件，在该文件的<head>标记中应用下面的语句引入 JQuery 库。

```
<script type="text/javascript" src="JS/jquery-1.6.1.min.js"></script>
```

（2）在页面的<body>标记中，添加一个 5 行 5 列的表格，关键代码如下：

```
    <table width="98%" border="0" align="center" cellpadding="0" cellspacing="1" bgcolor="#3F873B">
      <tr>
        <td width="11%" height="27">编号</td>
        <td width="14%">祝福对象</td>
        <td width="12%">祝福者</td>
        <td width="33%">字条内容</td>
        <td width="30%">发送时间</td>
      </tr>
      <tr>
        <td height="27">1</td>
        <td>琦琦</td>
        <td>妈妈</td>
        <td>愿你健康快乐的成长！</td>
        <td>2011-07-05 13:06:06</td>
      </tr>
      ……                  <!--此处省略了其他行的代码-->
  </table>
```

（3）编写 CSS 样式，通过元素选择符设置单元格的样式，并且编写 th、even 和 odd 3 个类选择符，用于控制表格中相应行的样式，具体代码如下：

```
<style type="text/css">
    td{
        font-size:12px;                  /*设置单元格的样式*/
        padding:3px;                     /*设置内边距*/
    }
    .th{
        background-color:#B6DF48;        /*设置背景颜色*/
        font-weight:bold;                /*设置文字加粗显示*/
```

```
        text-align:center;                  /*文字居中对齐*/
    }
    .even{
        background-color:#E8F3D1;           /*设置偶数行的背景颜色*/
    }
    .odd{
        background-color:#F9FCEF;           /*设置奇数行的背景颜色*/
    }
</style>
```

（4）在引入 JQuery 库的代码下方编写 JQuery 代码，实现匹配 div 元素的同辈元素 p，并为其添加 CSS 类，具体代码如下：

```
<script type="text/javascript">
    $(document).ready(function() {
        $("tr:even").addClass("even");              //设置奇数行所用的 CSS 类
        $("tr:odd").addClass("odd");                //设置偶数行所用的 CSS 类
        $("tr:first").removeClass("even");          //移除 even 类
        $("tr:first").addClass("th");               //添加 th 类
    });
</script>
```

在上面的代码中，为表格的第一行添加 th 类时，需要先将该行应用的 even 类移除，然后再进行添加，否则，新添加的 CSS 类将不起作用。

运行本实例，将显示如图 12-25 所示的效果。其中，第一行为表头，编号为 1 和 3 的行采用的是偶数行样式，编号为 2 和 4 的行采用的是奇数行的样式。

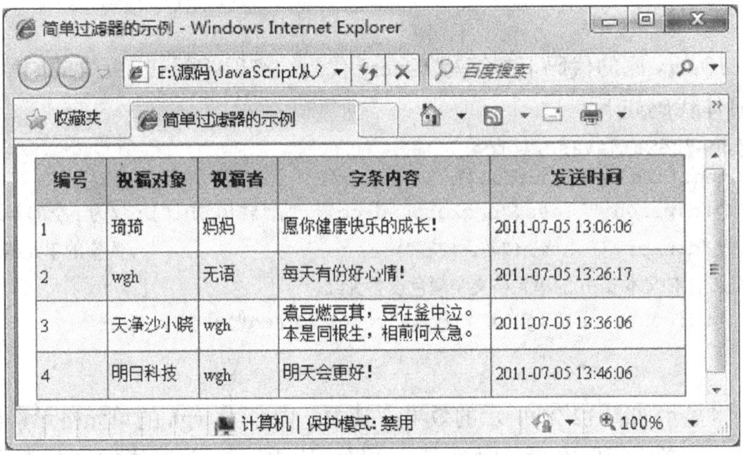

图 12-25　带表头的双色表格

2. 内容过滤器

内容过滤器就是通过 DOM 元素包含的文本内容以及是否含有匹配的元素进行筛选。内容过滤器共包括:contains(text)、:empty、:has(selector)和:parent4 种，如表 12-2 所示。

表 12-2　JQuery 的内容过滤器

过　滤　器	说　　明	示　　例
contains(text)	匹配包含给定文本的元素	$("li:contains('DOM')")　　//匹配含有“DOM”文本内容的 li 元素

续表

过 滤 器	说 明	示 例
:empty	匹配所有不包含子元素或者文本的空元素	$("td:empty") //匹配不包含子元素或者文本的单元格
:has(selector)	匹配含有选择器所匹配元素的元素	$("td:has(p)") //匹配表格的单元格中含有<p>标记的单元格
:parent	匹配含有子元素或者文本的元素	$("td: parent") //匹配不为空的单元格，即在该单元格中还包括子元素或者文本

例 12-10 应用内容过滤器匹配为空的单元格、不为空的单元格和包含指定文本的单元格。

（1）创建一个名称为 index.html 的文件，在该文件的<head>标记中应用下面的语句引入 JQuery 库。

```
<script type="text/javascript" src="JS/jquery-1.6.1.min.js"></script>
```

（2）在页面的<body>标记中，添加一个 5 行 5 列的表格，关键代码如下：

```
<table width="98%" border="0" align="center" cellpadding="0" cellspacing="1" bgcolor="#3F873B">
    ……                  <!--此处省略了其他行的代码-->
    <tr>
      <td height="27">4</td>
      <td>明日科技</td>
      <td>wgh</td>
      <td></td>
      <td>2011-07-05 13:46:06</td>
    </tr>
</table>
```

（3）在引入 JQuery 库的代码下方编写 JQuery 代码，实现匹配 div 元素的同辈元素 p，并为其添加 CSS 类，具体代码如下：

```
<script type="text/javascript">
    $(document).ready(function() {
        $("td:parent").css("background-color","#E8F3D1");//为不空的单元格设置背景颜色
        $("td:empty").html("暂无内容");                    //为空的单元格添加默认内容
        //将含有文本 wgh 的单元格文字颜色设置为红色
        $("td:contains('wgh')").css("color","red");
    });
</script>
```

运行本实例将显示如图 12-26 所示的效果。其中，内容为 wgh 的单元格元素被标记为红色，编号为 4 的行中“字条内容”在设计时为空，这里应用 JQuery 为其添加文本“暂无内容”，除该单元格外的其他单元格的背景颜色均被设置为#E8F3D1 色。设计效果如图 12-27 所示。

3. 可见性过滤器

元素的可见状态有两种，分别是隐藏状态和显示状态。可见性过滤器就是利用元素的可见状态匹配元素的。因此，可见性过滤器也有两种，一种是匹配所有可见元素的:visible 过滤器，另一种是匹配所有不可见元素的:hidden 过滤器。

在应用:hidden 过滤器时，display 属性是 none 以及 input 元素的 type 属性为 hidden 的元素都会被匹配到。

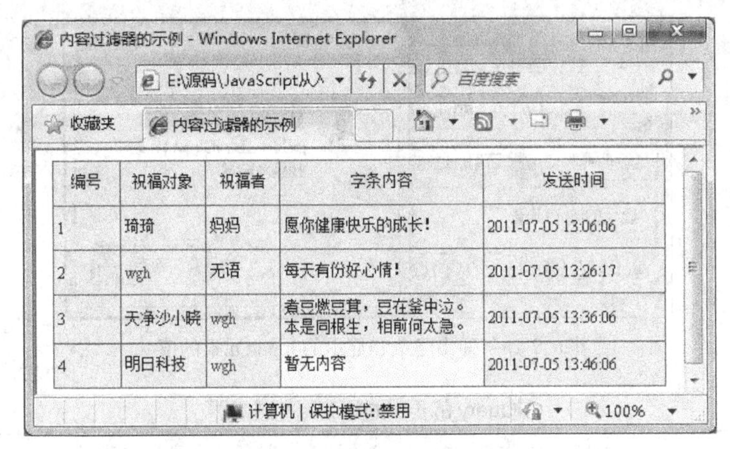

图 12-26　内容过滤器的使用

编号	祝福对象	祝福者	字条内容	发送时间
1	琦琦	妈妈	愿你健康快乐的成长!	2011-07-05 13:06:06
2	wgh	无语	每天有份好心情!	2011-07-05 13:26:17
3	天净沙小晓	wgh	煮豆燃豆萁，豆在釜中泣。本是同根生，相煎何太急。	2011-07-05 13:36:06
4	明日科技	wgh		2011-07-05 13:46:06

图 12-27　设计效果图

例 12-11　获取页面上隐藏和显示的 input 元素的值。

（1）创建一个名称为 index.html 的文件，在该文件的<head>标记中应用下面的语句引入 JQuery 库。

```
<script type="text/javascript" src="JS/jquery-1.6.1.min.js"></script>
```

（2）在页面的<body>标记中，添加 3 个 input 元素，其中第 1 个为显示的文本框，第 2 个为不显示的文本框，第 3 个为隐藏域，关键代码如下：

```
<input type="text" value="显示的 input 元素">
<input type="text" value="我是不显示的 input 元素" style="display:none">
<input type="hidden" value="我是隐藏域">
```

（3）在引入 JQuery 库的代码下方编写 JQuery 代码，实现匹配 div 元素的同辈元素 p，并为其添加 CSS 类，具体代码如下：

```
<script type="text/javascript">
    $(document).ready(function() {
        var visibleVal = $("input:visible").val();              //取得显示的 input 的值
        var hiddenVal1 = $("input:hidden:eq(0)").val();         //取得隐藏的 input 的值
        var hiddenVal2 = $("input:hidden:eq(1)").val();         //取得隐藏的 input 的值
        alert(visibleVal+"\n\r"+hiddenVal1+"\n\r"+hiddenVal2);//弹出取得的信息
    });
</script>
```

运行本实例将显示如图 12-28 所示的效果。

4. 表单对象的属性过滤器

表单对象的属性过滤器通过表单元素的状态属性（例如选中、不可用等状态）匹配元素，包括:checked 过滤器、:disabled 过滤器、:enabled 过滤器和:selected 过滤器 4 种，如表 12-3 所示。

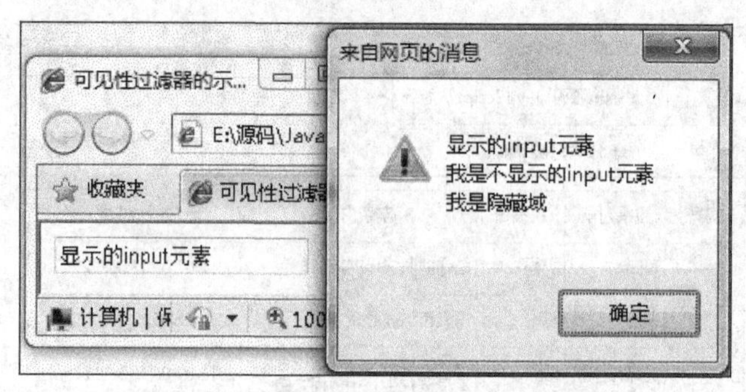

图 12-28　弹出隐藏和显示的 input 元素的值

表 12-3　　　　　　　　　　JQuery 的表单对象的属性过滤器

过 滤 器	说　明	示　例
:checked	匹配所有选中的被选中元素	$("input:checked")　//匹配 checked 属性为 checked 的 input 元素
:disabled	匹配所有不可用元素	$("input:disabled")　//匹配 disabled 属性为 disabled 的 input 元素
:enabled	匹配所有可用的元素	$("input:enabled ")　//匹配 enabled 属性为 enabled 的 input 元素
:selected	匹配所有选中的 option 元素	$("select option:selected")　//匹配 select 元素中被选中的 option

例 12-12　利用表单过滤器匹配表单中相应的元素。

（1）创建一个名称为 index.html 的文件，在该文件的<head>标记中应用下面的语句引入 JQuery 库。

```
<script type="text/javascript" src="JS/jquery-1.6.1.min.js"></script>
```

（2）在页面的<body>标记中，添加一个表单，并在该表单中添加 3 个复选框、1 个不可用按钮和 1 个下拉列表框，其中，前 2 个复选框为选中状态，关键代码如下：

```
<form>
  复选框 1: <input type="checkbox" checked="checked" value="复选框 1"/>
  复选框 2: <input type="checkbox" checked="checked" value="复选框 2"/>
  复选框 3:  <input type="checkbox" value="复选框 3"/><br />
  不可用按钮:  <input type="button" value="不可用按钮" disabled><br />
  下拉列表框:
  <select onchange="selectVal()">
    <option value="列表项 1">列表项 1</option>
    <option value="列表项 2">列表项 2</option>
    <option value="列表项 3">列表项 3</option>
  </select>
</form>
```

（3）在引入 JQuery 库的代码下方编写 JQuery 代码，实现匹配表单中的被选中的 checkbox 元素、不可用元素和被选中的 option 元素的值，具体代码如下：

```
<script type="text/javascript">
    $(document).ready(function() {
        $("input:checked").css("background-color","red"); //设置选中的复选框的背景颜色
        $("input:disabled").val("我是不可用的");              //为灰色不可用按钮赋值
    })
    function selectVal(){                                  //下拉列表框变化时执行的方法
```

```
        alert($("select option:selected").val());        //显示选中的值
    }
</script>
```

运行本实例，选中下拉列表框中的列表项 3，将弹出提示对话框显示选中列表项的值，如图 12-29 所示。在该图中，选中的两个复选框的背景为红色，另外的一个复选框没有设置背景颜色，不可用按钮的 value 值被修改为“我是不可用的”。

图 12-29　利用表单过滤器匹配表单中相应的元素

5. 子元素选择器

子元素选择器就是筛选给定某个元素的子元素，具体的过滤条件由选择器的种类而定。JQuery 提供的子无素选择器如表 12-4 所示。

表 12-4　JQuery 的子元素选择器

选 择 器	说 明	示 例
:first-child	匹配所有给定元素的第一个子元素	$("ul li:first-child") //匹配 ul 元素中的第一个子元素 li
:last-child	匹配所有给定元素的最后一个子元素	$("ul li:last-child") //匹配 ul 元素中的最后一个子元素 li
:only-child	匹配元素中唯一的子元素	$("ul li:only-child") //匹配只含有一个 li 元素的 ul 元素中的 li
:nth-child(index/even/odd/equation)	匹配其父元素下的第 N 个子或奇偶元素，index 从 1 开始，而不是从 0 开始	$("ul li:nth-child(even)") //匹配 ul 中索引值为偶数的 li 元素 $("ul li:nth-child(3)") //匹配 ul 中第 3 个 li 元素

12.4.5 属性选择器

属性选择器就是通过元素的属性作为过滤条件进行筛选对象。JQuery 提供的属性选器如表 12-5 所示。

表 12-5　JQuery 的属性选择器

选 择 器	说 明	示 例
[attribute]	匹配包含给定属性的元素	$("div[name]") //匹配含有 name 属性的 div 元素
[attribute=value]	匹配给定的属性是某个特定值的元素	$("div[name='test']") //匹配 name 属性是 test 的 div 元素

续表

选 择 器	说 明	示 例
[attribute!=value]	匹配所有含有指定的属性，但属性不等于特定值的元素	$("div[name!='test']") //匹配 name 属性不是 test 的 div 元素
[attribute*=value]	匹配给定的属性是以包含某些值的元素	$("div[name*='test']") //匹配 name 属性中含有 test 值的 div 元素
[attribute^=value]	匹配给定的属性是以某些值开始的元素	$("div[name^='test']") //匹配 name 属性以 test 开头的 div 元素
[attribute$=value]	匹配给定的属性是以某些值结尾的元素	$("div[name$='test']") //匹配 name 属性以 test 结尾的 div 元素
[selector1][selector2][selectorN]	复合属性选择器，需要同时满足多个条件时使用	$("div[id][name^='test']") //匹配具有 id 属性并且 name 属性是以 test 开头的 div 元素

12.4.6 表单选择器

表单选择器是匹配经常在表单内出现的元素。但是匹配的元素不一定在表单中。JQuery 提供的表单选择器如表 12-6 所示。

表 12-6 JQuery 的表单选择器

选 择 器	说 明	示 例
:input	匹配所有的 input 元素	$(":input") //匹配所有的 input 元素 $("form :input") //匹配<form>标记中的所有 input 元素，需要注意，在 form 和:之间有一个空格
:button	匹配所有的普通按钮，即 type="button"的 input 元素	$(":button") //匹配所有的普通按钮
:checkbox	匹配所有的复选框	$(": checkbox") //匹配所有的复选框
:file	匹配所有的文件域	$(": file") //匹配所有的文件域
:hidden	匹配所有的不可见元素，或者 type 为 hidden 的元素	$(": hidden") //匹配所有的隐藏域
:image	匹配所有的图像域	$(": image") //匹配所有的图像域
:password	匹配所有的密码域	$(": password") //匹配所有的密码域
:radio	匹配所有的单选按钮	$(": radio") //匹配所有的单选按钮
:reset	匹配所有的重置按钮，即 type=" reset "的 input 元素	$(":button") //匹配所有的重置按钮
:submit	匹配所有的提交按钮，即 type=" submit "的 input 元素	$(": reset") //匹配所有的提交按钮
:text	匹配所有的单行文本框	$(":button") //匹配所有的单行文本框

例 12-13 匹配表单中相应的元素并实现不同的操作。

（1）创建一个名称为 index.html 的文件，在该文件的<head>标记中应用下面的语句引入 JQuery 库。

```
<script type="text/javascript" src="JS/jquery-1.6.1.min.js"></script>
```

（2）在页面的<body>标记中，添加一个表单，并在该表单中添加复选框、单选按钮、图像域、文件域、密码域、文本框、普通按钮、重置按钮、提交按钮隐藏域等 input 元素，关键代码如下：

```
<form>
    复选框：<input type="checkbox"/>
    单选按钮：<input type="radio"/>
    图像域：<input type="image"/><br>
    文件域：<input type="file"/><br>
    密码域：<input type="password" width="150px"/><br>
    文本框：<input type="text" width="150px"/><br>
    按  钮：<input type="button" value="按钮"/><br>
    重  置：<input type="reset" value=""/><br>
    提  交：<input type="submit" value=""><br>
    隐藏域： <input type="hidden" value="这是隐藏的元素">
   <div id="testDiv"><font color="blue">隐藏域的值：</font></div>
</form>
```

（3）在引入 JQuery 库的代码下方编写 JQuery 代码，实现匹配表单中的各个表单元素，并实现不同的操作，具体代码如下：

```
<script type="text/javascript">
    $(document).ready(function() {
      $(":checkbox").attr("checked","checked");              //选中复选框
      $(":radio").attr("checked","true");                    //选中单选框
      $(":image").attr("src","images/fish1.jpg");            //设置图片路径
      $(":file").hide();                                     //隐藏文件域
      $(":password").val("123");                             //设置密码域的值
      $(":text").val("文本框");                              //设置文本框的值
      $(":button").attr("disabled","disabled");              //设置按钮不可用
      $(":reset").val("重置按钮");                           //设置重置按钮的值
      $(":submit").val("提交按钮");                          //设置提交按钮的值
      $("#testDiv").append($("input:hidden:eq(1)").val());//显示隐藏域的值
    });
</script>
```

运行本实例，将显示如图 12-30 所示的页面。

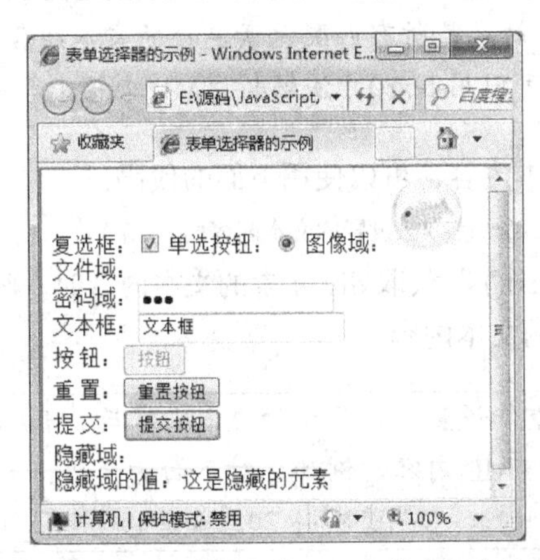

图 12-30 利用表单选择器匹配表单中相应的元素

12.5 JQuery 控制页面

12.5.1 对元素内容和值进行操作

JQuery 提供了对元素的内容和值进行操作的方法，其中，元素的值是元素的一种属性，大部分元素的值都对应 value 属性。下面我们再来对元素的内容进行介绍。

元素的内容是指定义元素的起始标记和结束标记中间的内容，又可分为文本内容和 HTML 内容。那么什么是元素的文本内容和 HTML 内容？我们通过下面这段来说明。

```
<div>
    <p>测试内容</p>
</div>
```

在这段代码中，div 元素的文本内容就是“测试内容”，文本内容不包含元素的子元素，只包含元素的文本内容。而“<p>测试内容</p>”就是<div>元素的 HTML 内容，HTML 内容不仅包含元素的文本内容，而且还包含元素的子元素。

1. 对元素内容操作

由于元素内容又可分为文本内容和 HTML 内容，那么，对元素内容的操作也可以分为对文本内容操作和对 HTML 内容进行操作。下面分别进行详细介绍。

（1）对文本内容操作

JQuery 提供了 text()和 text(val)两个方法用于对文本内容操作，其中 text()用于获取全部匹配元素的文本内容，text(val)用于设置全部匹配元素的文本内容。例如，在一个 HTML 页面中，包括下面 3 行代码。

```
<div>
<span id="clock">当前时间：2013-12-06 星期五 13:20:10</span>
</div>
```

要获取 div 元素的文本内容，可以使用下面的代码：

```
$("div").text();
```

得到的结果为：**当前时间：2013-12-06 星期五 13:20:10**。

text()方法取得的结果是所有匹配元素包含的文本组合起来的文本内容，这个方法也对 XML 文档有效，可以用 text()方法解析 XML 文档元素的文本内容。

要重新设置 div 元素的文本内容，可以使用下面的代码：

```
$("div").text("我是通过 text()方法设置的文本内容");
```

这时，再应用“$("div").text();”获取 div 元素的文本内容时，将得到以下内容：

我是通过 text()方法设置的文本内容

使用 text()方法重新设置 div 元素的文本内容后，div 元素原来的内容将被新设置的内容替换掉，包括 HTML 内容。例如，对下面的代码：

```
<div><span id="clock">当前时间：2011-07-06 星期三 13:20:10</span></div>
```

（2）对 HTML 内容操作

JQuery 提供了 html()和 html(val)两个方法用于对 HTML 内容操作，其中 html()用于获取第一个匹配元素的 HTML 内容，text(val)用于设置全部匹配元素的 HTML 内容。例如，在一个 HTML 页面中，包括下面 3 行代码。

```
<div>
<span id="clock">当前时间：2011-07-06 星期三 13:20:10</span>
</div>
```

要获取 div 元素的 HTML 内容，可以使用下面的代码：

```
alert($("div").html());
```

要重新设置 div 元素的 HTML 内容，可以使用下面的代码：

```
$("div").html("<span style='color:#FF0000'>我是通过 html()方法设置的 HTML 内容</span>");
```

注意

html()方法与 html(val)不能用于 XML 文档，但是可以用于 XHTML 文档。

下面通过一个具体的实例，说明对元素的文本内容与 HTML 内容操作的区别。

例 12-14 获取和设置元素的文本内容与 HTML 内容。

（1）创建一个名称为 index.html 的文件，在该文件的<head>标记中应用下面的语句引入 JQuery 库。

```
<script type="text/javascript" src="JS/jquery-1.6.1.min.js"></script>
```

（2）在页面的<body>标记中，添加两个<div>标记，这两个<div>标记除了 id 属性不同外，其他均相同，关键代码如下：

```
应用 text()方法设置的内容
<div id="div1">
<span id="clock">当前时间：2011-07-06 星期三 13:20:10</span>
</div>
<br />应用 html()方法设置的内容
<div id="div2">
<span id="clock">当前时间：2011-07-06 星期三 13:20:10</span>
</div>
```

（3）在引入 JQuery 库的代码下方编写 JQuery 代码，实现为<div>标记设置文本内容和 HTML 内容，并获取设置后的文本内容和 HTML 内容，具体代码如下：

```
<script type="text/javascript">
  $(document).ready(function(){
        $("#div1").text("<span style='color:#FF0000'>我是通过 html()方法设置的 HTML 内容
</span>");
        $("#div2").html("<span style='color:#FF0000'>我是通过 html()方法设置的 HTML 内容
</span>");
        alert("通过 text()方法获取：\r\n"+$("div").text()+"\r\n 通过 html()方法获取：
\r\n"+$("div").html());
  });
</script>
```

运行本实例，将显示如图 12-31 所示的运行结果。从该运行结果中，我们可以看出，在应用 text()设置文本内容时，即使内容中包含 HTML 代码，也将被认为是普通文本，并不能作为 HTML 代码被浏览器解析，则应用 html()设置的 HTML 内容中包括的 HTML 代码就可以被浏览器解析。

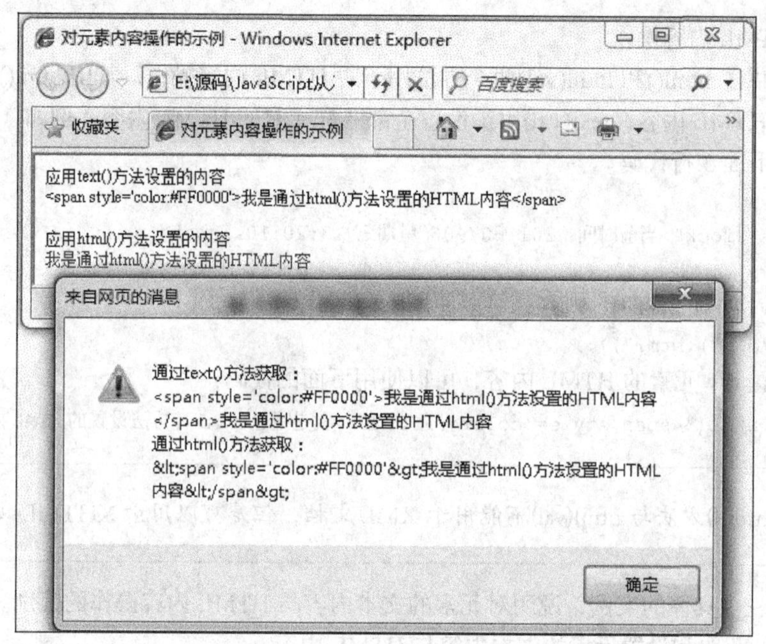

图 12-31　获取和设置元素的文本内容与 HTML 内容

2. 对元素值操作

JQuery 提供了 3 种对元素值操作的方法，如表 12-7 所示。

表 12-7　　对元素的值进行操作的方法

方　法	说　明	示　例
var()	用于获取第一个匹配元素的当前值，返回值可能是一个字符串，也可能是一个数组。例如当 select 元素有两个选中值时，返回结果就是一个数组	$("#username").val();　　//获取 id 为 username 的元素的值
var(val)	用于设置所有匹配元素的值	$("input:text").val("新值")　　//为全部文本框设置值
var(arrVal)	用于为 check、select 和 radio 等元素设置值，参数为字符串数组	$("select").val(['列表项 1','列表项 2']);　//为下拉列表框设置多选值

例 12-15　为多行列表框设置并获取值。

（1）创建一个名称为 index.html 的文件，在该文件的<head>标记中应用下面的语句引入 JQuery 库。

```
<script type="text/javascript" src="JS/jquery-1.6.1.min.js"></script>
```

（2）在页面的<body>标记中，添加一个包含 3 个列表项的可多选的多行列表框，默认为后两项被选中，代码如下：

```
<select name="like" size="3" multiple="multiple" id="like">
  <option>列表项 1</option>
  <option selected="selected">列表项 2</option>
  <option selected="selected">列表项 3</option>
</select>
```

（3）在引入 JQuery 库的代码下方编写 JQuery 代码，应用 JQuery 的 val(arrVal)方法将其第一个和第二个列表项设置为选中状态，并应用 val()方法获取该多行列表框的值，具体代码如下：

```
<script type="text/javascript">
   $(document).ready(function(){
         $("select").val(['列表项 1','列表项 2']);
         alert($("select").val());
   });
</script>
```

运行后将显示如图 12-32 所示的效果。

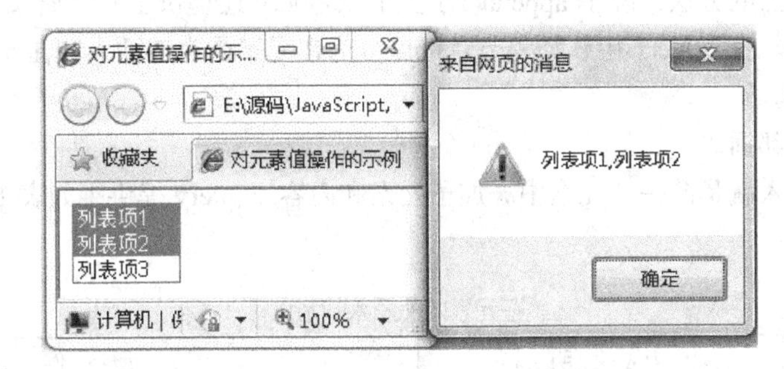

图 12-32 获取到的多行列表框的值

12.5.2 对 DOM 节点进行操作

了解 JavaScript 的读者应该知道，通过 JavaScript 可以实现对 DOM 节点的操作，例如查找节点、创建节点、插入节点、复制节点或是删除节点，不过比较复杂。JQuery 为了简化开发人员的工作，也提供了对 DOM 节点进行操作的方法，下面进行详细介绍。

1. 查找节点

通过 JQuery 提供的选择器可以轻松实现查找页面中的任何节点。关于 JQuery 的选择器我们已经在上一节中进行了详细介绍，读者可以参考“JQuery 的选择器”实现查找节点。

2. 创建节点

创建元素节点包括两个步骤，一是创建新元素，二是将新元素插入到文档中（即父元素中）。例如，要在文档的 body 元素中创建一个新的段落节点可以使用下面的代码：

```
<script type="text/javascript">
     $(document).ready(function(){
          //方法一
          var $p=$("<p></p>");
          $p.html("<span style='color:#FF0000'>方法一添加的内容</span>");
          $("body").append($p);
          //方法二
          var $txtP=$("<p><span style='color:#FF0000'>方法二添加的内容</span></p>");
          $("body").append($txtP);
          //方法三
          $("body").append("<p><span  style='color:#FF0000'> 方 法 三 添 加 的 内 容
</span></p>");
          //弹出新添加的段落节点 p 的文本内容
          alert($("p").text());
     });
</script>
```

在创建节点时，浏览器会将所添加的内容视为 HTML 内容进行解释执行，无论是否是使用 html()方法指定的 HTML 内容。上面所使用的 3 种方法都将在文档中添加一个颜色为红色的段落文本。

3. 插入节点

在创建节点时，我们应用了 append()方法将定义的节点内容插入到指定的元素。实际上，该方法是用于插入节点的方法，除了 append()方法外，JQuery 还提供了几种插入节点的方法。这一节我们将详细介绍。在 JQuery 中，插入节点可以分为在元素内容部插入和在元素外部插入两种，下面分别进行介绍。

（1）在元素内部插入

在元素内部插入就是向一个元素中添加子元素和内容。JQuery 提供了如表 12-8 所示的在元素内部插入的方法。

表 12-8　　在元素内部插入的方法

方　法	说　明	示　例
append(content)	为所有匹配的元素的内部追加内容	$("#B").append("<p>A</p>");　//向 id 为 B 的元素中追加一个段落
appendTo(content)	将所有匹配元素添加到另一个元素的元素集合中	$("#B").appendTo("#A");　//将 id 为 B 的元素追加到 id 为 A 的元素后面，也就是将 B 元素移动到 A 元素的后面
prepend(content)	为所有匹配的元素的内部前置内容	$("#B").prepend("<p>A</p>");　//向 id 为 B 的元素内容前添加一个段落
prependTo(content)	将所有匹配元素前置到另一个元素的元素集合中	$("#B").prependTo("#A");　//将 id 为 B 的元素添加到 id 为 A 的元素前面，也就是将 B 元素移动到 A 元素的前面

从表中可以看出 append()方法与 prepend()方法类似，所不同的是，prepend()方法将添加的内容插入到原有内容的前面。

appendTo()实际上是颠倒了 append()方法，例如下面这句代码：

```
$("<p>A</p>").appendTo("#B");                    //将指定内容添加到 id 为 B 的元素中
```

等同于：

```
$("#B").append("<p>A</p>");                      //将指定内容添加到 id 为 B 的元素中
```

不过，append()方法并不能移动页面上的元素，而 appendTo()方法是可以的，例如下面的代码：

```
$("#B").appendTo("#A");                          //移动 B 元素到 A 元素的后面
```

append()方法是无法实现该功能的，注意两者的区别。

（2）在元素外部插入

在元素外部插入就是将要添加的内容添加到元素之前或元素之后。JQuery 提供了如表 12-9 所示的在元素外部插入的方法。

表 12-9　　在元素外部插入的方法

方　法	说　明	示　例
after(content)	在每个匹配的元素之后插入内容	$("#B").after("<p>A</p>");　//向 id 为 B 的元素的后面添加一个段落
insertAfter(content)	将所有匹配的元素插入到另一个指定元素的元素集合的后面	$("<p>test</p>").insertAfter("#B");　//将要添加的段落插入到 id 为 B 的元素的后面

续表

方 法	说 明	示 例
before(content)	在每个匹配的元素之前插入内容	$("#B").prepend("<p>A</p>"); //向 id 为 B 的元素内容前添加一个段落
insertBefore(content)	把所有匹配的元素插入到另一个指定元素的元素集合的前面	$("#B").prependTo("#A"); //将 id 为 B 的元素添加到 id 为 A 的元素前面，也就是将 B 元素移动到 A 元素的前面

4. 删除、复制与替换节点

在页面上只执行插入和移动元素的操作是远远不够的，在实际开发的过程中还经常需要删除、复制和替换相应的元素。下面将介绍如何应用 JQuery 实现删除、复制和替换节点。

❑ 删除节点

JQuery 提供了两种删除节点的方法，分别是 empty()和 remove([expr])方法，其中，empty()方法用于删除匹配的元素集合中所有的子节点，并不删除该元素；remove([expr])方法用于从 DOM 中删除所有匹配的元素。例如，在文档中存在下面的内容：

```
div1:
<div id="div1"><span style="color:#900">谁言寸草心，报得三春晖</span></div>
div2:
<div id="div2"><span style="color:#900">谁言寸草心，报得三春晖</span></div>
```

使用下面的 JQuery 代码可以实现删除操作。

```
<script type="text/javascript">
        $(document).ready(function() {
          $("#div1").empty();                    //调用 empty()方法删除 div1 的的所有子节点
                    $("#div2").remove();         //调用 remove()方法删除 id 为 div2 的元素
        });
    </script>
```

❑ 复制节点

JQuery 提供了 clone()方法用于复制节点，该方法有两种形式，一种是不带参数，用于克隆匹配的 DOM 元素并且选中这些克隆的副本；另一种是带有一个布尔型的参数，当参数为 true 时，表示克隆匹配的元素以及其所有的事件处理并且选中这些克隆的副本，当参数为 false 时，表示不复制元素的事件处理。

例如，在页面中添加一个按钮，并为该按钮绑定单击事件，在单击事件中复制该按钮，但不复制它的事件处理，可以使用下面的 JQuery 代码：

```
<script type="text/javascript">
     $(function() {
          $("input").bind("click",function() {         //为按钮绑定单击事件
            $(this).clone().insertAfter(this);         //复制自己但不复制事件处理
          });
     });
</script>
```

运行上面的代码，当单击页面上的按钮时，会在该元素之后插入复制后的元素副本，但是复制的按钮没有复制事件，如果需要同时复制元素的事件处理，可用 clone(true)方法代替。

❑ 替换节点

JQuery 提供了两个替换节点的方法，分别是 replaceAll(selector)和 replaceWith(content)。其中，

replaceAll(selector)方法用于使用匹配的元素替换掉所有 selector 匹配到的元素；replaceWith(content)方法用于将所有匹配的元素替换成指定的 HTML 或 DOM 元素。这两种方法的功能相同，只是两者的表现形式不同。

例如，使用 replaceWith()方法替换页面中 id 为 div1 的元素，以及使用 replaceAll()方法替换 id 为 div2 的元素可以使用下面的代码：

```
<script type="text/javascript">
    $(document).ready(function() {
        //替换 id 为 div1 的<div>元素
        $("#div1").replaceWith("<div>replaceWith()方法的替换结果</div>");
      //替换 id 为 div2 的<div>元素
      $("<div>replaceAll()方法的替换结果</div>").replaceAll("#div2");
    });
</script>
```

12.5.3 对元素属性进行操作

JQuery 提供了如表 12-10 所示的对元素属性进行操作的方法。

表 12-10 对元素属性进行操作的方法

方　法	说　明	示　例
attr(name)	获取匹配的第一个元素的属性值（无值时返回 undefined）	$("img").attr('src');　//获取页面中第一个 img 元素的 src 属性的值
attr(key,value)	为所有匹配的元素设置一个属性值（value 是设置的值）	$("img").attr("title","草莓正在生长");　//为图片添加一标题属性，属性值为“草莓正在生长”
attr(key,fn)	为所有匹配的元素设置一个函数返回的属性值（fn 代表函数）	$("#fn").attr("value", function() { return this.name ;　　//返回元素的名称 });　　　　　　//将元素的名称作为其 value 属性值
attr(properties)	为所有匹配元素以集合（{名:值,名:值}）形式同时设置多个属性	//为图片同时添加两个属性，分别是 src 和 title $("img").attr({src:"test.gif",title:"图片示例"});
removeAttr(name)	为所有匹配元素删除一个属性	$("img"). removeAttr("title");　//移除所有图片的 title 属性

在表 12-10 中所列的这些方法中，key 和 name 都代表元素的属性名称，properties 代表一个集合。

12.5.4 对元素的 CSS 样式操作

在 JQuery 中，对元素的 CSS 样式操作可以通过修改 CSS 类或者 CSS 的属性来实现。下面进行详细介绍。

1. 通过修改 CSS 类实现

在网页中，如果想改变一个元素的整体效果。例如，在实现网站换肤时，就可以通过修改该元素所使用的 CSS 类来实现。在 JQuery 中，提供了如表 12-11 所示的几种用于修改 CSS 类的方法。

表 12-11　　修改 CSS 类的方法

方　法	说　明	示　例
addClass(class)	为所有匹配的元素添加指定的 CSS 类名	$("div").addClass("blue line");　//为全部 div 元素添加 blue 和 line 两个 CSS 类
removeClass(class)	从所有匹配的元素中删除全部或者指定的 CSS 类	$("div").addClass("line");　//删除全部 div 元素中添加的 lineCSS 类
toggleClass(class)	如果存在（不存在）就删除（添加）一个 CSS 类	$("div").toggleClass("yellow");　//当匹配的 div 元素中存在 yellow CSS 类，则删除该类，否则添加该 CSS 类
toggleClass(class,switch)	如果 switch 参数为 true 则加上对应的 CSS 类，否则就删除，通常 switch 参数为一个布尔型的变量	$("img").toggleClass("show",true);　//为 img 元素添加 CSS 类 show $("img").toggleClass("show",false);　//为 img 元素删除 CSS 类 show

使用 addClass()方法添加 CSS 类时，并不会删除现有的 CSS 类。同时，在使用上表所列的方法时，其 class 参数都可以设置多个类名，类名与类名之间用空格分开。

2. 通过修改 CSS 属性实现

如果需要获取或修改某个元素的具体样式（即修改元素的 style 属性），JQuery 也提供了相应的方法，如表 12-12 所示。

表 12-12　　获取或修改 CSS 属性的方法

方　法	说　明	示　例
css(name)	返回第一个匹配元素的样式属性	$("div").css("color");　//获取第一个匹配的 div 元素的 color 属性值
css(name,value)	为所有匹配元素的指定样式设置值	$("img").css("border","1px solid #000000"); //为全部 img 元素设置边框样式
css(properties)	以{属性：值，属性：值，……}的形式为所有匹配的元素设置样式属性	$("tr").css({ "background-color":"#0A65F3",//设置背景颜色 "font-size":"14px",　//设置字体大小 "color":"#FFFFFF"　//设置字体颜色 });

使用 css()方法设置属性时，既可以解释连字符形式的 CSS 表示法（如 background-color），也可以使解释大小写形式的 DOM 表示法（如 backgroundColor）。

12.6　JQuery 的事件处理

人们常说“事件是脚本语言的灵魂”，事件使页面具有了动态性和响应性，如果没有事件将很难完成页面与用户之间的交互。在传统的 JavaScript 中内置了一些事件响应的方式，但是 JQuery 增强、优化并扩展了基本的事件处理机制。

12.6.1 页面加载响应事件

$(document).ready()方法是事件模块中最重要的一个函数，它极大地提高了 Web 响应速度。$(document)是获取整个文档对象，从这个方法名称来理解，就是获取文档就绪的时候。方法的书写格式为：

```
$(document).ready(function() {
            //在这里写代码
});
```

可以简写成：

```
$().ready(function() {
        //在这里写代码
});
```

当$()不带参数时，默认的参数就是 document，所以$()是$(document)的简写形式。

还可以进一步简写成：

```
$(function() {
        //在这里写代码
});
```

虽然语法可以更短一些，但是不提倡使用简写的方式，因为较长的代码更具可读性，也可以防止与其他方法混淆。

通过上面的介绍我们可以看出，在 JQuery 中，可以使用$(document).ready()方法代替传统的 window.onload()方法，不过两者之间还是有些细微的区别的，主要体现在以下两方面。

在一个页面上可以无限制地使用$(document).ready()方法，各个方法间并不冲突，会按照在代码中的顺序依次执行。而一个页面中只能使用一个 window.onload()方法。

在一个文档完全下载到浏览器时（包括所有关联的文件，例如图片、横幅等）就会响应 window.onload()方法。而$(document).ready()方法是在所有的 DOM 元素完全就绪以后就可以调用，不包括关联的文件。例如在页面上还有图片没有加载完毕但是 DOM 元素已经完全就绪，这样就会执行$(document).ready()方法，在相同条件下 window.onload()方法是不会执行的，它会继续等待图片加载，直到图片及其他的关联文件都下载完毕时才执行。所以说$(document).ready()方法优于 window.onload()方法。

12.6.2 JQuery 中的事件

只有页面加载显然是不够的，程序在其他的时候也需要完成某个任务。比如鼠标单击（onclick）事件，敲击键盘（onkeypress）事件以及失去焦点（onblur）事件等。在不同的浏览器中事件名称是不同的，例如在 IE 中的事件名称大部分都含有 on，如 onkeypress()事件，但是在火狐浏览器却没有这个事件名称，JQuery 帮助我们统一了所有事件的名称。JQuery 中的事件如表 12-13 所示。

表 12-13　　JQuery 中的事件

方　法	说　明
blur()	触发元素的 blur 事件
blur(fn)	在每一个匹配元素的 blur 事件中绑定一个处理函数，在元素失去焦点时触发，既可以是鼠标行为也可以是使用〈Tab〉键离开的行为
change()	触发元素的 change 事件

续表

方　法	说　明
change(fn)	在每一个匹配元素的 change 事件中绑定一个处理函数，在元素的值改变并失去焦点时触发
chick()	触发元素的 chick 事件
click(fn)	在每一个匹配元素的 click 事件中绑定一个处理函数，在元素上单击时触发
dblclick()	触发元素的 dblclick 事件
dblclick(fn)	在每一个匹配元素的 dblclick 事件中绑定一个处理函数，在某个元素上双击触发
error()	触发元素的 error 事件
error(fn)	在每一个匹配元素的 error 事件中绑定一个处理函数，当 JavaSprict 发生错误时，会触发 error()事件
focus()	触发元素的 focus 事件
focus(fn)	在每一个匹配元素的 focus 事件中绑定一个处理函数，当匹配的元素获得焦点时触，通过鼠标点击或者〈Tab〉键触发
keydown()	触发元素的 keydown 事件
keydown(fn)	在每一个匹配元素的 keydown 事件中绑定一个处理函数，当键盘按下时触发
keyup()	触发元素的 keyup 事件
keyup(fn)	在每一个匹配元素的 keyup 事件中绑定一个处理函数，会在按键释放时触发
keypress()	触发元素的 keypress 事件
keypress(fn)	在每一个匹配元素的 keypress 事件中绑定一个处理函数，敲击按键时触发（即按下并抬起同一个按键）
load(fn)	在每一个匹配元素的 load 事件中绑定一个处理函数，匹配的元素内容完全加载完毕后触发
mousedown(fn)	在每一个匹配元素的 mousedown 事件中绑定一个处理函数，鼠标在元素上点击后触发
mousemove(fn)	在每一个匹配元素的 mousemove 事件中绑定一个处理函数，鼠标在元素上移动时触发
mouseout(fn)	在每一个匹配元素的 mouseout 事件中绑定一个处理函数，鼠标从元素上离开时触发
mouseover(fn)	在每一个匹配元素的 mouseover 事件中绑定一个处理函数，鼠标移入对象时触发
mouseup(fn)	在每一个匹配元素的 mouseup 事件中绑定一个处理函数，鼠标点击对象释放时
resize(fn)	在每一个匹配元素的 resize 事件中绑定一个处理函数，当文档窗口改变大小时触发
scroll(fn)	在每一个匹配元素的 scroll 事件中绑定一个处理函数，当滚动条发生变化时触发
select()	触发元素的 select()事件
select(fn)	在每一个匹配元素的 select 事件中绑定一个处理函数，当用户在文本框（包括 input 和 textarea）选中某段文本时触发
submit()	触发元素的 submit 事件
submit(fn)	在每一个匹配元素的 submit 事件中绑定一个处理函数，表单提交时触发
unload(fn)	在每一个匹配元素的 unload 事件中绑定一个处理函数，在元素卸载时触发该事件

这些都是对应的 JQuery 事件，和传统的 JavaScript 中的事件几乎相同，只是名称不同。方法中的 fn 参数，表示一个函数，事件处理程序就写在这个函数中。

12.6.3 事件绑定

在页面加载完毕时，程序可以通过为元素绑定事件完成相应的操作。在 JQuery 中，事件绑定通常可以分为为元素绑定事件、移除绑定和绑定一次性事件处理 3 种情况，下面分别进行介绍。

1. 为元素绑定事件

在 JQuery 中，为元素绑定事件可以使用 bind()方法，该方法的语法结构如下：

```
bind(type,[data],fn)
```

- type：事件类型。
- data：可选参数，作为 event.data 属性值传递给事件对象的额外数据对象。大多数的情况下不使用该参数。
- fn：绑定的事件处理程序。

例如，为普通按钮绑定一个单击事件，用于在单击该按钮时，弹出提示对话框，可以使用下面的代码：

```
$("input:button").bind("click",function(){alert('您单击了按钮');});
```

2. 移除绑定

在 JQuery 中，为元素移除绑定事件可以使用 unbind()方法，该方法的语法结构如下：

```
unbind([type],[data])
```

- type：可选参数，用于指定事件类型。
- data：可选参数，用于指定要从每个匹配元素的事件中反绑定的事件处理函数。

在 unbind()方法中，两个参数都是可选的，如果不填参数，将会删除匹配元素上所有绑定的事件。

例如，要移除为普通按钮绑定的单击事件，可以使用下面的代码：

```
$("input:button").unbind("click");
```

3. 绑定一次性事件处理

在 JQuery 中，为元素绑定一次性事件处理可以使用 one()方法，该方法的语法结构如下：

```
one(type,[data],fn)
```

- type：用于指定事件类型。
- data：可选参数，作为 event.data 属性值传递给事件对象的额外数据对象。
- fn：绑定到每个匹配元素的事件上面的处理函数。

例如，要实现只有当用户第一次单击匹配的 div 元素时，弹出提示对话框显示 div 元素的内容，可以使用下面的代码：

```
$("div").one("click", function(){
        alert( $(this).text() );      //在弹出的提示对话框中显示 div 元素的内容
});
```

12.6.4 模拟用户操作

在 JQuery 中提供了模拟用户的操作触发事件、模仿悬停事件和模拟鼠标连续单事件等 3 种模拟用户操作的方法，下面分别进行介绍。

1. 模拟用户的操作触发事件

在 JQuery 中一般常用 triggerHandler()方法和 trigger()方法来模拟用户的操作触发事件。这两个方法的语法格式完全相同，所不同的是：triggerHandler()方法不会导致浏览器同名的默认行为被执行，而 trigger()方法会导致浏览器同名的默认行为的执行，例如使用 trigger()触发一个名称为 submit 的事件，同样会导致浏览器执行提交表单的操作。要阻止浏览器的默认行为，只需返回 false。另外，使用 trigger()方法和 triggerHandler()方法还可以触发 bind()绑定的自定义事件，并且还可以为事件传递参数。

例 12-16 在页面载入完成时执行按钮的 click 事件，这时不需要用户自己操作。

```
<script type="text/javascript" src="JS/jquery-1.6.1.min.js"></script>
<script type="text/javascript">
$(document).ready(function() {
    $("input:button").bind("click",function(event,msg1,msg2){
        alert(msg1+msg2);                                  //弹出提示对话框
    }).trigger("click",["欢迎访问","明日科技"]);       //页面加载触发单击事件
});
</script>
```

执行上面的代码，弹出如图 12-33 所示的对话框。

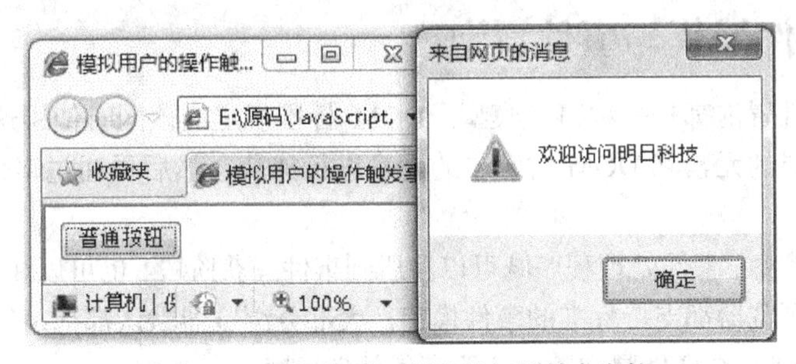

图 12-33 页面加载时触发按钮的单击事件

注意 trigger()方法触发事件的时候会触发浏览器的默认行为，但是 triggerHandler()方法不会触发浏览器的默认行为。

2. 模仿悬停事件

模仿悬停事件是指模仿鼠标移动到一个对象上面又从该对象上面移出的事件，可以通过 JQuery 提供的 hover(over,out)方法实现。hover()方法的语法结构如下：

```
hover(over,out)
```

- over：用于指定当鼠标在移动到匹配元素上时触发的函数。
- out：用于指定当鼠标在移出匹配元素上时触发的函数。

例如，12.4.2 小节的实战模拟隐藏超链接地址，也可以使用下面的代码实现：

```
$("a.main").hover(function(){
    window.status="http://www.mrbccd.com";return true;        //设定状态栏文本
},function(){
    window.status="完成";return true;                          //设定状态栏文本
});
```

3. 模拟鼠标连续单击事件

模拟鼠标连续单击事件实际上是为每次单击鼠标时设置一个不同的函数。从而实现用户每次

单击鼠标时，都会得到不同的效果。这可以通过 JQuery 提供的 toggle()方法实现。toggle()方法会在第一次单击匹配的元素时，触发指定的第一个函数，下次单击这个元素时会触发指定的第二个函数，按此规律直到最后一个函数。随后的单击会按照原来的顺序循环触发指定的函数。toggle()方法的语法格式如下：

```
toggle(odd,even)
```

- odd：用于指定奇数次单击按钮时触发的函数。
- even：用于指定当偶数次单击按钮时触发的函数。

例如，要实现单击页面上的工具图片（id 为 tool 的 img 元素），显示工具提示，再单击时，隐藏工具提示可以使用下面的代码。

```
$("#tool").toggle(
    function(){$("#tip").css("display","");},
    function(){$("#tip").css("display","none");}
);
```

toggle()方法属于 JQuery 中的 click 事件，所以在程序中可以用“unbind('click')”方法删除该方法。

12.6.5 事件捕获与事件冒泡

事件捕获和事件冒泡都是一种事件模型。DOM 标准规定应该同时使用这两个模型：首先事件要从 DOM 树顶层的元素到 DOM 树底层的元素进行捕获，然后再通过事件冒泡返回到 DOM 树的顶层。

在标准事件模型中，事件处理程序既可以注册到事件捕获阶段，也可以注册到事件冒泡阶段。但是并不是所有的浏览器都支持标准的事件模型，大部分浏览器默认都把事件注册在事件冒泡阶段，所以 JQuery 始终会在事件冒泡阶段注册事件处理程序。

1. 什么是事件捕获与事件冒泡

下面就通过一个例子来展示什么是事件冒泡，什么是事件捕获，以及事件冒泡与事件捕获的区别。

例 12-17 通过一个形象的元素结构，展示事件冒泡模型。

在下面这个页面结构中，<span>是<p>的子元素，而<p>又是<div>的子元素。

```
<body>
    <div class="test1">
         <b>div 元素</b>
         <p class="test2">
              <b>p 元素</b>
              <span><b>span 元素</b></span>
         </p>
</div>
</body>
```

为元素添加 CSS 样式，这样就能更清晰地看清页面的层次结构：

```
<style type="text/css">
       .redBorder{/*红色边框*/
        border:1px solid red;
       }
```

```
        .test1{       /*div 元素的样式*/
            width:240px;
            height:150px;
            background-color:#cef;
            text-align:center;
        }
        .test2{     /*p 元素的样式*/
            width:160px;
            height:100px;
            background-color:#ced;
            text-align:center;
            line-height:20px;
            margin:10px auto;
        }
        span{      /*span 元素的样式*/
            width:100px;
            height:35px;
            background-color:#fff;
            padding:20px 20px 20px 20px;
        }
        body{font-size:12px;}
</style>
```

页面结构如图 12-34 所示。

为这 3 个元素添加 mouseout 和 mouseover 事件，当鼠标在元素上悬停时为元素加上红色边框，当鼠标离开时，移除红色边框。如果鼠标悬停在<span>元素上时，会不会触发<p>元素和<div>元素的 mouseover 事件呢？毕竟鼠标的光标都在这三个元素之上。图 12-35、图 12-36 和图 12-37 展示了鼠标在不同元素上悬停时的效果。

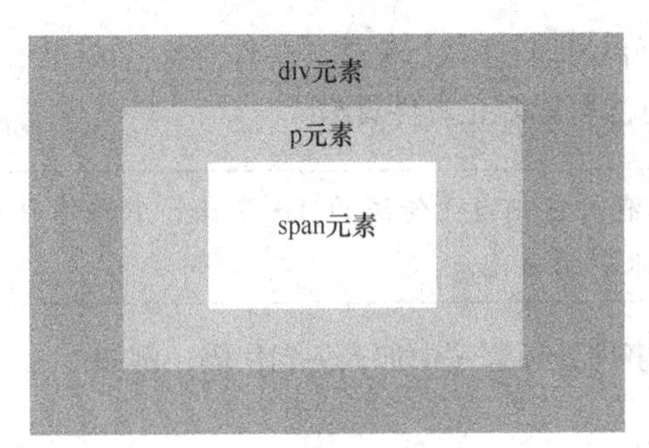

图 12-34　页面结构

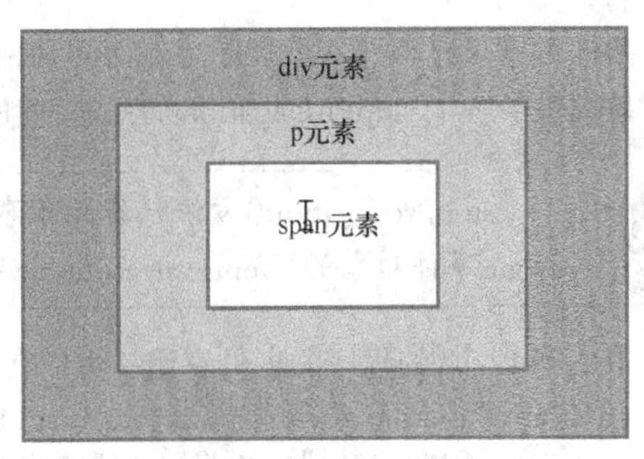

图 12-35　鼠标悬停在 span 元素上的效果

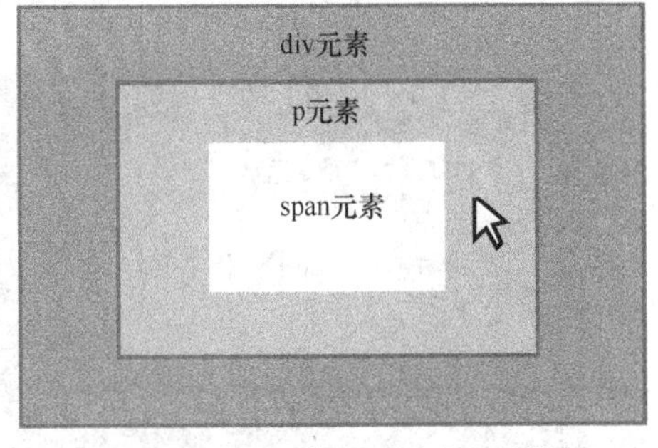

图 12-36　鼠标悬停在 p 元素上的效果

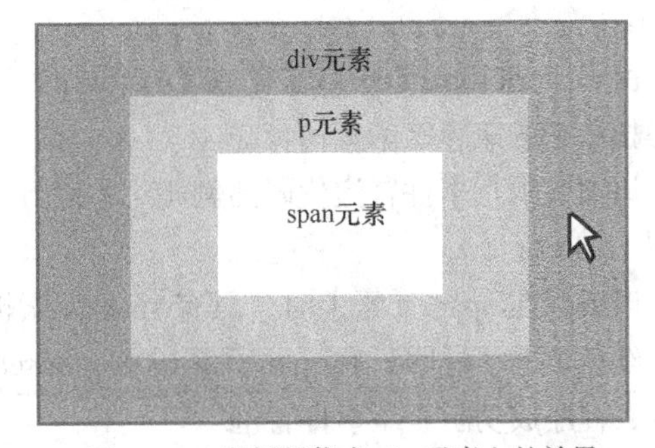

图 12-37　鼠标悬停在 div 元素上的效果

在上面的运行结果中可以看到当鼠标在 span 元素上时，3 个元素都被加上了红色边框。说明在响应 span 元素的 mouseover 事件时，其他两个元素的 mouseover 事件也被响应。触发 span 元素的事件时，在 IE 最先响应的将是 span 元素的事件，其次是 p 元素，最后为 div 元素。在 IE 中事件响应的顺序如图 12-38 所示。这种事件的响应顺序，就叫做事件冒泡。事件冒泡是从 DOM 树的顶层向下进行事件响应。

另一种相反的策略就是事件捕获，事件捕获是从 DOM 树的底层向上进行事件响应，事件捕获的顺序如图 12-39 所示。

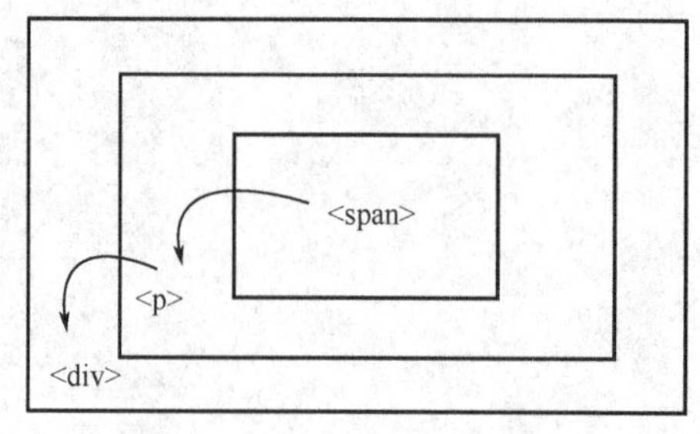

图 12-38　事件冒泡（由具体到一般）

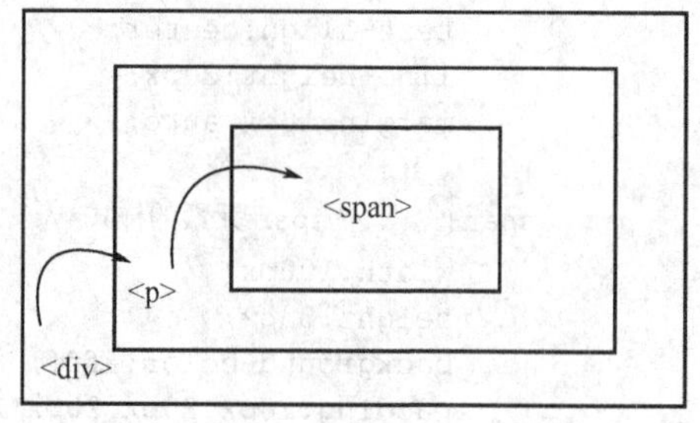

图 12-39　事件捕获（由一般到具体）

2. 阻止事件冒泡

事件冒泡会经常导致一些令开发人员头疼的问题，所以必要的时候，需要阻止事件的冒泡。要解决这个问题，就必须访问事件对象。事件对象是在元素获得处理事件时被传递给相应的事件处理程序的。在程序中的事件对象就是一个参数，例如：

```
$("span").mouseout(function(event){                    //这里的 event 就是事件对象
        $("span").removeClass("redBorder");
});
```

事件对象只有事件处理程序才能访问到，当事件处理程序执行完毕，事件对象将被销毁。事件对象提供了一个 stopPropagation()方法，使用该方法可以阻止事件冒泡。

注意　stopPropagation()方法只能阻止事件冒泡，它相当于传统的 JavaScript 中操作原始的 event 事件对象的 event.cancelBubble=true 来取消冒泡。

阻止例 12-17 的程序的事件冒泡，可以在每个事件处理程序中加入一句代码，例如：

```
$(".test1").mouseover(function(event){
        $(".test1").addClass("redBorder");
        event.stopPropagation();                        //阻止冒泡事件
});
```

由于 stopPropagation()方法是跨浏览器的，所以不必担心它的兼容性。

添加了阻止事件冒泡代码的例 12-17 运行效果如图 12-40 所示。

当鼠标在 span 元素上时，只有 span 元素被加上了红色边框，说明只有 span 元素响应 mouseover 事件，程序成功阻止了事件冒泡。

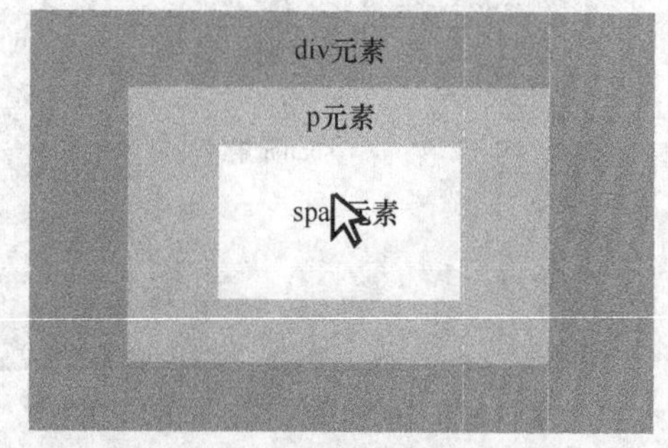

图 12-40　阻止事件冒泡后的效果

3. 阻止浏览器默认行为

在表单验证的时候，表单的某些内容没有通过验证，但是在单击了提交按钮以后表单还是会提交。这时就需要阻止浏览器的默认操作。在 JQuery 中，应用 preventDefault()方法可以阻止浏览器的默认行为。

在事件处理程序中加入如下代码就可以阻止默认行为：

```
event. preventDefault ()                    //阻止浏览器默认操作
```

如果想同时停止事件冒泡和浏览器默认行为，可以在事件处理程序中返回 false。即：

```
return false;                               //阻止事件冒泡和浏览器默认操作
```

这是同时调用 stopPropagation()和 preventDefault()方法的一种简要写法。

12.7 JQuery 的动画效果

12.7.1 基本的动画效果

基本的动画效果指的就是元素的隐藏和显示。在 JQuery 中提供了两种控制元素隐藏和显示的方法，一种是分别隐藏和显示匹配元素，另一种是切换元素的可见状态，也就是如果元素是可见的，切换为隐藏；如果元素是隐藏的，切换为可见的。

1. 隐藏匹配元素

使用 hide()方法可以隐藏匹配的元素。hide()方法相当于将元素 CSS 样式属性 display 的值设置为 none，它会记住原来的 display 的值。hide()方法有两种语法格式，一种是不带参数的形式，用于实现不带任何效果的隐藏匹配元素，其语法格式如下：

```
hide()
```

例如，要隐藏页面中的全部图片，可以使用下面的代码：

```
$("img").hide();
```

另一种是带参数的形式，用于以优雅的动画隐藏所有匹配的元素，并在隐藏完成后可选地触发一个回调函数，其语法格式如下：

```
hide(speed,[callback])
```

- speed：用于指定动画的时长。可以是数字，也就是元素经过多少毫秒（1000 毫秒=1 秒）后完全隐藏。也可以是默认参数 slow（600 毫秒）、normal（400 毫秒）和 fast（200 毫秒）。
- callback：可选参数，用于指定隐藏完成后要触发的回调函数。

例如，要在 300 毫秒内隐藏页面中的 id 为 ad 的元素，可以使用下面的代码：

```
$("#ad").hide(300);
```

JQuery 的任何动画效果，都可以使用默认的 3 个参数，slow（600 毫秒）、normal（400 毫秒）和 fast(200 毫秒)。在使用默认参数时需要加引号，例如 show("fast")，使用自定义参数时，不需要加引号，例如 show(300)。

2. 显示匹配元素

使用 show()方法可以显示匹配的元素。hide()方法相当于将元素 CSS 样式属性 display 的值设置为 block 或 inline 或除了 none 以外的值，它会恢复为应用 display：none 之前的可见属性。show()

方法有两种语法格式，一种是不带参数的形式，用于实现不带任何效果的显示匹配元素，其语法格式如下：

```
show()
```

例如，要隐藏页面中的全部图片，可以使用下面的代码：

```
$("img").show();
```

另一种是带参数的形式，用于以优雅的动画隐藏所有匹配的元素，并在隐藏完成后可选择地触发一个回调函数，其语法格式如下：

```
show(speed,[callback])
```

- speed：用于指定动画的时长。可以是数字，也就是元素经过多少毫秒后完全显示。也可以是默认参数 slow（600 毫秒）、normal（400 毫秒）和 fast（200 毫秒）。
- callback：可选参数，用于指定隐藏完成后要触发的回调函数。

例如，要在 300 毫秒内显示页面中的 id 为 ad 的元素，可以使用下面的代码：

```
$("#ad").show(300);
```

3. 切换元素的可见状态

使用 toggle()方法可以实现切换元素的可见状态。也就是如果元素是可见的，切换为隐藏；如果元素是隐藏的，切换为可见的。toggle()方法的语法格式如下：

```
toggle()
```

例如，要实现通过单击普通按钮隐藏和显示全部 div 元素可以使用下面的代码。

```
$(document).ready(function(){
        $("input[type='button']").click(function(){
            $("div").toggle();            //切换有所有 div 元素的显示状态
        });
});
```

等效于：

```
$(document).ready(function(){
        $("input[type='button']").toggle(function(){
            $("div").hide();              //显示 div 元素
        },function(){
            $("div").show();              //隐藏 div 元素
        });
});
```

4. 实战模拟：自动隐藏式菜单

在设计网页时，可以在页面中添加自动隐藏式菜单，这种菜单简洁易用，在不使用时能自动隐藏，保持页面的清洁。下面将通过一个具体的例子来说明如何通过 JQuery 实现自动隐藏式菜单。

例 12-18 自动隐藏式菜单。

（1）创建一个名称为 index.html 的文件，在该文件的<head>标记中应用下面的语句引入 JQuery 库。

```
<script type="text/javascript" src="JS/jquery-1.6.1.min.js"></script>
```

（2）在页面的<body>标记中，首先添加一个图片，id 属性为 flag，用于控制菜单显示，然后，添加一个 id 为 menu 的<div>标记，用于显示菜单，最后在<div>标记中添加用于显示菜单项的<ul>和<li>标记，关键代码如下：

```
<img  src="images/title.gif" width="30" height="80" id="flag" />
<div id="menu">
<ul>
```

```
    <li><a href="www.mingribook.com">图书介绍</a></li>
   <li><a href="www.mingribook.com">新书预告</a></li>
   ……  <!--省略了其他菜单项的代码-->
   <li><a href="www.mingribook.com">联系我们</a></li>
</ul>
</div>
```

（3）编写 CSS 样式，用于控制菜单的显示样式，具体代码请参见光盘。

（4）在引入 JQuery 库的代码下方编写 JQuery 代码，应用 JQuery 的 val(arrVal)方法将其第一个和第二个列表项设置为选中状态，并应用 val()方法获取该多行列表框的值，具体代码如下：

```
<script type="text/javascript">
    $(document).ready(function(){
        $("#flag").mouseover(function(){
            $("#menu").show(300);               //显示菜单
        });
        $("#menu").hover(null,function(){
            $("#menu").hide(300);               //隐藏菜单
        });
    });
</script>
```

在上面的代码，绑定鼠标的移出事件时，使用了 hover()方法，而没有使用 mouseout()方法，这是因为使用 mouseout()方法时，当鼠标在菜单上移动时，菜单将在显示与隐藏状态下反复切换，这是由于 JQuery 的事件捕获与事件冒泡造成的，但是 hover()方法有效地解决了这一问题。

运行本实例，将显示如图 12-41 所示的效果，将鼠标移到“隐藏菜单”图片上时，将显示如图 12-42 所示的菜单，将鼠标从该菜单上移出后，又将显示为图 12-41 所示的效果。

图 12-41　鼠标移出隐藏菜单的效果

图 12-42　鼠标移入隐藏菜单的效果

12.7.2　淡入淡出的动画效果

如果在显示或隐藏元素时不需要改变元素的高度和宽度，只单独改变元素的透明度的时候，就需要使用淡入淡出的动画效果了。JQuery 中提供了如表 12-14 所示的实现淡入淡出动画效果的方法。

表 12-14　　实现淡入淡出动画效果的方法

方　法	说　明	示　例
fadeIn(speed,[callback])	通过增大不透明度实现匹配元素淡入的效果	$("img").fadeIn(300);　//淡入效果
fadeOut(speed,[callback])	通过减小不透明度实现匹配元素淡出的效果	$("img").fadeOut(300); //淡出效果
fadeTo(speed,opacity,[callback])	将匹配元素的不透明度以渐进的方式调整到指定的参数	$("img").fadeTo(300,0.15);　//在 0.3 秒内将图片淡入淡出至 15%不透明

这 3 种方法都可以为其指定速度参数，参数的规则与 hide()方法和 show()方法的速度参数一致。在使用 fadeTo()方法指定不透明度时，参数只能是 0 到 1 之间的数字，0 表示完全透明，1 表示完全不透明，数值越小图片的可见性就越差。

例如，如果想把例 12-18 的实例修改成带淡入淡出动画的隐藏菜单，可以将对应的 JQuery 代码修改为以下内容。

```
<script type="text/javascript">
    $(document).ready(function(){
        $("#flag").mouseover(function(){
            $("#menu").fadeIn(700);              //淡入效果
        });
        $("#menu").hover(null,function(){
            $("#menu").fadeOut(700);             //淡出效果
        });
    });
</script>
```

修改后的运行效果如图 12-43 所示。

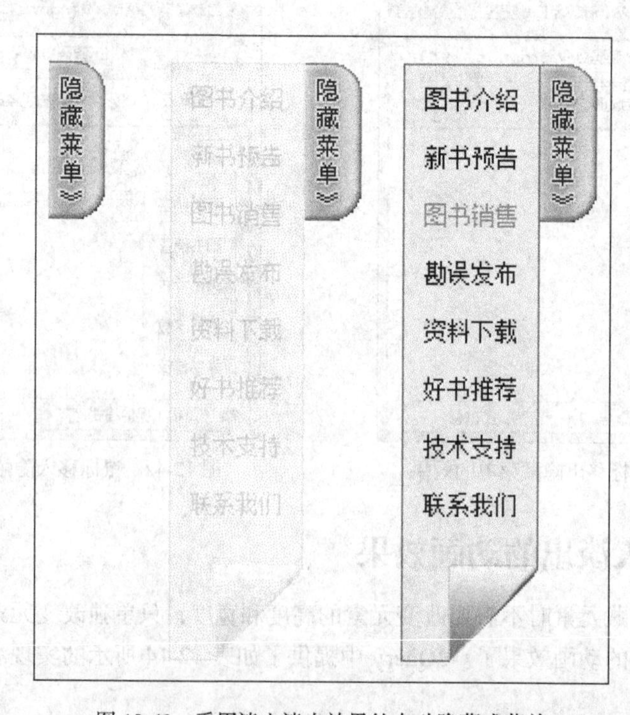

图 12-43　采用淡入淡出效果的自动隐藏式菜单

12.7.3 滑动效果

在 JQuery 中，提供了 slideDown()方法（用于滑动显示匹配的元素）、slideUp()方法（用于滑动隐藏匹配的元素）和 slideToggle()方法（用于通过高度的变化动态切换元素的可见性）来实现滑动效果。下面分别进行介绍。

1. 滑动显示匹配的元素

使用 slideDown()方法可以向下增加元素高度动态显示匹配的元素。slideDown()方法会逐渐向下增加匹配的隐藏元素的高度，直到元素完全显示为止。slideDown()方法的语法格式如下：

```
slideDown(speed,[callback])
```

- speed：用于指定动画的时长。可以是数字，也就是元素经过多少毫秒后完全显示。也可以是默认参数 slow（600 毫秒）、normal（400 毫秒）和 fast（200 毫秒）。
- callback：可选参数，用于指定显示完成后要触发的回调函数。

例如，要在 300 毫秒内滑动显示页面中的 id 为 ad 的元素，可以使用下面的代码：

```
$("#ad").slideDown(300);
```

2. 滑动隐藏匹配的元素

使用 slideUp()方法可以向上减少元素高度动态隐藏匹配的元素。slideUp()方法会逐渐向上减少匹配的显示元素的高度，直到元素完全隐藏为止。slideUp()方法的语法格式如下：

```
slideUp(speed,[callback])
```

- speed：用于指定动画的时长。可以是数字，也就是元素经过多少毫秒（1000 毫秒=1 秒）后完全隐藏。也可以是默认参数 slow（600 毫秒）、normal（400 毫秒）和 fast（200 毫秒）。
- callback：可选参数，用于指定隐藏完成后要触发的回调函数。

例如，要在 300 毫秒内滑动隐藏页面中的 id 为 ad 的元素，可以使用下面的代码：

```
$("#ad").slideDown(300);
```

3. 通过高度的变化动态切换元素的可见性

通过 slideToggle()方法可以实现通过高度的变化动态切换元素的可见性。在使用 slideToggle()方法时，如果元素是可见的，就通过减小高度使全部元素隐藏，如果元素是隐藏的，就增加元素的高度使元素最终全部可见。slideToggle()方法的语法格式如下：

```
slideToggle(speed,[callback])
```

- speed：用于指定动画的时长。可以是数字，也就是元素经过多少毫秒后完全显示或隐藏。也可以是默认参数 slow（600 毫秒）、normal（400 毫秒）和 fast（200 毫秒）。
- callback：可选参数，用于指定动画完成时触发的回调函数。

例如，要实例单击 id 为 flag 的图片时，控制菜单的显示或隐藏（默认为不显示，奇数次单击时显示，偶数次单击时隐藏），可以使用下面的代码：

```
$("#flag").click(function(){
    $("#menu").slideToggle(300);        //显示/隐藏菜单
});
```

4. 实战模拟：伸缩式导航菜单

本节将通过一个具体的实例介绍应用 JQuery 实现滑动效果的具体应用。

例 12-19　伸缩式导航菜单。

（1）创建一个名称为 index.html 的文件，在该文件的<head>标记中应用下面的语句引入 JQuery 库。

```
<script type="text/javascript" src="JS/jquery-1.6.1.min.js"></script>
```

（2）在页面的<body>标记中，首先添加一个<div>标记，用于显示导航菜单的标题，然后，添加一个字典列表，用于添加主菜单项及其子菜单项，其中主菜单项由<dt>标记定义，子菜单项由<dd>标记定义，最后再添加一个<div>标记，用于显示导航菜单的结尾，关键代码如下：

```
<div id="top"></div>
<dl>
    <dt>员工管理</dt>
    <dd>
      <div class="item">添加员工信息</div>
      <div class="item">管理员工信息</div>
    </dd>
    <dt>招聘管理</dt>
    <dd>
      <div class="item">浏览应聘信息</div>
      <div class="item">添加应聘信息</div>
      <div class="item">浏览人才库</div>
    </dd>
    <dt>薪酬管理</dt>
    <dd>
      <div class="item">薪酬登记</div>
      <div class="item">薪酬调整</div>
      <div class="item">薪酬查询</div>
    </dd>
   <dt class="title"><a href="#">退出系统</a></dt>
</dl>
<div id="bottom"></div>
```

（3）编写 CSS 样式，用于控制导航菜单的显示样式。

（4）在引入 JQuery 库的代码下方编写 JQuery 代码，首先隐藏全部子菜单，然后再为每个包含子菜单的主菜单项添加模拟鼠标连续单击的事件 toggle()，具体代码如下：

```
<script type="text/javascript">
$(document).ready(function(){
    $("dd").hide();                                    //隐藏全部子菜单
    $("dt[class!='title']").toggle(
        function(){
        //  slideDown:通过高度变化（向下增长）来动态地显示所有匹配的元素
            $(this).css("backgroundImage","url(images/title_hide.gif)");
            $(this).next().slideDown("slow");
    },
        function(){
        //  slideUp:通过高度变化（向上缩小）来动态地隐藏所有匹配的元素
            $(this).css("backgroundImage","url(images/title_show.gif)");
            $(this).next().slideUp("slow");
    }
    );
});
</script>
```

运行本实例，将显示如图 12-44 所示的效果，单击某个主菜单时，将展开该主菜单下的子菜单，例如，单击“薪酬管理”主菜单，将显示如图 12-45 所示的子菜单。通常情况下，“退出系统”

主菜单没有子菜单，所以单击“退出系统”主菜单将不展开对应的子菜单，而是激活一个超链接。

图 12-44 未展开任何菜单的效果

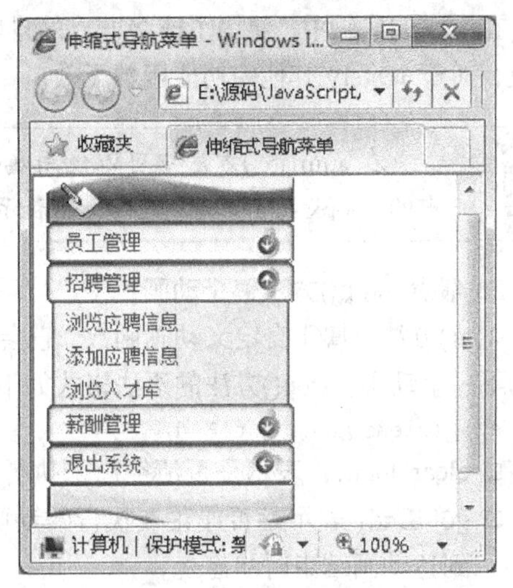

图 12-45 展开“薪酬管理”主菜单的效果

12.7.4 自定义的动画效果

在前面的 3 节中我们已经介绍了 3 种类型的动画效果，但是有些时候，开发人员会需要一些更加高级的动画效果，这时候就需要采取高级的自定义动画来解决这个问题。在 JQuery 中，要实现自定义动画效果，主要应用 animate()方法创建自定义动画，应用 stop()方法停止动画。下面分别进行介绍。

1. 使用 animate()方法创建自定义动画

animate()方法的操作更加自由，可以随意控制元素的属性，实现更加绚丽的动画效果。animate()方法的基本语法格式如下：

```
animate(params,speed,callback)
```

- params：表示一个包含属性和值的映射，可以同时包含多个属性，例如{left:"200px", top:"100px"}。
- speed：表示动画运行的速度，参数规则同其他动画效果的 speed 一致，它是一个可选参数。
- callback：表示一个回调函数，当动画效果运行完毕后执行该回调函数，它也是一个可选参数。

在使用 animate()方法时，必须设置元素的定位属性 position 为 relative 或 absolute，元素才能动起来。如果没有明确定义元素的定位属性，并试图使用 animate()方法移动元素时，它们只会静止不动。

例如，要实现将 id 为 fish 的元素在页面移动一圈并回到原点，可以使用下面的代码：

```
<script type="text/javascript">
$(document).ready(function(){
    $("#fish").animate({left:300},1000)
    .animate({top:200},1000)
    .animate({left:0},200)
    .animate({top:0},200);
```

```
});
</script>
```

在上面的代码中，使用了连缀方式的排队效果，这种排队效果，只对 JQuery 的动画效果函数有效，对于 JQuery 其他的功能函数无效。

在 animate()方法中可以使用属性 opacity 来设置元素的透明度。如果在{left:"400px"}中的 400px 之前加上“+=”就表示在当前位置累加，“-=”就表示在当前位置累减。

2. 使用 stop()方法停止动画

stop()方法也属于自定义动画函数，它会停止匹配元素正在运行的动画，并立即执行动画队列中的下一个动画。stop()方法的语法格式如下：

```
stop(clearQueue,gotoEnd)
```

- clearQueue：表示是否清空尚未执行完的动画队列（值为 true 时表示清空动画队列）。
- gotoEnd：表示是否让正在执行的动画直接到达动画结束时的状态（值为 true 时表示直接到达动画结束时状态）。

例如，需要停止某个正在执行的动画效果，清空动画序列并直接到达动画结束时的状态，只需在$(document).ready()方法中加入下面代码即可：

```
$("#btn_stop").click(function(){
        $("#fish").stop("true","true");          //停止动画效果
});
```

3. 实战模拟：实现图片传送带

所谓图片传送带是指在页面的指定位置固定显示一定张数的图片（其他图片隐藏），单击最左边的图片时，全部图片均向左移动一张图片的位置，单击最右边的图片时，全部图片均向右移动一张图片的位置，这样可以查看到全部图片，还能节省页面空间，比较实用。下面我们就来介绍如何通过 JQuery 实现图片传送带。

例 12-20 实现图片传送带。

（1）创建一个名称为 index.html 的文件，在该文件的<head>标记中应用下面的语句引入 JQuery 库。

```
<script type="text/javascript" src="JS/jquery-1.6.1.min.js"></script>
```

（2）在页面的<body>标记中，首先添加一个<div>标记，用于显示导航菜单的标题，然后，添加一个字典列表，用于添加主菜单项及其子菜单项，其中主菜单项由<dt>标记定义，子菜单项由<dd>标记定义，最后再添加一个<div>标记，用于显示导航菜单的结尾，关键代码如下：

```
<div id="container">
<div class="box">
   <a href="images/01.jpg"><img height=60 src="images/01.jpg" width=80></a>
   <a href="images/02.jpg"><img height=60 src="images/02.jpg" width=80></a>
   <a href="images/03.jpg"><img height=60 src="images/03.jpg" width=80></a>
   <a href="images/04.jpg"><img height=60 src="images/04.jpg" width=80></a>
   <a href="images/05.jpg"><img height=60 src="images/05.jpg" width=80></a>
   <a href="images/06.jpg"><img height=60 src="images/03.jpg" width=80></a>
</div>
</div>
```

（3）编写 CSS 样式，用于控制图片传送带容器及图片的样式。

（4）在引入 JQuery 库的代码下方编写 JQuery 代码，实现图片传送带效果，具体代码如下：

```
<script type="text/javascript">
```

```
$(document).ready(function() {
  var spacing = 90;                                         //定义保存间距的变量
  function createControl(src) {                             //定义创建控制图片的函数
    return $('<img/>')
      .attr('src', src)                                     //设置图片的来源
       .attr("width",80)
       .attr("height",60)
      .addClass('control')
      .css('opacity', 0.6)                                  //设置透明度
      .css('display', 'none');                              //默认为不显示
  }
  var $leftRollover = createControl('images/left.gif');  //创建向左移动的控制图片
  var $rightRollover = createControl('images/right.gif');//创建向左移动的控制图片
  $('#container').css({                                     //改变图像传送带容器的 CSS 样式
    'width': spacing * 3,
    'height': '70px',
    'overflow': 'hidden'                                    //溢出时隐藏
  }).find('.box a').css({
    'float': 'none',
    'position': 'absolute',                                 //设置为绝对布局
    'left': 1000                                            //将左边距设置为 1000，目的是不显示
  });
  var setUpbox = function() {
    var $box = $('#container .box a');
    $box.unbind('click mouseenter mouseleave');             //移除绑定的事件
    /****************************左边的图片*************************************/
    $box.eq(0)
      .css('left', 0)
      .click(function(event) {
        $box.eq(0).animate({'left': spacing}, 'fast');          //为第 1 张图片添加动画
        $box.eq(1).animate({'left': spacing * 2}, 'fast');      //为第 2 张图片添加动画
        $box.eq(2).animate({'left': spacing * 3}, 'fast');      //为第 3 张图片添加动画
        $box.eq($box.length - 1)
          .css('left', -spacing)                            //设置左边距
          .animate({'left': 0}, 'fast', function() {
            $(this).prependTo('#container .box');
            setUpbox();
          });                                               //添加动画
        event.preventDefault();                             //取消事件的默认动作
      }).hover(function() {                                 //设置鼠标的悬停事件
        $leftRollover.appendTo(this).fadeIn(200);          //显示向左移动的控制图片
      }, function() {
        $leftRollover.fadeOut(200);                         //隐藏向左移动的控制图片
      });
    /*****************************右边的图片*************************************/
    $box.eq(2)
      .css('left', spacing * 2)                             //设置左边距
      .click(function(event) {                              //绑定单击事件
        $box.eq(0)                                          //获取左边的图片，也就是第一张图片
```

```
            .animate({'left': -spacing}, 'fast', function() {
              $(this).appendTo('#container .box');
              setUpbox();
            });                                                  //添加动画
          $box.eq(1).animate({'left': 0}, 'fast');               //添加动画
          $box.eq(2).animate({'left': spacing}, 'fast');         //添加动画
          $box.eq(3)
            .css('left', spacing * 3)                            //设置左边距
            .animate({'left': spacing * 2}, 'fast');             //添加动画
          event.preventDefault();                                //取消事件的默认动作
        }).hover(function() {                                    //设置鼠标的悬停事件
          $rightRollover.appendTo(this).fadeIn(200);             //显示向右移动的控制图片
        }, function() {
          $rightRollover.fadeOut(200);                           //隐藏向右移动的控制图片
        });
      /***********************中间的图片****************************************/
      $box.eq(1).css('left', spacing);                           //设置中间图片的左边距
      };
    setUpbox();
    $("a").attr("target","_blank");                              //查看原图时，在新的窗口中打开
  });
  </script>
```

运行本实例，将显示如图 12-46 所示的效果，将鼠标移动到左边的图片上，将显示如图 12-47 所示的箭头，单击将向左移动一张图片；将鼠标移动到右边的图片上时，将显示向右的箭头，单击将向右移动一张图片；单击中间位置的图片，可以打开新窗口查看该图片的原图。

图 12-46　鼠标不在任何图片上的效果

图 12-47　将鼠标移动到第一张图片的效果

习　题

12-1　什么是 JQuery，JQuery 与 JavaScript 有什么关系？

12-2　列举 JQuery 中常用的 4 种层级选择器。

12-3　要使用 JQuery 匹配所有大于给定索引值的元素，需要使用下面哪种过滤选择器（　　）。

A. :eq(index)　　B. :gt(index)

C. :lt(index)　　D. :last

12-4　使用 JQuery 中的 ID 选择器时，下面哪种方法是正确的（ ）。

A. $("#id")　　B. $("*id")

C. $("&id")　　D. $("@id")

12-5　对 HTML 内容操作时，需要使用 JQuery 提供的（　　）方法和（　　）方法?

12-6　如果要为所有匹配的元素添加指定的 CSS 类名，则需要使用（　　）方法?

12-7　简述$(document).ready()方法的作用。

12-8　使用 JQuery 实现淡入淡出的动画效果时，用到下面的哪些方法（　　）。

A. hide()方法　　B. fadeIn(speed,[callback]) 方法

C. fadeOut(speed,[callback]) 方法　　D. slideDown()方法

上机指导

12-1　应用 JQuery 技术实现表格隔行换色功能。

12-2　应用 JQuery 提供的对 DOM 节点进行操作的方法实现仿开心农场的功能。

12-3　应用 JQuery 技术实现一个显示全部资源与精简资源切换的功能。

第 13 章 JavaScript 实用技巧与高级应用

要设计生动有趣的网页，往往需要许多小技巧，本章将通过具体的实例来讲解如何通过 JavaScript 脚本开发出千变万化的动画效果，它不仅可以亮化网站，而且可以实现许多的特有的功能，应用十分广泛。

13.1 建立函数库

在实际的网页设计与制作过程中，往往会重复地应用一些 JavaScript 函数，一般应将这些常用的函数存储在一个外置的独立的 JavaScript 文件中，作为网页制作的 JavaScript 函数库。在应用时，直接调用该函数库文件即可。

函数库中的函数一般可以分为以下 6 种类型。

- 用于简化程序的函数。例如，根据元素 id 获取元素对象的 getName()函数，网页显示后将弹出“纯净水”。

```
<script language="javascript">
function getName(id){
    return document.getElementById(id).value;
}
</script>
<body onload="alert(getName('username'))">
<input type="text" id="username" value="纯净水">
</body>
```

- 用于校验用户输入的函数。例如，判断表单中的主要元素是否为空及类型是否匹配，以及用来验证 E-mail 地址、验证网址和验证身份证号码的函数。

```
function checkForm(){                                          //祝福内容
    if(isNaN(document.getElementById('QQ').value)){
        alert('您输入的 QQ 号不是数值型，请重新输入!');document.getElementById('QQ').
focus();return false;
    }
    if( document.getElementById('content').value == ''){
        alert('祝福内容不能为空，请重新输入!');document.getElementById('content').
focus();return false;
    }

    if(document.getElementById('checkcode').value==""){
```

```
          alert("验证码不能为空!");document.getElementById('checkcode').focus();return
false;
        }
        if(document.getElementById('checkcode').value!=document.getElementById('txt_
hyan').value){
          alert("验证码输入错误!");document.getElementById('checkcode').focus();return
false;
        }
    }

    function checkEmail(email){                              //验证 E-mail 地址
      var Expression=/\w+([-+.']\w+)*\.\w+([-.]\w+)*/;
      var re=new RegExp(Expression);
      if(re.test(email)==true){
        return true;}
      else{
        return false;}
    }

    function checkUrl(url){                                  //验证网址
      var Expression=/http(s)?:\/\/([\w-]+\.)+[\w-]+(\/[\w-.\/?%&=]*)?/;
      var re=new RegExp(Expression);
      if(re.test(url)==true){
        return true;}
      else{
        return false;}
    }

    function checkCode(code) {                               //验证身份证号码
      var Expression=/\d{17}[\d|X]|\d{15}/;
      var re=new RegExp(Expression);
      if(re.test(code)==true){
        return true;}
      else{
        return false;
      }
    }
```

● 用于取值与设置值的函数。例如，查询许愿字条并设置字条显示特效的函数。

```
function searchScrip(id,divName){                  //查询许愿纸条并设置纸条显示特效
    if(document.getElementById(id)){
    document.getElementById(id).style.zIndex =iLayerMaxNum;
    document.getElementById(divName).style.display = "block";
    document.getElementById(divName).style.zIndex = iLayerMaxNum;
    var size1 = getPageSize1();
    document.getElementById(divName).style.width = size1[0];
    document.getElementById(divName).style.height = size1[1];
    }
}
```

● 用于字串处理的函数。例如，控制用户在编辑框中输入的祝福内容不得大于 150 个字符。

```
function textCounter(field, countfield, maxlimit) {        //祝福内容限制在 150 个字符内
    var StrValue  = field.value;
    var ByteCount = 0;
    var StrLength = field.value.length;
```

```
    for (i=0;i<StrLength;i++){      //计算祝福文字个数，英文数字占1个字符，汉字占2个字符
        ByteCount = (StrValue.charCodeAt(i)<=256) ? ByteCount + 1 : ByteCount + 2;
    }

    if(ByteCount<=maxlimit){
        strtemp=StrValue;
        document.getElementById('ContentSample').innerHTML = StrValue;
        countfield.value = maxlimit - ByteCount;
    }else{
        document.getElementById('content').innerHTML = strtemp;
    }
}
```

- 用于列表处理的函数。例如，选中表单中所有的复选框。

```
function CheckAll(elementsA,elementsB){
    var len = elementsA;
    if(len.length > 0){
        for(i=0;i<len.length;i++){
            elementsA[i].checked = true;
        }
        if(elementsB.checked ==false){
            for(j=0;j<len.length;j++){
                elementsA[j].checked = false;
            }
        }
    }
    else{
        len.checked = true;
        if(elementsB.checked == false){
            len.checked = false;
        }
    }
}
```

- 用于网页元素显示的函数。例如，单击许愿字条显示特效，使其至顶。

```
function Show(n,divName){                              //许愿字条显示特效
    document.getElementById(n).style.zIndex =iLayerMaxNum+1;
    document.getElementById(divName).style.display = "block";
    document.getElementById(divName).style.zIndex = iLayerMaxNum;
    var size = getPageSize();
    document.getElementById(divName).style.width = size[0];
    document.getElementById(divName).style.height = size[1];
}
```

13.2 识别浏览器

随着网络技术的发展，动态网页已被 Netscape 和 IE 分别引入应用，但在标准应用中有相当大的分歧，往往必须为它们俩分别编写不同的 HTML 页面，同时兼顾不支持动态网页的浏览器。用下面的一段 JavaScript 脚本可以解决这个问题。navigator 对窗口或框架的 navigator 对象的只读引用，通过 navigator 对象可以获得与浏览器相关的信息。

下面通过 navigator 对象自动识别浏览器的相关信息，代码如下。

```
<script language="JavaScript">
<!--
document.writeln("JAVASCRIPT 自动识别浏览器是: " + "<br>");
document.writeln("浏览器名称:" +navigator.appName + "<br>");
document.writeln("浏览器的版本号:"+ navigator.appVersion);
// -->
</script>
```

运行本实例，即可通过 navigator 对象自动识别浏览器的相关信息。由于不同的浏览器输出的结果不同，输出的结果会因浏览器的不同而不同，因此，请读者自行运行本实例。

13.3　弹出窗口

13.3.1　应用 SUBMIT 弹出新窗口

例 13-1　在开发网页的过程中，可以不用 window.open 的方法打开一个窗口。而是通过应用 SUBMIT 弹出新窗口。具体方法如下。

```
<SCRIPT LANGUAGE="JavaScript">
    document.write("<form action='test.html' target='mywindow'>");
    document.write("<input type='submit' value='登录音乐网' name='submit'>");
    document.write("</form>");
</SCRIPT>
```

test.html 文件是音乐网的网页，读者可以自行创建。本实例的运行结果如图 13-1 所示。

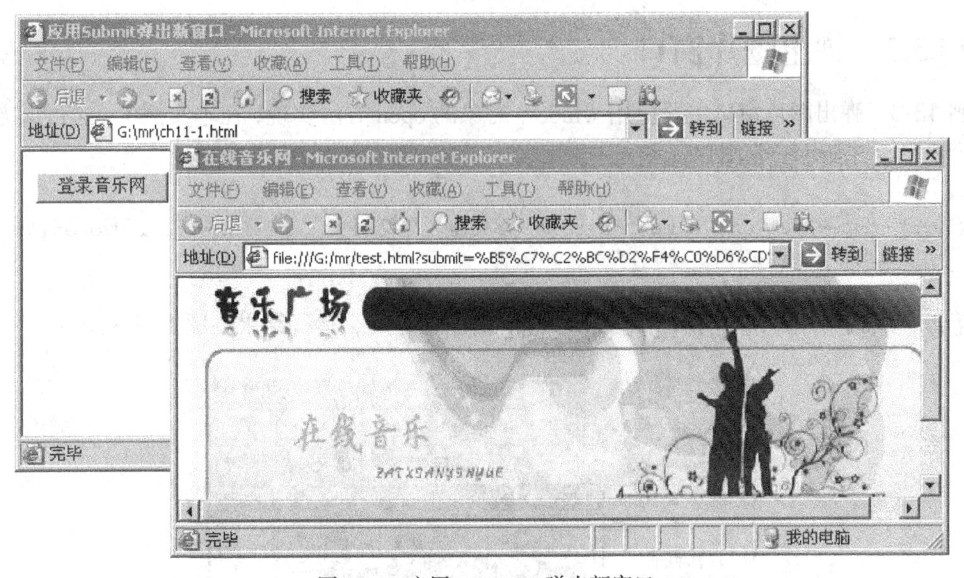

图 13-1　应用 SUBMIT 弹出新窗口

13.3.2　应用 target 属性更换窗口内容

例 13-2　应用传统的方法打开一个窗口，然后通过单击右面的超级链接将一个新的内容写入到这个弹出的窗口中，代码如下。

```
<script>
function openwin(){
    window.open("test.html","mywindow");
}
</script>
<a href="student.html" target="mywindow">学习 JavaScript 的窍门</a>
```

在 student.html 页中添加如图 13-2 所示的静态文字。

单击“学习 JavaScript 的窍门”超级链接，打开一个新的窗口并显示信息，运行结果如图 13-2 所示。

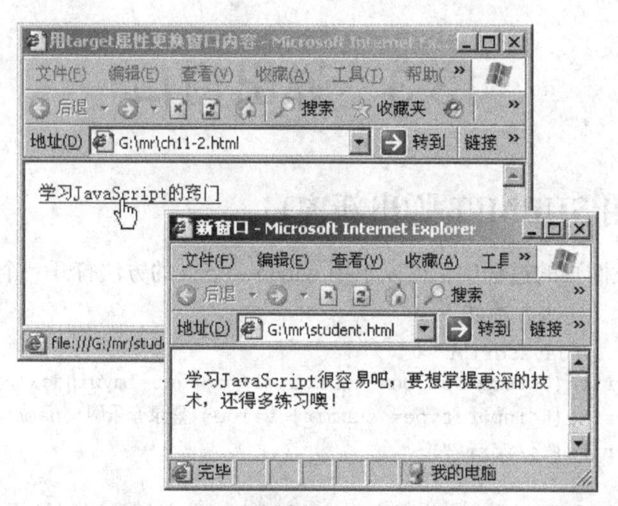

图 13-2　应用 target 属性更换窗口内容

13.3.3　弹出图片窗口

例 13-3　弹出图片窗口主要应用 window 对象的 open 方法实现，在本实例中，通过该方法弹出一个窗口，并显示一张图片。

```
<form>
<input type="button" name="button" value="点我啊" onClick="window.open('flower.jpg','', 'width=240,height=120')"/>
</form>
```

单击“点我啊”按钮，打开一个 flower.jpg 的图片窗口，运行结果如图 13-3 所示。

图 13-3　弹出图片窗口

13.3.4　定位窗口

使用过 JavaScript 的 window.open 方法打开新窗口的读者都知道，在使用 window.open 方法打开新窗口时，新弹出的窗口默认是居左上端显示的，这样如果弹出的窗口比较小，一般不会引起读者的注意，如果能够定位窗口就会很直观了。

例 13-4　本实例将介绍如何将弹出的窗口居中显示。本实例首先应用 JavaScript 中的 window 对象的 open()方法，打开指定大小的新窗口，然后通过 screen 对象，获取屏幕的分辨率，再根据获取的值通过 window 对象的 moveTo()方法，将新窗口移动到屏幕居中位置。由于 window 对象的 open()方法在第 7 章中已经介绍，下面只介绍 window 对象的 moveTo()方法和 screen 对象。

moveTo()方法将窗口移动到指定坐标（x,y）处。

语法：

```
window.moveTo(x,y)
```

x,y：表示窗口移动到的位置处的坐标值。

moveTo()方法是 Navigator 和 IE 都支持的方法，它不属于 W3C 标准的 DOM。

screen 对象是 JavaScript 中的屏幕对象，反映了当前用户的屏幕设置。该对象的常用属性如表 13-1 所示。

表 13-1　screen 对象的常用属性

属　性	说　明
width	用户整个屏幕的水平尺寸，以像素为单位
height	用户整个屏幕的垂直尺寸，以像素为单位
pixelDepth	显示器的每个像素的位数
colorDepth	返回当前颜色设置所用的位数，1 代表黑白；8 代表 256 色；16 代表增强色；24/32 代表真彩色。8 位颜色支持 256 种颜色，16 位颜色（通常叫作“增强色”）支持大概 64000 种颜色，而 24 位颜色（通常叫做“真彩色”）支持大概 1600 万种颜色
availHeight	返回窗口内容区域的垂直尺寸，以像素为单位
availWidth	返回窗口内容区域的水平尺寸，以像素为单位

弹出的窗口居中显示的方法如下。

（1）在页面的适当位置添加控制窗口弹出的超链接，本例中采用的是图片热点超链接，关键代码如下。

```
<img src="Images/mr.gif" width="208" height="56" border="0" usemap="#Map">
<map name="Map">
  <area shape="rect" coords="141,26,200,30" href="#" onClick="manage()">
</map>
```

（2）编写自定义的 JavaScript 函数 manage()，用于弹出新窗口并控制其居中显示，代码如下：

```
<script language="javaScript">
    function manage(){
        var hdc=window.open('Login_M.asp','','width=322,height=206');
        width=screen.width;
        height=screen.height;
```

```
        hdc.moveTo((width-322)/2,(height-206)/2);
    }
</script>
```

（3）设计弹出窗口页面 Login_M.html。

运行本实例，单击“明日科技”图标，即可弹出居中显示的管理员登录窗口，如图 13-4 所示。

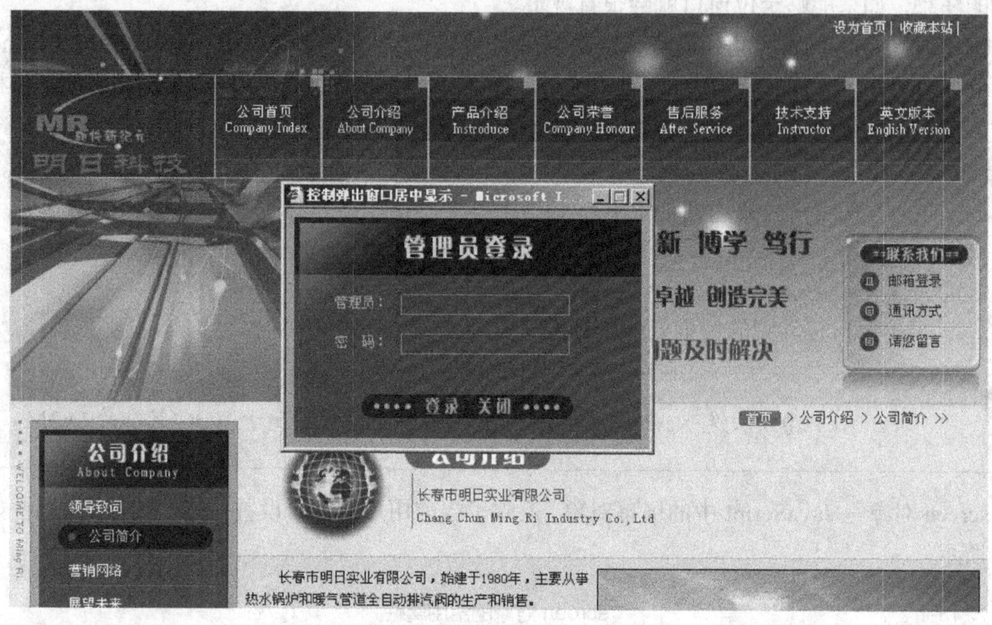

图 13-4 定位窗口

13.4 在网页中加入菜单

13.4.1 收缩式导航菜单

例 13-5 在网站中不仅可以设置导航条，而且还可以设置导航菜单。由于菜单内容比较多，在同一页面中显示会比较杂乱，所以目前大多的设计者都采用了收缩式的导航菜单。

本实例主要是利用显示隐藏表格来实现收缩式导航菜单的功能。单击导航超级链接，显示当前菜单的内容，隐藏上一个显示的菜单，在隐藏菜单时，让其有规律的隐藏进而实现动画的效果。

（1）显示菜单的自定义函数，代码如下。

```
<SCRIPT language=javascript>
function show(obj,maxg,obj2){
  if(obj.style.pixelHeight<maxg) {
    obj.style.pixelHeight+=maxg/10;
     obj.filters.alpha.opacity+=20;
     obj2.background="images/title_hide.gif";
    if(obj.style.pixelHeight==maxg/10)
       obj.style.display='block';
     myObj=obj;
     mymaxg=maxg;
     myObj2=obj2;
```

```
        setTimeout('show(myObj,mymaxg,myObj2)','5');
      }
    }
    </SCRIPT>
```

（2）隐藏菜单的自定义函数，代码如下。

```
<SCRIPT language=javascript>
function hide(obj,maxg,obj2){
  if(obj.style.pixelHeight>0) {
    if(obj.style.pixelHeight==maxg/5)
       obj.style.display='none';
    obj.style.pixelHeight-=maxg/5;
     obj.filters.alpha.opacity-=10;
     obj2.background="images/title_show.gif";
     myObj=obj;
     mymaxg=maxg
     myObj2=obj2;
     setTimeout('hide(myObj,mymaxg,myObj2)','5');
  }
  else
    if(whichContinue)
       whichContinue.click();
}
</SCRIPT>
```

（3）单击菜单上的文字超链接时，隐藏前一个菜单，显示当前菜单，代码如下。

```
<SCRIPT language=javascript>
function chang(obj,maxg,obj2){
  if(obj.style.pixelHeight) {
    hide(obj,maxg,obj2);
         nopen='';
         whichcontinue='';
  }
  else
    if(nopen){
           whichContinue=obj2;
     nopen.click();
     }
     else{
       show(obj,maxg,obj2);
       nopen=obj2;
       whichContinue='';
     }
}
</SCRIPT>
```

（4）在表格的相关鼠标事件中调用自定义的方法和属性来改变收缩菜单的显示和隐藏，代码如下。

```
    <TD class=list_title id=list1  onmouseover="this.typename='list_title2';"  onclick=
chang(menu1,60,list1);  onmouseout="this.typename='list_title';"   background="images/
title_hide.gif"  height=25><SPAN>网站管理</SPAN> </TD>
```

运行本实例，当浏览者单击“网站管理”超级链接时，在其下方将弹出导航菜单，如图 13-5 所示，浏览者再次单击“网站管理”超级链接时，导航菜单又收缩回去，页面中不再显示菜单中的内容。

图 13-5 收缩式导航菜单

13.4.2 自动隐藏的弹出式菜单

例 13-6 自动隐藏式菜单简洁易用，在不使用时能自动隐藏，保持页面的清洁，着实为网页增添了不少亮丽的光彩。

本实例主要利用显示隐藏表格的功能来实现收缩式导航菜单的功能。当鼠标指向“自动隐藏式菜单”表格时，显示当前菜单的内容；当鼠标移出该表格时，隐藏该菜单，从而实现动画效果。

（1）编写实现自动隐藏菜单的 JavaScript 代码，该代码主要实现控制隐藏菜单的显示和隐藏坐标点，代码如下。

```
<SCRIPT language="JavaScript">
function move(x, y) {
if (document.all) {
    object1.style.pixelLeft += x;
    object1.style.pixelTop  += y;}
else
    if (document.layers) {
        document.object1.left += x;
    document.object1.top  += y;
    }
};

function position() {
    document.object1.left += -82;
    document.object1.top  += 0;
    document.object1.visibility = "show"
};

function makeStatic() {
    if (document.all){
        object1.style.pixelTop=document.body.scrollTop+20
    }
    else{
        eval('document.object1.top=eval(window.pageYOffset+20)');
    }
    setTimeout("makeStatic()",0);
}
</SCRIPT>
```

（2）利用数组设置自动隐藏菜单的文字属性和链接地址，并调用 JavaScript 脚本编写自定义函数，实现菜单的自动隐藏和弹出，代码如下。

```
<TBODY>
<TR>
   <TD bgColor=#CEEB8C align="center"><FONT face=宋体 size=3>导航菜单</FONT></TD>
   <TD width=14 height="201" rowSpan=100 align=middle bgColor=#A5DF39>
<SCRIPT language="JavaScript">
if (document.all||document.layers)
document.write('<p align="center"><font size="2" face="Arial Black">自<br>动<br>隐
<br>藏<br>式<br>菜<br>单</font></p>')
</SCRIPT>   </TD></TR>
  <SCRIPT language="JavaScript">
if (document.all||document.layers)
makeStatic();

if (document.layers) {
window.onload=position;
}

var sitems=new Array();
var sitemlinks=new Array();

sitems[0]="图书介绍";
sitems[1]="新书预告";
sitems[2]="图书销售";
sitems[3]="勘误发布";
sitems[4]="资料下载";
sitems[5]="好书推荐";
sitems[6]="技术支持";
sitems[7]="联系我们";

sitemlinks[0]="http://www.mingrisoft.com";
sitemlinks[1]="http://www.mingrisoft.com";
sitemlinks[2]="http://www.mingrisoft.com";
sitemlinks[3]="http://www.mingrisoft.com";
sitemlinks[4]="http://www.mingrisoft.com";
sitemlinks[5]="http://www.mingrisoft.com";
sitemlinks[6]="http://www.mingrisoft.com";
sitemlinks[7]="http://www.mingrisoft.com";

for (i=0;i<=sitems.length-1;i++)
if (document.all) {document.write('<TR><TD bgcolor="#EFF7D6" onclick="location=
\''+sitemlinks[i]+'\'" onmouseover="className=\'hl\'" onmouseout="className=\'n\'">
<FONT SIZE=2>'+sitems[i]+'</FONT></TD></TR>')}
else if (document.layers){document.write('<TR><TD bgcolor="white"><FONT SIZE=2><A
HREF="'+sitemlinks[i]+'">'+sitems[i]+'</A></FONT></TD></TR>')}

function hl(n) {
n.className='hl'}
function n(h) {
h.className='n'}
</SCRIPT>
```

```
</TBODY></TABLE>
<SCRIPT language="JavaScript">
if (document.all)
document.write('<\/DIV>')
</SCRIPT>
```

运行本实例，当鼠标指针指向贴在左侧边缘的表格时，即弹出导航菜单，单击某个菜单项，即执行相应的功能；当鼠标指针离开贴在左侧边缘的表格时，导航菜单即自动隐藏，运行结果如图 13-6 和图 13-7 所示。

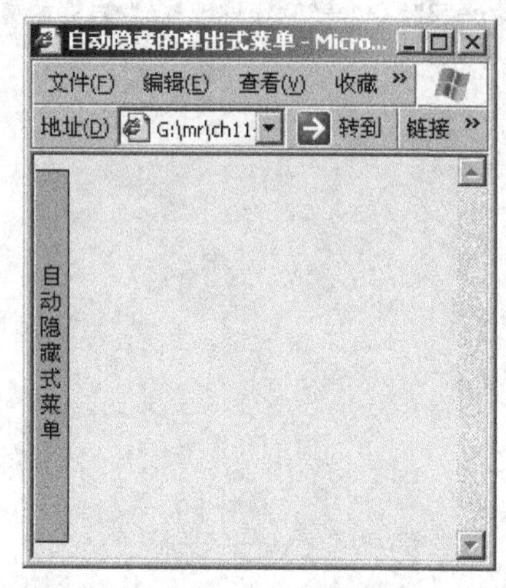

图 13-6 自动隐藏菜单

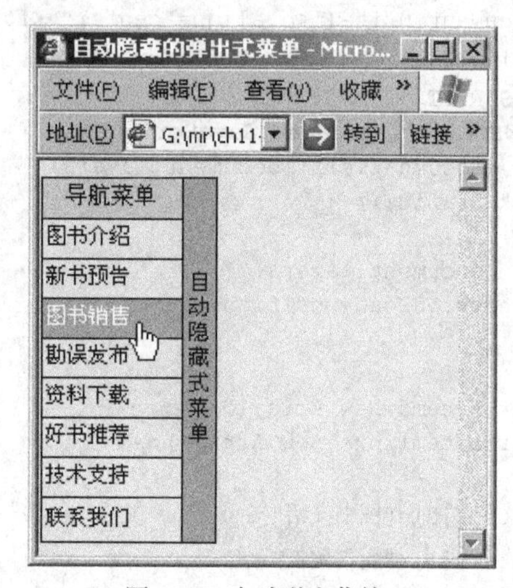

图 13-7 自动弹出菜单

13.4.3 半透明背景的下拉菜单设计

例 13-7 网页设计中采用半透明的效果给人以亦真亦幻的感觉，使整个网站更具吸引力。因此笔者将博客网站前台页面的下拉菜单设置为半透明效果。

实现半透明背景的下拉菜单，首先需要在页面中实现下拉菜单，然后再通过设置下拉菜单的 CSS 样式实现半透明效果。实现下拉菜单的半透明效果可以应用 CSS 样式的透明效果滤镜 alpha 实现。

alpha 属性是把一个目标元素与背景混合。设计者可以指定数据来控制混合的程序。这种“与背景混合”通俗地说是一个元素的透明度。通过指定坐标可以指定点、线、面的透明度。

透明效果滤镜 alpha 的语法如下：

```
{filter:alpha(opacity=opacity,finishopacity=finishopacity,style=style,startx=start
x,starty=starty,finishx=finishx,finishy=finishy)}
```

opacity：代表透明度水准。默认的范围是 0-100，其实是百分比的形式，也就是 0 代表完全透明，100 代表完全不透明。

finishopacity：可选，如果想要设置渐变的透明效果，可以使用该参数指定结束时的透明度。范围也是 0-100。

style：指定透明区域的形状特征，其中 0 代表统一形状、1 代表线形、2 代表放射状、3 代表长方形。

startx：代表渐变透明效果开始 X 坐标。

starry：代表渐变透明效果开始 Y 坐标。

finishx：代表渐变透明效果结束 X 坐标。

finishy：代表渐变透明效果结束 Y 坐标。

（1）编写实现下拉菜单的 JavaScript 代码，该代码中主要包括控制下拉菜单的显示和隐藏的自定义函数。由于该段代码属于通用型代码，所以笔者将其保存在一个单独的.js 文件中，名称为 menu.js，在使用该代码的页面只需加入如下代码即可。

```
<script src="JS/menu.js"></script>
```

menu.js 文件的完整代码如下：

```
var menuOffX=0                    //菜单距连接文字最左端距离
var menuOffY=18                   //菜单距连接文字顶端距离
var fo_shadows=new Array()
var linkset=new Array()
var IE4=document.all&&navigator.userAgent.indexOf("Opera")==-1
var netscape6=document.getElementById&&!document.all
var netscape4=document.layers

function showmenu(e,vmenu,mod){
    if (!document.all&&!document.getElementById&&!document.layers)
        return
    which=vmenu
    clearhidemenu()
    IE_clearshadow()
    menuobj=IE4? document.all.popmenu : netscape6? document.getElementById
("popmenu") : netscape4? document.popmenu : ""
    menuobj.thestyle=(IE4||netscape6)? menuobj.style : menuobj

    if (IE4||netscape6)
        menuobj.innerHTML=which
    else{
        menuobj.document.write('<layer name="other" bgColor="#E6E6E6" width="165"
onmouseover="clearhidemenu()" onmouseout="hidemenu()">'+which+'</layer>')
        menuobj.document.close()
    }
    menuobj.contentwidth=(IE4||netscape6)? menuobj.offsetWidth : menuobj.document.
other.document.width
    menuobj.contentheight=(IE4||netscape6)? menuobj.offsetHeight : menuobj.document.
other.document.height

    eventX=IE4? event.clientX : netscape6? e.clientX : e.x
    eventY=IE4? event.clientY : netscape6? e.clientY : e.y

    var rightedge=IE4? document.body.clientWidth-eventX : window.innerWidth-eventX
    var bottomedge=IE4? document.body.clientHeight-eventY : window.innerHeight-
eventY
    if (rightedge<menuobj.contentwidth)
    menuobj.thestyle.left=IE4?
document.body.scrollLeft+eventX-menuobj.contentwidth+menuOffX : netscape6? window.
pageXOffset+eventX-menuobj.contentwidth : eventX-menuobj.contentwidth
    else
    menuobj.thestyle.left=IE4? IE_x(event.srcElement)+menuOffX : netscape6? window.
pageXOffset+eventX : eventX

    if (bottomedge<menuobj.contentheight&&mod!=0)
```

```
        menuobj.thestyle.top=IE4?
document.body.scrollTop+eventY-menuobj.contentheight-event.offsetY+menuOffY-23        :
netscape6?   window.pageYOffset+eventY-menuobj.contentheight-10     :    eventY-menuobj.
contentheight
        else
        menuobj.thestyle.top=IE4? IE_y(event.srcElement)+menuOffY : netscape6? window.
pageYOffset+eventY+10 : eventY
        menuobj.thestyle.visibility="visible"
        IE_dropshadow(menuobj,"#999999",3)
        return false
    }

    function IE_y(e){
        var t=e.offsetTop;
        while(e=e.offsetParent){
            t+=e.offsetTop;
        }
        return t;
    }
    function IE_x(e){
        var l=e.offsetLeft;
        while(e=e.offsetParent){
            l+=e.offsetLeft;
        }
        return l;
    }
    function IE_dropshadow(el, color, size) {
        var i;
        for (i=size; i>0; i--){
        var rect = document.createElement('div');
        var rs = rect.style
        rs.position = 'absolute';
        rs.left = (el.style.posLeft + i) + 'px';
        rs.top = (el.style.posTop + i) + 'px';
        rs.width = el.offsetWidth + 'px';
        rs.height = el.offsetHeight + 'px';
        rs.zIndex = el.style.zIndex - i;
        rs.backgroundColor = color;
        var opacity = 1 - i / (i + 1);
        rs.filter = 'alpha(opacity=' + (100 * opacity) + ')';
        fo_shadows[fo_shadows.length] = rect;
        }
    }
    function IE_clearshadow(){
        for(var i=0;i<fo_shadows.length;i++){
        if (fo_shadows[i])
        fo_shadows[i].style.display="none"
        }
        fo_shadows=new Array();
    }
    function hidemenu(){
        if (window.menuobj)
        menuobj.thestyle.visibility=(IE4||netscape6)? "hidden" : "hide"
        IE_clearshadow()
```

```
    }
    function dynamichide(e){
        if (IE4&&!menuobj.contains(e.toElement))
        hidemenu()
        else if (netscape6&&e.currentTarget!= e.relatedTarget&& !contains_netscape6
(e.currentTarget, e.relatedTarget))
        hidemenu()
    }
    function delayhidemenu(){
        if (IE4||netscape6||netscape4)
        delayhide=setTimeout("hidemenu()",500)
    }
    function clearhidemenu(){
        if (window.delayhide)
        clearTimeout(delayhide)
    }
    function highlightmenu(e,state){
        if (document.all)
        source_el=event.srcElement
        else if (document.getElementById)
        source_el=e.target
        if (source_el.className=="menuitems"){
        source_el.id=(state=="on")? "mouseoverstyle" : ""
        }
        else{
        while(source_el.id!="popmenu"){
        source_el=document.getElementById? source_el.parentNode : source_el.parentElement
        if (source_el.className=="menuitems"){
        source_el.id=(state=="on")? "mouseoverstyle" : ""
        }
        }
        }
    }
    //设置菜单背景
    function overbg(tdbg){
    tdbg.style.background='url(images/item_over.gif)'
    tdbg.style.border=' #9CA6C6 1px solid'
    }
    function outbg(tdbg){
    tdbg.style.background='url(images/item_out.gif)'
    tdbg.style.border=''
    }
    var productmenu='<table width=90><tr><td id=fileadd onMouseOver=overbg(fileadd)
onMouseOut=outbg(fileadd)><a href=file.php>添加博客文章</a></td></tr>\
    <tr><td id=query onMouseOver=overbg(query) onMouseOut=outbg(query)><a href=query.
php>查询博客文章</a></td></tr></table>'
    var Honourmenu='<table width=90><tr><td id=picadd onMouseOver=overbg(picadd)
onMouseOut=outbg(picadd)><a href=add_pic.php>添加图片</a></td></tr>\
    <tr><td id=browse onMouseOver=overbg(browse) onMouseOut=outbg(browse)><a href=
browse_pic.php>浏览图片</a></td></tr>\
    <tr><td id=querypic onMouseOver=overbg(querypic) onMouseOut=outbg(querypic)><a
href=query_pic.php>查询图片</a></td></tr></table>'
    var myfriend='<table width=90><tr><td id=friendadd onMouseOver=overbg(friendadd)
```

```
onMouseOut=outbg(friendadd)><a href=friend.php>添加到朋友圈</a></td></tr>\
    <tr><td id=browse_fri onMouseOver=overbg(browse_fri) onMouseOut=outbg(browse_fri)><a href=browse_fri.php>浏览我的朋友</a></td></tr>\
    <tr><td id=cxfriend onMouseOver=overbg(cxfriend) onMouseOut=outbg(cxfriend)><a href=query_friend.php>查询朋友信息</a></td></tr></table>'
    var myuser='<table width=90><tr><td id=queryuser onMouseOver=overbg(queryuser) onMouseOut=outbg(queryuser)><a href=queryuser.php>查询用户信息</a></td></tr>\
    <tr><td id=browseuser onMouseOver=overbg(browseuser) onMouseOut=outbg(browseuser)><a href=browseuser.php>浏览用户信息</a></td></tr></table>'
```

（2）在页面中加入导航链接，同时设置其鼠标的 onmouseover 和 onmouseout 事件分别用于控制鼠标移入导航链接上时显示下拉菜单，和鼠标移出导航链接上时隐藏下拉菜单。关键代码如下：

```
    <a onmouseover=showmenu(event,productmenu) onmouseout=delayhidemenu() class='navlink' style="CURSOR:hand" >文章管理</a>
    <a onmouseover=showmenu(event,Honourmenu) onmouseout=delayhidemenu() class='navlink' style="CURSOR:hand">图片管理</a>
    <a onmouseover=showmenu(event,myfriend) onmouseout=delayhidemenu() class='navlink' style="CURSOR:hand" >朋友圈管理</a>
    <a onmouseover=showmenu(event,myuser) onmouseout=delayhidemenu() class='navlink' style="CURSOR:hand" >用户管理</a>
```

（3）在 CSS 样式表文件中加入 menuskin 类选择符，用于设置下拉菜单的半透明效果，代码如下：

```
.menuskin {
    BORDER: #666666 1px solid; VISIBILITY: hidden; FONT: 12px Verdana;
    POSITION: absolute;
    background-image:url("images/item_out.gif");
    background-repeat : repeat-y;
    Filter: Alpha(Opacity=85);
    }
```

（4）在页面中加入 div 层，名称为 popmenu，用于引用 menuskin 类选择符设置下拉菜单的半透明效果。代码如下：

```
<div class=menuskin id=popmenu
     onmouseover="clearhidemenu();highlightmenu(event,'on')"
     onmouseout="highlightmenu(event,'off');dynamichide(event)"
      style="Z-index:100;position:absolute;">
</div>
```

运行本实例，将鼠标移动到"文章管理"导航链接上时，在其下方将显示出半透明的下拉式菜单，通过此下拉菜单仍可以看到页面上的内容，例如将鼠标移动到"添加博客文章"超链接上时，其下方会映衬出半透明的背景，如图 13-8 所示。

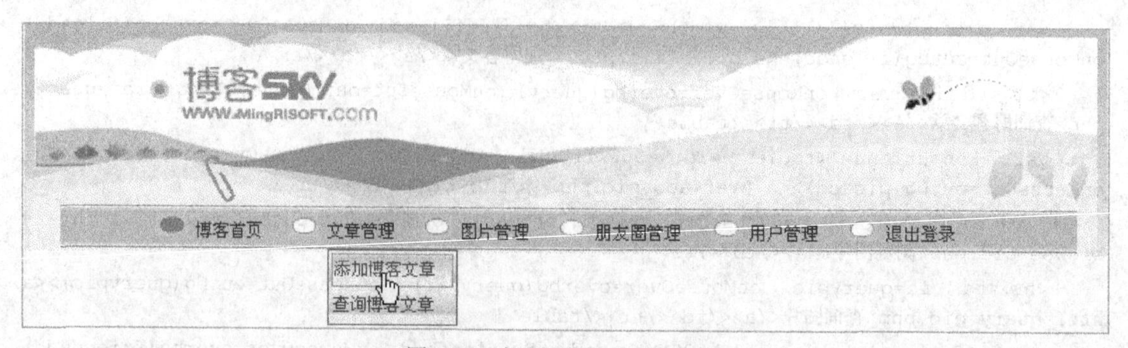

图 13-8　半透明背景的下拉菜单

13.4.4 树状目录

例 13-8　对于一个导航文字很多，并且可以对导航内容进行分类的网站来说，可以将页面中的导航文字以树状视图的形式显示，这样不仅可以有效节约页面，而且也可以方便用户查看。

（1）本实例利用 Javascript 脚本显示或隐藏表格中指定行的展开和折叠功能，并将其存储在指定的文件 menu.js 中，引用.js 文件的代码如下。

```
<script language=JavaScript src="JS/menu.js" ></script>
```

（2）应用 JavaScript 定义 4 个函数，用于显示或隐藏表格中指定行的内容链接，代码如下。

```
<script language="JavaScript">
function imgload() {
  var d=document; if(d.images){ if(!d.MM_p) d.MM_p=new Array();
    var i,j=d.MM_p.length,a=imgload.arguments; for(i=0; i<a.length; i++)
    if (a[i].indexOf("#")!=0){ d.MM_p[j]=new Image; d.MM_p[j++].src=a[i];}}
}

function imgfind(n, d) {
  var p,i,x;  if(!d) d=document; if((p=n.indexOf("?"))>0&&parent.frames.length) {
    d=parent.frames[n.substring(p+1)].document; n=n.substring(0,p);}
  if(!(x=d[n])&&d.all)  x=d.all[n];  for  (i=0;!x&&i<d.forms.length;i++)  x=d.forms
[i][n];
  for(i=0;!x&&d.layers&&i<d.layers.length;i++) x=imgfind(n,d.layers[i].document);
  if(!x && d.getElementById) x=d.getElementById(n); return x;
}

function imghf() {
  var  i,x,a=document.MM_sr;  for(i=0;a&&i<a.length&&(x=a[i])&&x.oSrc;i++)  x.src=
x.oSrc;
}

function imgbarter() {
  var i,j=0,x,a=imgbarter.arguments; document.MM_sr=new Array; for(i=0;i<(a.length-
2);i+=3)
   if  ((x=imgfind(a[i]))!=null){document.MM_sr[j++]=x;  if(!x.oSrc)  x.oSrc=x.src;
x.src=a[i+2];}
}
</script>
```

（3）从数据表 tb_mend 中查询常用工具的分类信息，运用 do...while 循环语句显示常用工具的分类信息，并查询各分类中所包括的常用工具名称，并输出到浏览器。值得注意的是，需要为每个包含子结点的结点设置超链接，该超级链接执行的操作是调用自定义的 JavaScript 函数，实现结点的展开与折叠，代码如下。

```
<div id='KB1Parent' class='parent'>
     <table width="76%" border="0" cellspacing="0" cellpadding="0">
       <tr>
         <td  width="84%"  height="26"><a  href="#"   class="white01"  onClick="dilate
('KB1'); return false"> <img src="Images/jia.gif" border="0">  常用工具</a></td>
         </tr>
       </table>
     </div>
     <div id='KB1Child' class='child'>
       <table width="76%" border="0" cellspacing="2" cellpadding="0">
         <?php
```

```
        $sql=mysql_query("select distinct sname from tb_mend where regular='常用工具'
order by uptime desc");
        $info=mysql_fetch_array($sql);
        if($info==true){
         do{
        ?>
    <tr>
       <td  width="32%"  align="right"  class="white01"><img  src="images/folder.gif"
width="16" height="16" border="0"></td>
       <td width="68%" height="18"> <a href="http://www.mingrisoft.com" onMouseOut=
"imghf()"  onMouseOver="imgbarter  ('Image23','','../images/dddy_2.gif',1)"><?php  echo
$info[sname];?></a></td>
      </tr>
     <tr>
    <?php
        }while($info=mysql_fetch_array($sql));
         }
         ?>
    <td height="2" colspan="2" align="right"></td>
      </tr>
    </table>
    </div>
```

（4）应用数组来定义 KB1、KB2、KB3 子节点，代码如下。

```
<SCRIPT>numTotal=4;scores[1]='KB1';scores[2]='KB1';scores[3]='KB2';scores[4]='KB3';
</SCRIPT>
```

运行本实例，如图 13-9 所示，在软件工具下载页面中，加入了树状导航菜单，在页面的左侧“软件工具下载”中以树状导航菜单显示对于软件工具的分类。在默认情况下，所有节点折叠的，单击节点名称前图标就可以展开指定节点。如果某个结点没有相关子节点，则该节点名称无超链接。

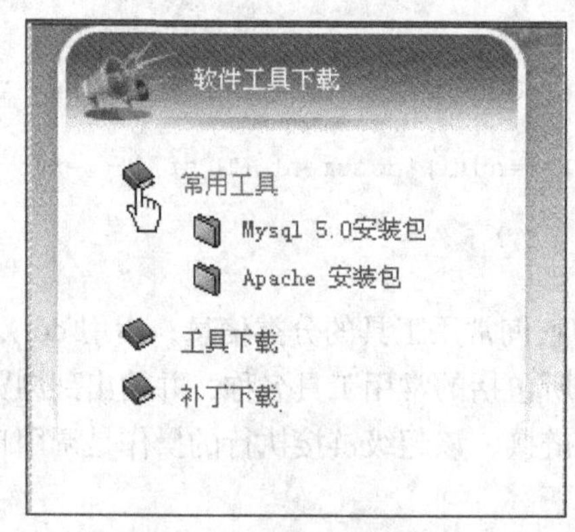

图 13-9　树状导航菜单

13.5　用 JavaScript 实现动画导航菜单

导航条是网站设计不可缺少的元素之一，它能正确的引导浏览者查找需要的资料，成为浏览者的网站路标。同时网页导航条的设计风格也能影响到页面的整体风格，对于一个静态元素居多的页面，可以为导航条添加动态效果，这样可以使整个网站不至于太呆板，增强网页的欣赏价值。

例 13-9　在明日实业网站中，笔者将导航条设计了动画效果，这样只要用户将鼠标移动到任意一个导航按钮上时，该按钮都会突出显示，鼠标移走后，又恢复为原来的位置。

本实例主要是通过 Image 对象的鼠标事件控制 Image 对象的 src 属性的值实现的。

在 JavaScript 里提供了对图像进行处理的专用对象 Image 来装入文档的图形。Image 对象与其他对象的差别在于，其允许通过构造器显示和创建新的 Image 对象，创造和预装入的图形之前并非是 Web 页面的组成部分。Image 对象存在浏览器的缓冲区中，用于替换已经显示的图像。

用 Image()构造器创建图形的语法格式如下：

```
ObjImg=new image()                    //创建了一个新的 Image 对象，并将其赋予变量 ObjImg
ObjImg.src="图片文件相对路径"          //设置 Image 对象的 Src 属性
```

在应用 Image 对象编程之前，利用<img>标志显示属性。在 HTML 中，要显示图片可以用如下语句来实现：

```
<img src="pictureName.gif" name="ImgName">
```

在 JavaScript 中可以用下面的方式访问 Image 对象：

```
document.Img.src=" menu_01.gif";
```

导航条的动画效果的具体实现方法如下：

（1）准备 14 张图片，7 张鼠标移出时显示的图片，图片的名称为“menu_0”+1 至 7 的数字+“.gif”，7 张鼠标移入时显示的图片，图片的名称为“menu_0”+1 至 7 的数字+“_over.gif”。

如果图片 menu_01.gif 代表的是公司首页的图片，则 menu_01_over.gif 代表的图片一定也是公司首页的图片。

（2）将过程 1 所准备的 7 张鼠标移出时显示的图片按顺序插入到页面中的适当位置，并设置其鼠标事件 onMouseMove 和 onMouseout 执行的操作，这里分别调用两个不同的自定义 JavaScript 函数，关键代码如下。

```
<img src="Images/top/menu_01.gif" id="image1" width="95" height="119" border="0"
onMouseMove="move(this,'1')" onMouseout="out(this,'1')">
<img src="Images/top/menu_02.gif" id="image2" width="95" height="119" border="0"
onMouseMove="move(this,'2')" onMouseout="out(this,'2')">
<img src="Images/top/menu_03.gif" name="image3" width="95" height="119" border="0"
onMouseMove="move(this,'3')" onMouseout="out(this,'3')">
<img src="Images/top/menu_04.gif" name="image4" width="94" height="119" border="0"
onMouseMove="move(this,'4')" onMouseout="out(this,'4')">
<img src="Images/top/menu_05.gif" name="image5" width="95" height="119" border="0"
onMouseMove="move(this,'5')" onMouseout="out(this,'5')">
<img src="Images/top/menu_06.gif" name="image6" width="94" height="119" border="0"
onMouseMove="move(this,'6')" onMouseout="out(this,'6')">
<img src="Images/top/menu_07.gif" width="95" name="image7" height="119" border="0"
onMouseMove="move(this,'7')" onMouseout="out(this,'7')">
```

（3）编写自定义的 JavaScript 函数 move()和 out()，move()用于设置鼠标移入导航按钮上时显示的图片，out()用于设置鼠标移出导航按钮上时显示的图片，代码如下。

```
<script language="javascript">
//鼠标移动效果
var A_Img=new Image();
function move(image,num){
    image.src='Images/top/menu_0'+num+'_over.gif';
}
function out(image,num){
```

```
image.src='Images/top/menu_0'+num+'.gif';
}
</script>
```

运行结果如图 13-10 所示。

图 13-10　导航条的动画效果

习　题

13-1　应用________对象可以获得与浏览器相关的信息。

13-2　JavaScript 中的屏幕对象是________。

13-3　________方法是 Navigator 和 IE 都支持的方法，用来将窗口移动到指定坐标（x,y）处。

13-4　下面哪种方法不能弹出新窗口（　　）。

A. 应用 SUBMIT 弹出新窗口　　B. 应用 target 属性弹出新窗口

C. 应用 moveto 方法弹出新窗口　　D. 应用 window 对象的 open 方法

上机指导

13-1　应用 JavaScript 脚本开发一个统计编辑框中输入的字符个数，并进行测试。

13-2　应用 JavaScript 脚本开发一个二级导航菜单，并运行 JavaScript 程序。

13-3　应用 JavaScript 脚本在个人网页中开发一个收缩式的导航菜单，并运行 JavaScript 程序。

13-4　应用 JavaScript 脚本动态制作进入个人网页的倒计时数字。